中国兽医专业学位
教育20年

全国兽医专业学位研究生教育指导委员会　编

中国兽医专业学位
2000

中国农业出版社
北京

编写人员

主　编	李祥瑞
副主编	朱中超　苗晋锋　刘　妍
参　编	张阿英　张幸星　仇亚伟　崔海燕

前　言

FOREWORD

2020年10月，秋高气爽，山河锦绣。古都金陵，钟山叠翠，桂子飘香。在中秋佳节与新中国诞生71周年双节相逢的欢乐气氛中，我们迎来了中国兽医专业学位20年庆典。

中国兽医专业学位，发端于我国改革开放的大潮中，肩负着为我国兽医行业培养大批高水平应用型、复合型人才的重任。从她诞生之日起，在国务院学位委员会、教育部的领导下，全国兽医专业学位研究生教育战线的全体同仁们，高举中国特色社会主义大旗，以习近平新时代中国特色社会主义思想为指导，深入学习和贯彻落实党的教育方针，不忘初心，为党育才，为国育人，以服务我国兽医事业改革与发展、服务新时期我国兽医队伍专业化建设为宗旨，以树立＂精品＂意识，办出特色、办出水平为核心，解放思想、大胆探索、深化改革，努力构建具有中国特色的兽医专业学位研究生教育体系，培养了大批高水平应用型人才，为促进我国兽医队伍人才水平的提高和保障养殖业安全、动物源食品安全、兽医公共卫生安全以及生态环境安全做出了巨大贡献。

为了总结经验，找出差距，创新发展，在庆典活动开展之际，全国兽医专业学位研究生教育指导委员会（以下简称教指委）秘书处面向历届教指委委员、培养单位、指导教师和广大毕业生发出＂我与兽医专业学位＂的主题征文，集结成册。

文集分为三个部分，第一部分为教指委秘书处撰写的《中国兽医专业学位研究生教育20年发展报告》。第二部分为30多家培养单位的总结报告。从中可以窥见我国兽医专业学位研究生教育20年创新进取、传承发展的历史轨迹和取得的成就、总结的经验以及对未来的发展展望。第三部分为＂回顾与思考＂。第二届教指委主任委员陆承平教授、第三届主任委员贾幼陵先生、第二届副主任委员文心田教授、教指委委员叶俊华研究员等欣然命笔。如椽巨毫，高屋建瓴。更多的文稿则来自于兽医专业学位研究生培养一线的指导教师、管理人员以及兽医博士和兽医硕士学位获得者。他们以自己的亲身经历，记录下兽医专业学位20年走过的不寻常步伐，点点滴滴，情感至深，思想通达。

20年，春潮涌动，沧桑巨变。中国特色社会主义进入新时代。今年7月，全国研究生教育大会召开之际，习近平总书记就研究生教育工作作出重要指示。日前，国务院学位委员会、教育部发出《专业学位研究生教育发展方案(2020—2025)》，明确提出发展专业学位研究生教育是经济社会进入高质量发展阶段的必然选择，发展专业学位研究生教育是主动服务创新型国家建设的重要路径，发展专业学位是学位与研究生教育改革发展的战略重点。面对新时代的新要求，全体兽医专业学位研究生教育工作者一定会牢记使命，不忘初心，改革奋进，创造出更加美好的未来。

李祥瑞　教授

全国兽医专业学位研究生教育指导委员会委员兼秘书长

2020.10

目 录
CONTENTS

前　言

回顾与思考

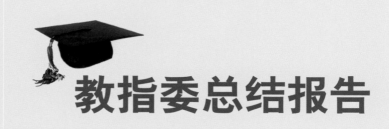

教指委总结报告

ZHONGGUO SHOUYI ZHUANYE XUEWEI JIAOYU 20 NIAN

中国兽医专业学位教育20年发展报告
（2000—2019）

全国兽医专业学位研究生教育指导委员会秘书处

<hr>

一、兽医专业学位研究生教育发展概述

1999年5月，国务院学位委员会第17次会议审议通过了兽医（硕士、博士）专业学位设置方案，标志着中国兽医专业学位这一新的学位种类在我国的诞生，开创了我国高等兽医教育的新里程。2000年3月，国务院学位委员会和教育部成立了"全国兽医专业学位研究生教育指导委员会"（以下简称教指委），由13位专家组成，南京农业大学陈杰教授任主任委员，中国农业大学蒋金书教授任副主任委员，南京农业大学陆承平教授任秘书长。教指委秘书处挂靠南京农业大学研究生院，与南京农业大学动物医学院共同负责日常工作。同年6月，教指委成立暨第一次会议在南京农业大学召开，10月开始招生，自此拉开了我国兽医专业学位教育的大幕。

兽医专业学位教育是为了满足国家对高素质兽医专业性人才的需求及兽医从业人员自我提升的要求而设立。1999年5月到2020年6月，兽医专业学位教育从无到有，从小到大，走出了一条荆棘与鲜花并存的道路。它改变了长期以来我国农科研究生教育体系培养的人才规格单一、以学术型为主、主要适应教学科研岗位需要的现状，是一种与兽医学科农学硕士、博士处于同一层次的职业型学位。兽医专业学位研究生的培养目标为面向各级动物疾病诊疗机构、动物疫病控制中心、现代大中型畜牧生产企业、兽医公共卫生、兽医卫生监督、动物药品生产与管理、动物检疫等部门，培养从事动物疾病诊断与治疗、动物疫病防控、兽医业务管理、技术监督、市场管理与开发的高层次应用型、复合型人才。

弹指一挥二十年，在国务院学位委员会、教育部的领导下，在社会各界的大力支持下，教指委和各培养单位以邓小平理论、"三个代表"重要思想、科学发展观和习近平新时代中国特色社会主义思想为指导，以服务我国兽医事业改革与发展、服务新时期我国兽医队伍专业化建设为宗旨，以树立"精品"意识，办出特色、办出水平为核心，解放思想、大胆探索、深化改革，努力构建具有中国特色的兽医专业学位教育体系。培养领域主要涉及动物疾病诊疗、动物疫病防控与检疫、动物源食品安全与兽医公共卫生、人畜共患病、比较医学、实验动物、兽药创制、中兽医与中兽药、行业管理与兽医法律法规等，也涉及生物反恐、实验室生物安全、环境保护等。核心领域为动物疾病诊疗、动物疫病防控与检疫、动物源食品安全与兽医公共卫生和兽药创制等。

经过多年的实践，各招生单位目标明确、思路清晰，面向实践，重在应用，为我国培养高层次、复合型、应用型兽医专业学位人才进行了积极的探索，造就了一大批高素质的兽医专门人才，他们作为官方兽医、执业兽医或面向大型农牧企业的现代兽医，为推进我国兽医体制改革与发展，加快我国兽医事业的现代化进程，促进地方经济发展做出了突出贡献。

二、兽医专业学位研究生教育20年发展回顾

（一）授权单位不断增加，布局趋于合理

目前，兽医硕士培养单位已经从2000年6月国务院学位委员会首次批准的9家增加至47家，占所有开设本科兽医教育的高等农业院校的75%；兽医博士培养单位由最初的中国农业大学和南京农业大学2家增加至12家。这些培养单位既有教育部直属农业高校，又有省属农业大学；既有长期从事农业高等教育和科学研究的院校及科研机构，也有学术实力雄厚的综合性大学。培养单位的设置不仅充分考虑到高等教育机构的类型，还兼顾了区域的平衡，47家培养单位中，8家位于华北地区，7家位于东北地区，9家位于华东地区，6家位于华中地区，6家位于华南地区，5家位于西南地区，6家位于西北地区（表1），兽医专业学位教育在中华大地开花结果。

表1　全国兽医专业学位培养单位授权情况与地区分布

层次	年度	合计	华北	东北	华东	华中	华南	西南	西北
兽医博士	2000	2	1		1				
	2009	7	1	2	2		1		1
	2014	7	1	2	2		1		1
	2019	12	4	2	2	1	1		2
兽医硕士	2000	9	2	2	2		1		2
	2009	36	6	6	9	4	2	5	4
	2014	41	7	7	9	5	3	5	6
	2019	47	8	7	9	5	6	5	6

（二）培养规模不断扩大、实现了非全日制向两种培养模式并存的转变

1.非全日制兽医硕士专业学位研究生规模及地区分布　20年来全国共招生非全日制兽医硕士专业学位研究生9 773人。其中华东地区有9所培养单位，招生2 464人，占比25.2%，人数最多，其他地区按招生数排序依次是华北、东北、华中、华南、西北、西南（表2）。图2显示，在2000—2015年间，非全日制兽医硕士专业学位研究生招生人数呈上升趋势，2015年招生达到了最高的878人。2016年起，在职攻读兽医专业硕士研究生考试纳入全国研究生统一招生考试范围（当年停招），2017年恢复招生后，规模有所下降，3年来招生规模在300多人，呈上升趋势，2019年招收350人。

表2　非全日制兽医硕士专业学位研究生招生人数地区分布

	合计	华北	东北	华东	华中	华南	西南	西北
培养单位数量	47	8	7	9	5	6	5	6
招生人数	9 773	2 168	1 462	2 464	1 085	998	761	835
占比	100%	22.18%	14.96%	25.21%	11.10%	10.21%	7.79%	8.54%

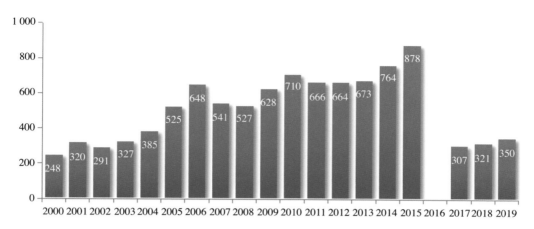

图1　2000—2019年非全日制兽医硕士专业学位研究生招生规模

2. 全日制兽医硕士专业学位研究生规模及地域分布　全日制兽医硕士专业学位研究生自2010年开始招生，10年来共计招生9 995人。同样是华东地区9所培养单位招生人数最多，共计2 501人，占比24.97%；华北招生1 487人，华中1 353人，西北1 216人，其他地区招生人数大体相同，在1 100人左右（表3）。2010—2019年10年间，全国总招生人数呈直线上升趋势（仅2014年招生人数与2013年比略有下降）；同2018年相比，2019年全日制兽医硕士专业学位研究生招生人数增加207人，达1 835人（图2）。

表3　全日制兽医硕士专业学位研究生招生人数地区分布

	合计	华北	东北	华东	华中	华南	西南	西北
培养单位数量	47	8	7	9	5	6	5	6
招生人数	9 995	1 487	1 146	2 501	1 353	1 150	1 142	1 216
占比	100%	14.84%	11.44%	24.97%	13.51%	11.48%	11.40%	12.14%

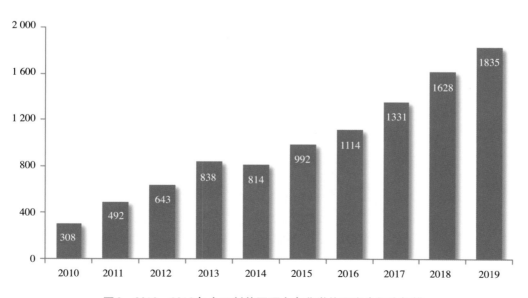

图2　2010—2019年全日制兽医硕士专业学位研究生招生规模

3.非全日制兽医博士专业学位研究生规模及地区分布　2000—2019年全国共计招收非全日制兽医博士专业学位研究生1 230人，主要由华北、华东、东北和西北地区的培养单位完成，20年来上述地区的招生人数占到了总招生人数的95.20%，西南地区至今没有培养单位（表4）。2000—2015年16年间，非全日制兽医博士招生人数基本保持稳定上升趋势，2015年达到最高的136人。自2016年起，在职攻读兽医博士专业学位研究生招生与全日制博士研究生招生实行并轨（当年停招），非全日制兽医博士招生规模急剧下降，2017年恢复招生，3年来招生人数分别为15人、25人和24人。2019年仅有南京农业大学和甘肃农业大学招收了非全日制兽医博士研究生。但是，在教指委组织的专业学位研究生教育调研活动中显示，社会及相关从业人员对非全日制兽医博士这一复合型应用人才的培养有很强的需求。

表4　非全日制兽医博士专业学位研究生招生人数地区分布

	合计	华北	东北	华东	华中	华南	西南	西北
培养单位数量	12	4	2	2	1	1	0	2
招生人数	1 230	427	209	427	0	59	0	108
占比	100%	34.72%	16.99%	34.72%	0	4.80%	0	8.78%

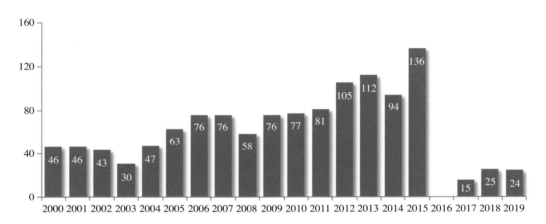

图3　2000—2019年非全日制兽医博士专业学位研究生招生规模

4.全日制兽医博士专业学位研究生规模及地区分布　2017年全日制兽医博士研究生开始招生。由表5可见，2017年，共3家培养单位招收全日制兽医博士专业学位研究生22人，2018年10家培养单位招生113人，2019年11家培养单位招生212人。目前全日制兽医博士研究生还没有毕业生，培养模式也还在探索阶段。

表5　各培养单位全日制兽医博士专业学位研究生招生情况

序号	培养单位	2017年	2018年	2019年
1	中国农业大学	15	19	29
2	南京农业大学	0	24	30
3	东北农业大学	6	6	11
4	华南农业大学	1	10	17
5	吉林大学	0	0	11

（续）

序号	培养单位	2017年	2018年	2019年
6	扬州大学	0	10	19
7	甘肃农业大学	0	4	6
8	西北农林科技大学	/	10	20
9	山西农业大学	/	10	10
10	华中农业大学	/	10	40
11	河北农业大学	/	10	19
合 计		22	113	212

5. 兽医专业学位研究生招生人数硕博比分析 2000—2019年兽医专业学位硕士和博士研究生招生人数、比例见表6及图4、图5。数据显示，2000—2015年兽医专业学位硕博比变化基本保持上升趋势，其中，2000年硕博比最低为5.39∶1，2014年最高为16.79∶1。受2016年招生考试改革影响，2016年未招收兽医专业学位博士研究生，2017年恢复招生后，当年的硕博比达到了44.27∶1，随着全日制兽医专业学位博士研究生培养模式的出现，2018年和2019年硕博比又基本恢复正常，2019年比例为9.26∶1。上述数据表明，兽医专业学位硕士研究生毕业后有继续深造的诉求，另一方面也说明兽医博士学位研究生教育有很大的发展空间。

表6　2000—2019年兽医专业学位硕士和兽医专业学位博士招生人数比例

年份	兽医专业学位硕士	兽医专业学位博士	硕博比
2000	248	46	5.39
2001	320	46	6.96
2002	291	43	6.77
2003	327	30	10.90
2004	385	47	8.19
2005	525	63	8.33
2006	648	76	8.53
2007	541	76	7.12
2008	527	58	9.09
2009	628	76	8.26
2010	1 018	77	13.22
2011	1 158	81	14.30
2012	1 307	105	12.45
2013	1 511	112	13.49
2014	1 578	94	16.79
2015	1 870	136	13.75
2016	1 114	0	/
2017	1 638	37	44.97
2018	1 949	138	14.09
2019	2 185	236	9.26

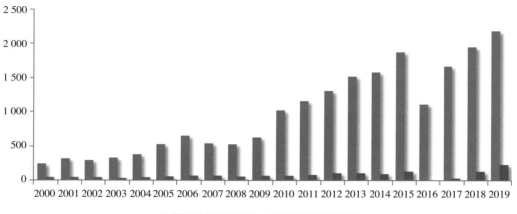

图4　2000—2019年兽医专业学位硕、博士招生规模

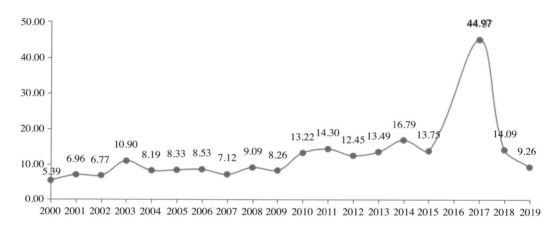

图5　2000—2019年兽医专业学位硕博比曲线图

（三）师资队伍量、质稳步提升

1. 教师人数稳步提升　培养单位的师资力量是办学及人才培养的最基本保障。表7显示，截至2019年全国共有兽医专业学位硕士指导教师2 595人，其中校内指导教师1 755人，校外指导教师840人；博士指导教师共有838人，校内指导教师648人，校外指导教师190人。2019年兽医专业学位硕士研究生招生人数共计2 186人，师生比为1.189 ∶ 1。2019年兽医专业学位博士研究生招生人数共计236人，师生比为3.551 ∶ 1。以上数字充分说明目前兽医专业学位硕士与博士培养师资力量较充足。随着各培养单位数量的增加以及对高水平人才的重视，各类别指导教师人数均有不同程度的增加；其中校外硕士生导师占比32.37%，校外博士生导师数占比22.67%，充分保障了培养过程中双导师制度的有效贯彻执行。

表7　2019年校内指导教师和校外指导教师人数及比例

教师类别	教师来源	人数	校内外指导教师占比
硕士指导教师	校内指导教师	1 755	67.63%
	校外指导教师	840	32.37%

（续）

教师类别	教师来源	人数	校内外指导教师占比
博士指导教师	校内指导教师	648	77.33%
	校外指导教师	190	22.67%

2．教师质量稳步提升 截至2019年，从导师资质方面来看，具有博士学位的研究生指导教师占比76.18%，具有高级职称指导教师的比例达72.95%（表8）；从导师年龄方面来看，36~45岁的导师占比最高达40%，其次是46~55岁导师占比37%（图6）。师资规模雄厚、年龄分布合理且导师资质高，完全顺应我国兽医高等人才培养规模的扩张，也给兽医高级人才培养提供最重要的保障。

表8　具有博士学位和具有高级职称指导教师比例

导师资质	人数	比率
硕士生导师	2 595	100%
具有博士学位指导教师	1 977	76.18%
具有高级职称指导教师	1 893	72.95%

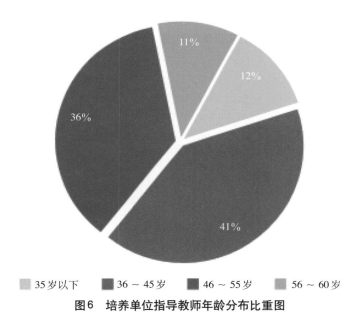

图6　培养单位指导教师年龄分布比重图

（四）实践基地建设进一步加强

应用型、实践型是兽医专业学位研究生教育人才培养的突出特征。为培养具有从事疫病防控、动物疾病诊疗、兽医公共卫生、动物检疫、食品安全、动物保护及相关服务能力的高水平人才，必须加强实践基地建设，充分开展实践教学。教指委积极推进校内外基地建设项目。校内基地建设项目从我国兽医专业学位研究生培养实际出发，通过试点，建立了校内实践基地教学大纲和实践教学课程，对实践教学的具体内容、实施方法、实施地点、考核形式、授课教师资质等提出了相关要求，同时提出，对于从事临床诊疗方向的研究生的实践教学课程，应突出学生开业能力的培养，对于从事动物疫病防控方向的研究生的实践教学课程，应突出学生流行病控制能力的培养。校外基地实践教学规范化试点项目，明确了校外实践基地的遴选条件、种类以及对指导教师的要求，编写了教学大纲，规定了实践教学内容、实施方案、考核形式，制定了校外实践教学规范。2013年以来，教指委积极组织中国农业大学、南京农业大学等培养单位，先后开展了"实践教学规范化试点（校内基地）"、"实践教学规范化试点（校外基地）"、"兽医专业学位研究生教育实践基地建设"等实践基地建设项目的研究和探索，为实践教学和校内外实践基地建设提供了新的思路和新的平台。

各培养单位对实践基地建设也非常重视。东北农业大学已与北京生泰尔科技股份有限公司、辽宁禾丰牧业有限公司、大北农（东北）集团、吉林市正业生物制品股份有限公司、青岛天元普康生物技术有限公司等14家单位签约。南京农业大学结合江苏省"企业研究生工作站"和"产学研研究生联合培养基地"的建设，建设了江苏省农业科学院兽医研究所、江苏省出入境检验检疫局、江苏省动物疫病预防控制中心、艾贝尔宠物医院、南京天邦生物制品有限公司等30多个专业学位研究生实践基地。山西农业大学与山西隆克尔生物制药有限公司、太原市威尔潞威科技发展有限公司、山西新源华康化工股份有限公司、山西省饲料兽药监察所、兽用中药资源与中兽药创制国家地方联合工程研究中心等众多单位合作创建了社会实践基地。安徽农业大学与安徽温氏养殖公司、合肥立华畜禽公司、南京雨润公司养殖场、上海景源宠物诊疗有限公司、芜湖万庭宠物医院等近30余家企业养殖场和动物医院共建了兽医专业硕士研究生实践平台。

2019年，47所培养单位校外实习基地占比70.68%，校内实习基地占比29.32%（图7）。由图8可见，华北地区和华东地区培养单位的实践基地数量较多，这与该地区培养单位数量和畜牧业发达程度呈正相关性，各地区的实践教学基地的数量均超过了100个，可见实践基地建设得到了进一步加强。

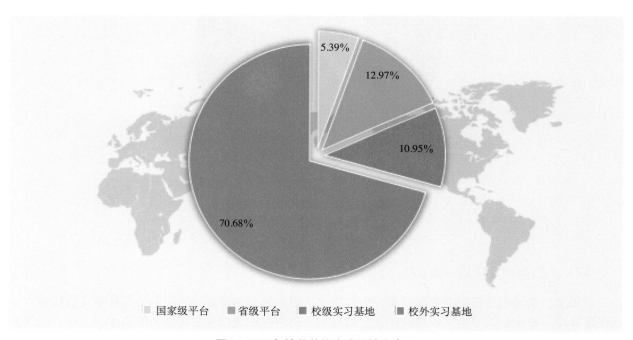

国家级平台　省级平台　校级实习基地　校外实习基地

图7　2019年培养单位实践基地分布比

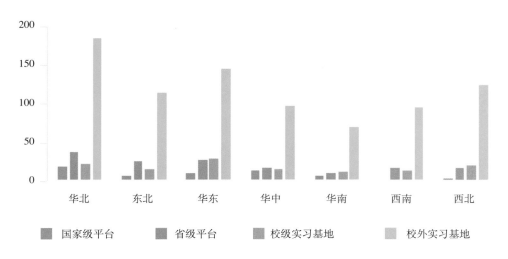

图8　2019年培养单位实践基地区域分布差异图

（五）培养成效逐步显现

兽医专业学位开设之初国内没有现成的可借鉴的办学经验，各培养单位在教指委的指导下，结合自身特点不断摸索前行。教指委每两年组织评选全国兽医专业学位优秀学位论文，旨在加强交流，表扬先进，凝练培养模式；迄今共召开七届优秀专业学位优秀论文评选，共评出、表彰了16篇优秀博士论文和83篇优秀硕士论文。在各培养单位的共同努力下，近年来兽医硕士、博士在学期间科研、创作、获奖、交流、创新创业等也取得长足进步。

在毕业生就业方面，各培养单位针对兽医硕士、博士的就业工作以"全员参与、积极指导、做好服务"为指导方针，采取"走出去、请进来、搭平台"的办法，成立专门工作小组，多渠道、多方面地收集就业信息，为学生就业做好服务，提供就业指导。针对毕业生的具体情况，从以下方面深入全面地开展就业指导工作：完善专业学位研究生就业有形平台，提高专业学位研究生就业保障力度；加强专业学位研究生就业指导，提高专业学位研究生职业指导水平；建立专业学位研究生职业拓展机制，整合专业学位研究生职业发展资源；提升专业学位研究生职业指导服务水平，服务专业学位研究生顺利走向职场。各培养单位的专业学位研究生就业情况良好，就业率均在90%以上，一些单位甚至达到100%，如浙江大学、广西大学，安徽农业大学、吉林农业大学等。从就业类别上大部分毕业生选择签约畜牧兽医相关企业；部分研究生选择机关和事业单位；较少研究生选择出国或继续深造和自主创业。在就业契合度上来看，80%以上兽医硕士专业学位毕业生和95%以上兽医博士专业学位毕业生从事与兽医相关专业。例如安徽农业大学2013—2017年期间，兽医专硕学位点毕业硕士研究生共计77人，研究生就业率为100%，从事与兽医相关专业的有77人，占100%。

通过走访用人单位和调查问卷分析，用人单位对专业学位毕业生总体比较满意。多数企业认为专业学位毕业生实践动手能力、团队协作能力、职业道德素养、创新思维能力、自我学习能力等方面较强，事业单位认为专业学位毕业生专业基础知识、职业道德素养、创新思维能力、沟通交流能力、组织管理能力等方面较强。但也有部分用人单位反馈实践经验和解决实际问题的能力不够强，较缺乏创新性思维等问题。

三、兽医专业学位人才培养模式在探索与创新中完善

兽医职业的特殊性及招生对象的专一性，决定了兽医专业学位是一种小规模学位。因此树立"精品"意识，办出特色、办出水平，是多年来兽医专业学位研究生教育发展的核心要义和基本思路。过去的20年，教指委和各培养单位做了大量的工作，制定了一系列的政策文件，形成了具有特色的兽医专业学位研究生培养模式，确保了人才的培养质量。

（一）保证人才培养质量，制定学位授予基本要求

为规范学位授予标准，保证兽医专业学位研究生培养质量，教指委在2013—2014年制定了《兽医博士、硕士专业学位基本要求》，作为各培养单位制订专业学位研究生授予标准的基本依据和教育主管部门开展质量检查和评估的参考依据。《兽医博士、硕士专业学位基本要求》对兽医专业学位研究生的培养目标、应具备的基本素质、应掌握的基本知识、应接受的实践训练、应具备的基本能力和学位论文基本要求等方面进行了规定，形成了符合兽医职业需求的人才培养标准。各培养单位在《兽医博士、硕士专业学位基本要求》的基础上，结合区域经济、社会发展情况和本单位实际情况，制定了符合本单位特色的学位授予标准，明确了人才培养要求，为人才培养质量监督和评价提供依据。

（二）加强招生环节管理，从细节把控生源质量

培养单位制定并严格执行规范的兽医博/硕士研究生招生考试和录取办法；考生资格审核、笔试、面试和录取过程严谨、规范、公平、透明；复试的笔试试卷、答卷、面试等材料真实、齐备。具体措施如下：

（1）明确界定考生资格。关于兽医硕士，建议报考人员具备动物医学、动物药学、动植物检疫（动物检疫方向）、水生动物医学专业本科毕业。关于兽医博士，建议报考人员具备兽医或相关学科领域的硕士学位。相关学科领域指医学门类、动物学（限与兽医专业相关）、微生物学（限与兽医专业相关）、动物遗传育种与繁殖（限抗病育种和产科疾病方向）、水产养殖（限鱼病学方向），渔业发展领域的农业硕士（毕业论文内容须与兽医专业相关）；若硕士专业为非兽医或相关学科领域，则本科须为动物医学（兽医学）、动物药学、动植物检疫（动物检疫方向）、水生动物医学专业。

（2）严格招考程序，确保择优录取。各培养单位按照自身实际情况严格招考，择优录取，在生源上确保质量。本着"公开、平等、竞争、择优"的原则，严格规范招录程序，严肃各项工作纪律，科学公正地选拔优秀人才，从源头上保证专业博士、硕士的整体素质，坚决杜绝随意招生问题的发生。考生信息、考试成绩与录取结果及时发布学校、学院网站，以供社会监督。

（3）规范入学考试，差额复试，稳定招生规模。各培养单位复试一般分为面试和笔试两个环节，复试小组由5～7名教授级专家组成，每名学生面试时间不少于20分钟，全面考察考生的专业基础知识和专业技能。

（三）强化培养方案，落实基本环节

2000年6月16日，全国兽医专业学位研究生教育指导委员会成立暨第一次全体会议在南京农业大学召开，会议制定并下发了《关于制定攻读兽医硕士专业学位研究生培养方案的指导意见》。2010年，教指委秘书处组织针对兽医博士培养质量专项调研，形成了《关于修订〈在职人员攻读兽医博士专业学位培养方案〉的指导意见》《关于兽医博士学位论文质量要求的几点意见》等重要文件。2013年，教指委启动修订在职攻读兽医硕士专业学位研究生培养方案，经过1年多的修订，形成了《关于修订〈在职攻读兽医硕士专业学位研究生培养方案〉的指导意见》。根据《国家中长期

教育改革和发展规划纲要（2010—2020年）》，教指委于2013—2014年制定了《兽医博士、硕士专业学位基本要求》。

在以上文件和教育部《一级学科博士、硕士学位基本要求》指导下，各培养单位结合区域经济社会发展情况和本单位实际情况，制定了详尽的兽医专业学位研究生培养方案，课程设置注重体现整体性、综合性。从课程学习、中期考核、开题论证、预答辩四个环节，确保学位论文质量，分解质控指标，建立了多层次、递进式的管理考核、分流淘汰体系，既保证了培养质量，又避免学生把压力堆积到最后，产生师生矛盾。

（四）优化教学内容，拓展教学方法，加强案例库建设与推广

2018年，教指委组织编写完成《全国兽医专业学位研究生核心课程指南》，明确要求各培养单位课程建设应注重体现整体性、综合性。规定研究生课程学习实行学分制，课程分为必修课、选修课、文献阅读与专题报告、必修环节四大类。核心课程均由本专业资深教授、博士生/硕士生导师担任。教指委要求兽医硕士、博士的课程需以兽医职业需求为导向，根据学生的知识结构和特点，强化专业技能，注重体现先进性、综合性、实用性，拓宽知识面、优化知识结构、培养应用能力和综合能力。教指委为推进兽医专业学位案例库建设，组织有关专家编写了"马属动物疾病""牛羊疾病""宠物疾病""猪病""禽病"五个案例子库。为推进案例教学，改革教学方法，在案例库建设的基础上，先后组织召开三次案例教学培训。2017年教指委与中国专业学位教学案例中心合作建设的教学案例库成功开库，并于2018年开展首轮案例征集，大力推动案例库平台的建设和推广。各培养单位也在积极探索适合专业博士、硕士的教学方法和教材建设。吉林大学根据专业博士、硕士培养需求采用自编、合编《兽医公共卫生学》《动物疾病病理诊断学》《兽医影像学》等教材。中国农业大学独立开设实践型课程10门，与企业联合开设的实践型课程4门、案例教学类课程7门；课程教学方式注重提升研究生的自主学习能力，设有讨论课程、案例教学课程等。南京农业大学动物医学院一直积极推进实施案例教学，完善以职业能力为导向的专业学位课程体系设置，把案例教学作为培养专业学位研究生实践应用能力的重要手段和方式，立项编写了《猪链球菌病案例分析》《鸡球虫病案例分析》及《猪支原体病案例分析》等案例，并入选中国专业学位教学案例中心案例库。案例教学的推进有效促进了高层次、实用性人才的培养。

（五）多方举措，强化实践环节

专业学位研究生的培养更注重实践环节，旨在培养其实际工作能力，缩短其就业适应期。教指委要求各培养单位结合本地区、本单位的优势与特点，科学、合理的构建各自实践训练体系。鼓励各培养单位实行双导师制，校内导师与校外导师有机结合更有利于培养高层次复合型、应用型人才。专业实践应贯穿于课程学习、实验实习、生产实践、学位论文等培养全过程，包括专业技能实践、职业岗位轮训、实践研究等。优质的实践基地，是保证兽医专业学位研究生教育的物质基础。各培养单位与多家单位签约，创建实践基地，采取集中实践和分段实践相结合的方式使兽医硕士、博士研究生完成不少于6个月以上的专业实践教学环节，确保培养质量。

（六）加大质量保证措施力度，不断提高学位论文质量

重视学术规范和学术诚信教育，着重落实研究生课程学习学分制和分流淘汰制度。课程分为必修课、选修课、文献阅读与专题报告、必修环节四大类。学位论文质量的高低是衡量研究生培养质量的重要标志，因此在博士生资格考试、研究生开题报告、中期考核、毕业答辩等环节均建立合理的淘汰机制。各培养单位严把论文质量关，开题报告是直接关系到学位论文研究可行性和水平的一个重要环节，培养单位的考核小组从论文选题、实践意义、实验设计方案、研究的预期结果等方面做出评议，不通过者在规定期限内重新开题。所有环节一次未通过者，由培养单位制定补考措施，但将其列入重点跟踪名单，学位论文必须进行校级抽查；再次不合格者，按照各培养单位研究生学籍管理规定处理。实践考核不通过者不得申请毕业答辩。论文评价方面，教指委要求各培养单位兽医博士学位论文需有3位专家评阅，其中2位为教指委委员，答辩委员会由7～9名专家组成，其中有3位为校外专家，至少包括1位教指委委员。兽医硕士学位论文应有2位专家评阅，答辩委员会应由3～5位专家组成，学位论文作者的导师可以参加论文答辩，但不能担任答辩委员会委员；评阅人和答辩委员会成员中均有来自非教学部门的具有高级专业技术职务的专家。通过质量保证措施，各培养单位的兽医专业学位论文质量得到较大提高。

（七）不断探索，积极推动兽医专业学位培养模式改革

近年来，各培养单位积极开展专业学位研究生教育、教学改革，在创新研究生人才培养模式、教育教学改革和质量保障体系建设方面积累了丰富经验，形成了鲜明特色，取得了积极成效。

南京农业大学为解决专业硕士、博士与社会需求的契合度问题，积极探索兽医专业学位硕士、博士的精准定位和分类培养模式。目前，该培养单位将兽医专业学位博士的培养方向分为动物疫病防控、动物疾病诊疗、动物福利与公共卫生三个大方向。具体措施有拓展农场动物、伴侣动物、野生动物、动物园动物、水生动物的重要疾病诊治与防控、应激控制与福利及公共卫生的相关知识和技能的专题教学与实训；实行兽医全科及专科轮训；专科分内科、外科、麻醉与镇痛科、影像科、康复科、急诊与重症监护科、眼科、牙科、心脏科、肿瘤科及中兽医科等，每个专科轮转培养不低于1个月；课程学习实行学分制，主要集中在第一年。总学分≥15学分，其中课程学分≥11学分，其他培养环节4学分；规定动物疫病防控、动物福利与公共卫生方向的兽医临床实践时间不少于10个月；动物疾病诊疗方向实践时间不少于24个月；实行双导师制度，校内导师应具有丰富的兽医科研与实践经验，校外导师应是业务水平高、责任心强的具有高级技术职称的人员，由南京农业大学研究生院按相关程序聘任；要求攻读学位期间，学生应在校内校外导师的指导下结合生产实践中的科学问题完成学位论文，论文需兼顾科学性与应用性。从效果来看，该校专业学位研究生对分类培养模式给予了充分肯定，认为此项措施的施行可以让专业基础更扎实、业务能力更强。

中国农业大学为兽医专业硕士量身制定了卓越临床兽医培养方案，要求研究生入学后的14个月为卓越兽医专项研究生全科训练阶段，通过参与临床诊疗工作，在指导教师与资深临床技术人员的监督下，掌握扎实的兽医临床技能，并锻炼与动物主人沟通的能力。全科训练阶段主要考核学生常规的临床诊疗技术与对实际病例的初步诊断与治疗的能力，要求每位学生在各科室轮转结束前，由科室负责人考核常规临床技术实操能力（各科室制订10~15项常规技术与技术操作规范），学生提交给科室主任书面的复杂案例综述报告（不低于3 500字），并在科室Seminar中，向所有科室人员进行汇报，科室组成3人评委组，对学生实习情况进行评分。同时也对学生在日常临床工作中与动物主人的沟通能力、职业道德进行综合评分。全科训练结束至硕士毕业答辩的8个月为卓越临床兽医专项研究生专科训练阶段，学生根据自身特点选择某一临床专科进行进阶训练，指导教师、科室主任与资深临床技术人员对其进行"多对一"的训练，以培养兽医临床专科人才为目的。专科训练阶段主要考核学生在临床专科领域的深入细致学习程度，主要由指导教师与科室主任共同培养，对其掌握的专科复杂临床技术（由导师制订10~15项复杂技术与技术操作规范）与独立诊疗常见专科疾病的能力进行考核。在该阶段末期提交较深入的专科案例分析（不少于15 000字）作为学位论文，通过临床兽医专项指导组指定的学位论文答辩评议组对其进行考核，具体考核办法同专业硕士研究生。

四、兽医专业学位教育服务社会初心充分展现

兽医专业学位研究生教育为国家培养了大量的执业兽医专家型人才、官方兽医人才和高层次复

合型人才，为满足国家"十三五"时期畜牧业发展的需求和保障国家"三农"问题的高效解决提供了支撑，在产学研一体化发展中实现了企业生产技术、管理水平和社会经济效益的大幅提升，针对国家动物疫病管理及相关法律法规提出的宝贵意见和建议，促进了行业的可持续发展与社会的和谐发展。

（一）构建校企合作平台，推动行业发展

专业学位研究生的培养搭建了大量的校企合作平台，一方面合作企业为兽医专业学位研究生实践能力的培养提供了极好的条件，另一方面通过共同培养专业学位研究生强化校企衔接、深化校企合作、解决企业实际问题，在此基础上转化已有的学术科研成果，实现产学研一体化发展，再通过企业将更好更新的产品和更专业更贴心的服务推向市场，极大地满足了市场需求。例如南京农业大学加强了与多家大型企业的战略合作，实现了"猪繁殖与呼吸综合征活疫苗（新兽药）""嗜水气单胞菌灭活疫苗（新兽药）""猪圆环病毒2型重组杆状病毒亚单位疫苗""猪圆环病毒2型阻断ELISA抗体检测试剂盒""猪流感病毒H1N1亚型HA1蛋白重组猪痘病毒及其制备方法（发明专利）""中药芪藿糖免疫增强剂（发明专利）"等的成果转化，转让经费超亿元。

随着国家养殖业的快速发展，养殖企业的数量和规模在不断扩大，迫切需要高校培养出符合国家要求和社会需要的特定高层次的专业人才。当前专业学位研究生教育面向动物诊疗机构、动物养殖生产企业、兽药生产与营销企业及动物疫病预防控制、兽医卫生监督执法、兽医行政管理、进出境检疫等兽医行业的各领域，培养了能够从事动物诊疗、动物疫病检疫、技术监督、行政管理及市场开发与管理等工作的应用型高水平人才，职业指向清晰，基本满足了社会各单位对兽医专业应用型人才的需求，满足了不断分化的职业岗位需求。通过大量的调查问卷发现，用人单位对专业学位研究生满意度比较高，专业学位研究生不仅具有扎实的专业基础知识和较好的专业实践技能，而且在职业道德素养、创新思维、团队协作等方面也有突出的表现，毕业到岗后能够迅速融入团队、转变角色、担当己任、做出成绩。迄今，以赖晓云等为代表的一大批杰出专业学位兽医人才在各自不同的工作岗位为行业的发展和国家的进步做出了贡献。

面向兽医临床的专业学位研究生还在校内导师、校外导师和校外专家的带领下，深入各地方的猪、牛、羊、鸡、鸭、鹅等畜禽养殖场以及动物医院等服务机构开展临床诊疗工作，协助政府相关机构做好疾病监测工作，在锻炼和提高自身兽医临床实践技能的同时，取得了显著的经济效益和社会效益。此外，专业学位研究生在培养过程中还经常参与针对基层人员的各种培训，不仅传播了专业知识和技能、新的理念和方法，而且利用所学所知传播和发扬了中华优秀传统文化，促进了行业的健康发展与社会的和谐发展。

（二）兽医专业学位研究生教育已成为解决"三农"问题的有效抓手

农村、农业、农民问题，是国家持续健康、和谐发展重点关注的问题。解决"三农"问题的重要环节是进一步发展现代农业，而畜牧业在现代农业中所占比重最大，因而必须引起高度重视。过硬的高素质的畜牧兽医人才队伍肩负着畜牧生产发展、畜牧兽医技术推广、动物防疫检疫、动物卫生监督及屠宰监管等重任，是保障现代畜牧业发展的关键，在增加农民收入、实现农业快速增长、维持农业、农村稳定等"三农"工作中发挥着重要作用。兽医专业学位研究生的培养建立了产学研用协同创新平台，实现了理论培训与技能培养、分类培训与综合能力培养的结合，学生的学习能力、实践能力和科研创新能力得以全面发展，形成了多元化、多渠道、多层次的人才培养机制。兽医专业学位研究生投身畜牧兽医产业，有力保障了畜牧产业的持续、健康发展，显著提升了畜牧兽医专业服务"三农"的能力。

（三）兽医专业学位研究生教育助力实现全面小康，有效服务国家战略

"十三五"时期是全面建成小康社会决胜阶段，《中华人民共和国国民经济和社会发展第十三个五年规划纲要》提出，农业是全面建成小康社会和实现现代化的基础，必须加快转变农业发展方式，着力构建现代农业产业体系、生产体系、经营体系，提高农业质量效益和竞争力，走产出高效、产品安全、资源节约、环境友好的农业现代化道路。畜牧业及其相关产业是农业的重要组成部分，在国民经济发展中占据重要位置。今后一个时期现代畜牧业建设的总体思路，就是坚持"产出高效、产品安全、资源节约、环境友好"的发展方向，以建设现代畜牧强国为目标，以加快转变发展方式为主线，以提高质量效益和竞争力为重点，强化政策、科技、设施装备、人才和体制机制支撑，建立以"布局区域化、养殖规模化、生产标准化、经营产业化、服务社会化"为基本特征的现代畜牧业生产体系。兽医工作特别是动物疫病防控工作关系国家食物安全和公共卫生安全，关系社会和谐稳定，通过培养兽医专业学位研究生人才，强化科技支撑，不断提升兽医技术水平，意义重大。在国家加快实施创新驱动发展战略的大背景下，专业学位研究生的培养坚持需求导向，尊重行业规律，大幅提升了创新能力，为提升动物健康水平、促进畜牧产业发展、维护公共卫生安全做出了重要贡献。

五、问题与展望

（一）存在问题

在近20年的兽医专业学位人才培养实践中，各培养单位以高层次复合应用型人才培养目标为导向，利用自身优势，积极探索适合本单位特点的专业学位人才培养模式，取得了极大的成绩，已经初步形成具有鲜明职业特色的兽医专业学位研究生教育培养模式和体系。但是，在兽医专业学位人才培养实践过程中，特别是2016年招生并轨以后，也暴露出一些问题，急需在今后的工作中加以解决。

1.社会角色定位需进一步明确　兽医专业学位教育是为了满足国家对高素质兽医专业性人才的需求及兽医从业人员自我提升的要求而设立。培养的兽医专业硕士和博士是与兽医学科农学硕士、博士处于同一层次的职业型学位，它的存在是为了改变长期以来我国农科研究生教育体系培养的人才规格单一、以学术型为主、主要适应教学科研岗位需要的现状。在兽医及相关行业人才体系的定位中，如何让培养的兽医专业学位人才在其社会角色中发挥更大的作用是我们需要认真解决的问题。只有解决了这个问题，才有可能使培养对象成为真正的高层次复合应用型人才，从而满足各级用人单位及行业发展的需求。

2.培养目标与学术型学位趋同之势需要改变　兽医专业学位研究生与学术型学位研究生类型不同，培养目标各有侧重，在培养方式、知识与能力结构等方面也各不相同。经过多年的实践，各培养单位在明确培养目标、培养思路的前提下，强基础、重实践、突出应用，为我国培养高层次复合应用型兽医人才做出了积极的探索，造就了一大批高素质的专门化人才。但在培养的过程中也发现，在当前重学术轻实践的大背景下，部分兽医专业学位研究生受到指导教师绩效考核与科研偏好的影响，学术化培养倾向明显，需要改变。

3.实践指导教师队伍需要加强　办学师资是保障人才培养的最基本条件，在双导师制度的引导下，各培养单位积极利用社会力量，选聘校外导师，导师队伍的构成发生了一定的变化。然而，截至2019年，全国兽医专业学位硕士指导教师2 595人，校内指导教师依然占67.63%，博士指导教师838人，其中校内指导教师占77.33%。从数据可以看出，当前进行兽医专业学位研究生指导的教师仍然以校内教师为主，且多为博士出身。如何进一步扩大校外实践指导教师的比例，发挥校外导师的作用是实现兽医专业学位研究生培养质量大幅提升的重要手段。

4.实践基地条件需要进一步提升　兽医专业学位研究生应该是能够从事动物疫病防控、动物疾

病诊疗、兽医公共卫生、动物检疫、食品安全、动物保护及相关服务工作，解决产业中存在的实际问题的高水平应用型人才。为此，在实践基地开展的教学和实践培养环节必不可少。虽然各培养单位对实践基地建设非常重视，与办学早期相比，实践教学基地的数量与条件得到了很大的提升，但是仍然不能完全满足学生实践环节的需求。实践基地规模偏小、教学条件有限等成了制约高水平应用人才培养的瓶颈问题。拓展和建设高质量的校外基地仍是进一步扩大兽医专业学位教育规模、提高培养质量的前提条件。

5.培养质量国际化水平需进一步增强　目前，我国已成为全球第二大经济体；构建人类命运共同体，是时代大命题。在全球化时代，兽医教育国际化、就业国际化，教学质量评估标准国际化是大势所趋。发达国家在长期的兽医专业学位培养过程中在人才选拔、培养环节、考核方式等方面积累了丰富的经验，培养出来的兽医专业学位在经济发展和社会服务中发挥了积极的作用。当前兽医高等教育国际化已成为我国兽医界的共识，借鉴国际经验，利用国际资源，提升兽医教育水平，实现人才培养国际化，是必由之路。然而目前，我国兽医专业学位教育国际化水平急需提升，学生的外语能力以及对国际贸易规则、国际法的把控能力急需提高；师资的国际化水平也偏低，急需加强。

（二）发展对策与展望

当前，我国研究生教育综合改革已经全面铺开，内涵发展成效显著。兽医专业学位教育应以习近平新时代中国特色社会主义思想为指导，深刻认识新时代内涵发展面临的新挑战，准确把握社会经济各个领域对兽医专业学位教育发展的需求。为使兽医专业学位研究生培养做到与国际同步、与时代发展接轨，针对培养过程中出现的问题，应围绕以下几个方面发力改革，创新进取。

1.对接需求，关注新兴的新农科教育　2019年习近平总书记在给全国涉农高校书记校长和专家代表的回信中指出"中国现代化离不开农业农村现代化，农业农村现代化关键在科技、在人才"。为了贯彻落实习总书记的指示精神，涉农高校发布了面向中国新农科建设的安吉宣言，达成"新时代新使命要求高等农林教育必须创新发展，新农业新乡村新农民新生态建设必须发展新农科"的共识。针对兽医专业学位人才培养，应积极对接需求，关注正在兴起的新农科教育，以立德树人为根本，以强农兴农为己任，拿出更多科技成果，培养更多知农爱农新型人才，为推进农业农村现代化、确保国家粮食、肉品安全、提高亿万农民生活水平和思想道德素质、促进山水林田湖草系统治理，为打赢脱贫攻坚战、推进乡村全面振兴不断作出新的更大的贡献。

2.回归本位，扭转培养目标偏移现象　以涉农高等院校及科研机构为主体的培养单位始终承担着培养两种类型高级专门人才的重任，即科学家与工程师，或学术性学位与职业性学位（专业学位）。培养高层次应用型、复合型人才是兽医专业学位研究生培养的根本目标，不能动摇。教指委和各培养单位应加强认识、定期培训，进一步明确兽医专业学位研究生培养目标，监控其培养过程，回归本位，扭转培养目标偏移现象。

3.以生为本，重构师生学术共同体　英国哲学家布朗依在《科学的自治》提出学术共同体的概念，即具有相同或相近的价值取向、文化生活、内在精神和具有特殊专业技能的人，为了共同的价值理念或兴趣目标，并且遵循一定的行为规范而构成的一个群体。大学的师生具有共同的学术生活方式，以知识操作（知识创造、知识传授、知识应用）为中心，要在创造知识的过程中培养创造性人才。教指委及各培养单位应在今后的工作中以学生为本，通过一系列调控手段，实现"以学生为中心"的教育，增加教师课内课外与学生面对面的机会，重构师生学术共同体。

4.协同创新，走产教融合双赢之路　在国家多种举措推进产教融合的同时，各高校和行业企业也在开始深入推进校企合作、产教融合。通过创新协同发展，高校与企业之间加强联系和交流，健全校企合作技术创新体系，建立多元化、多渠道的合作模式。基于协同创新的产教融合已经成为促进人才培养供给侧和产业需求侧结构要素全方位融合，培养大批高素质创新人才和技术技能人才的有效措施，也必将成为兽医专业学位教育改革的方向之一。

5.质量保证，建立三维度质量观 为了提高兽医专业学位人才的培养质量，我们将建立基于相对质量、社会需求和培养过程三个维度的质量观。从国际比较来看，应使我们的教育质量处于世界同类学位一流水平。从社会需求来看，应使毕业生对当前和未来的职业具有较强的适应性，能够解决所从事领域的重要问题，能够成为所在领域的领袖人物，而不能用学术性人才标准去评价和使用专业学位人才。从培养过程来看，需要建立和发展一流的教育理念、专业领域、师资队伍、培养模式与培养方法，应使毕业生具有较好的知识、能力和素质。

在新的形势下，兽医专业学位面临新的挑战。如何在非全日制与全日制并行的兽医专业学位人才培养的轨道上迈进，如何在适应中国国情的前提下加快与国际同步，如何将专业学位教育与学术型学位教育协调发展，如何更好地为行业服务，是兽医专业学位研究生教育工作者和研究生本人面临的重要挑战，也是兽医专业学位研究生教育发展的重大机遇。我们相信，在国务院学位委员会和教育部的领导下，在各培养单位的共同努力下，兽医专业学位研究生教育将会进入一个新的发展时期，并取得更大的成就。

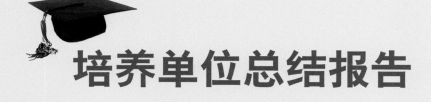

培养单位总结报告

ZHONGGUO SHOUYI ZHUANYE XUEWEI JIAOYU 20 NIAN

中国农业大学
兽医专业学位教育总结报告

　　1999年国务院学位委员会通过了《兽医专业学位设置方案》，2000年中国农业大学作为兽医专业学位研究生首批授权招生单位之一，当年招收兽医博士生20名，兽医硕士生75名，并于2003年迎来第一批专业学位研究生的学位论文答辩。经过20多年的探索和实践，中国农业大学兽医专业学位已初具规模，为我国兽医行政管理、兽医执法与监督、动物疫病防控与检验检疫、动物医疗与动物保护、兽药生产企业以及畜牧生产等部门培养出了一大批高层次复合型、应用型高级专门人才，为我国专业学位研究生教育改革做出了突出的贡献。

　　非全日制专业学位硕士、博士研究生的招生始于2000年。2009年，全日制专业学位硕士研究生开始招生，包括动物源性食品安全、畜禽疫病防治和动物临床疾病诊疗三个方向。2016年，作为教育部首个试点单位，开始招收全国首批全日制兽医专业学位博士研究生，同年，"卓越临床兽医"硕士研究生专项开始首次招生。2017年，开始招收非全日制双证兽医专业学位硕士研究生。20年来，我校共招收兽医专业学位研究生1 915人，其中兽医硕士1 431人，兽医博士484人；授予学位1 211人，其中兽医硕士945人，兽医博士266人（图1）。

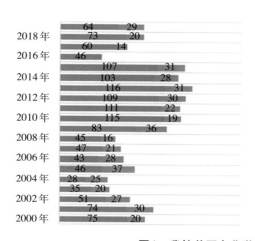

图1　我校兽医专业学位历年招生与授予学位人数

21

一、廿载汗水，硕果累累

我们积极探索符合兽医专业学位培养模式和管理体制，改革以往的"重学术，轻实践"培养模式，着力解决理论知识与实践能力相结合从而达成专业学位研究生的培养目标、将实践教学基地的作用最大化、增强社会对专业学位的认同度等问题。经过20多年不断探索、创新和反复实践，逐步形成了符合兽医行业发展需求、以职业兽医为目标、产教学研相融合的"一优两改三培育"兽医专业学位研究生培养模式。该成果在2018年先后获得的校级研究生教育成果特等奖、中国学位与研究生教育学会研究生教育成果奖二等奖（图2）。

图2　研究生教育成果奖获奖证书

1. 提高研究生培养质量，培养大批复合应用型人才　在招生、培养、论文答辩等方面，我们建立了一整套科学、规范的管理体系，为严把入学质量关、提高培养质量、加强论文质量管理起到了保障作用，从而培养出了一批理论扎实、能力突出、素质过硬的高层次、复合应用型专业人才。15人获得全国兽医专业学位优秀论文，1人获得校级优秀毕业论文。毕业生中50%以上考取了国家执业兽医师资格，95%以上从事与兽医行业相关的技术研发、行业管理或临床诊疗等工作。动物源性食品安全方向的毕业生在兽药安全性评价、兽药残留检测与仲裁、兽药残留检测方法复核等岗位上涌现出许多行业领军人才；畜禽疫病防治方向的毕业生在重大动物疫病疫情监测、建立健全动物防疫体系、制定并组织实施动物疫病防治规划等岗位上许多已经成为了行业的杰出人才；动物临床疾病诊疗的毕业生许多已经成为全国各大动物医院的卓越临床兽医，有些自己创建大型连锁动物医院，成为临床兽医中的佼佼者（图3）。

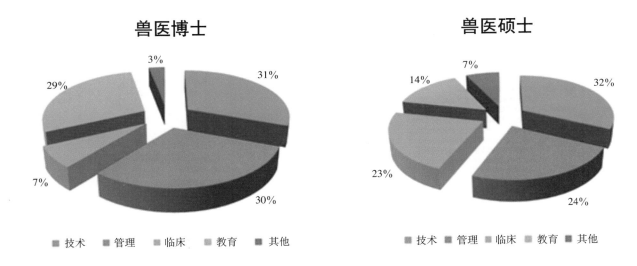

图3　我校兽医专业学位毕业生从事的工作情况分布

2. 推广新型培养模式，取得一系列教学改革成果 我校兽医专业学位研究生培养模式在全国起到了引领和示范作用。相关规章制度、教改专项及案例教学内容多次在全国会议上宣讲并被引用。获得中国学位与研究生教育学会农林学科工作委员会研究生教育管理课题1项并已通过验收结题（图4），教改文章《兽医专业研究生教育国际化程度的调研与研讨——以中国农业大学为例》荣获中国学位与研究生教育学会农林学科工作委员会学术年会优秀论文一等奖，发表研究生教学改革与实践类文章9篇，出版教材、著作18本。1门课程被列入中国专业学位教学案例中心案例库（图5），18门被列入校级研究生网络平台案例专题库（表1）。

图4 中国学位与研究生教育学会农林学科工作委员会研究生教育管理课题

图5 中国专业学位教学案例中心案例入库证书

表1 校级研究生网络平台案例专题库

序号	案例名称	教案负责人	兽医专业研究领域
1	鸡球虫抗药性： 起源与选择——快速诱导盐霉素抗药性产生的假说与验证	索勋	畜禽疫病防治
2	规模化龙猫养殖场沙门氏菌感染发病特征及诊疗方案	孙洪磊	畜禽疫病防治
3	规模化水貂养殖场水貂阿留申病发病特征与诊疗方案	孙洪磊	畜禽疫病防治
4	育成期蛋鸡滑液囊支原体混合感染大肠杆菌病例报告	孙洪磊	畜禽疫病防治
5	H5亚型禽流感发病特征与解决方案	张国中	畜禽疫病防治
6	H9亚型禽流感的发病特征与防控	张国中	畜禽疫病防治
7	规模化鸡场鸡传染性法氏囊病发病特征与防控方案	张国中	畜禽疫病防治
8	规模化鸡场鸡新城疫发病特征与防控方案	张国中	畜禽疫病防治
9	规模化鸡场心包积液-肝炎综合征发病特征与诊疗方案	张国中	畜禽疫病防治
10	鸡传染性鼻炎发病特征及诊疗方案	张国中	畜禽疫病防治
11	鸡传染性支气管炎感染临床案例剖析及防控方案	张国中	畜禽疫病防治
12	禽曲霉菌病的发病特征与防控方案	张国中	畜禽疫病防治
13	犬肾上腺皮质机能减退的诊断与治疗	夏兆飞	动物临床疾病诊疗

（续）

序号	案例名称	教案负责人	兽医专业研究领域
14	猫慢性肾病的诊断与治疗	夏兆飞	动物临床疾病诊疗
15	犬肥大细胞瘤的诊断与治疗	李格宾	动物临床疾病诊疗
16	由美国卡特里娜飓风思考自然灾难中的公共卫生和动物福利问题	李靖	动物临床疾病诊疗
17	犬癫证的诊断与治疗	林珈好	动物临床疾病诊疗
18	中兽药新药研发流程——以黄芪多糖口服液为例分析	王帅玉	动物临床疾病诊疗

结合兽医行业发展需求和专业学位特点，针对不同方向需求定制课程方案，我们建设了混合式教学、案例教学等一系列教改课程。其中混合式课程采取线上、线下教学相结合，学生有针对性地对欠缺的知识进行补充，既节约时间，又能发挥学习主动性，使研究生系统掌握实验室诊断技术与方法，树立实验设计的整体观，引导学生运用已掌握的理论知识，分析并解决诊断或方法建立过程中出现的问题。案例教学类课程使理论教学与实践结合，引导学生积极参与课堂、实习病例的分析和讨论，引导学生主动通过实践和自学获得知识，从课程内容、授课方式、实验设计、实践环节等全方位考量，使课程设置与生产实践紧密相关，快速提升了学生的基础理论知识，强化了动手能力。

3. 促进兽医产业繁荣，提升科研成果转化率　我校将兽医专业学位研究生培养与导师的应用型课题研究和实践训练相结合，使研究生积极参与到技术研发、示范推广、技术服务中，既促进了科技创新和科研成果转化，又解决了高校人才培养与用人单位需求不匹配的矛盾，缩短了研究生就业适应期。与北京首农集团、中国牧工商集团、勃林格－殷格翰集团等80余家国内外知名的大型企（事）业单位建立了良好合作关系，专业学位研究生也参与到企事业单位主要畜禽疫病诊断技术研发，为技术成果转化和应用做出贡献。由专业学位研究生参与的主要畜禽疫病诊断技术研发，已建立各种诊断技术和方法30余项，申请国家发明专利10余项。

二、廿载变迁，特色发展

在培养研究生的过程中，我们注重夯实专业知识和实践技能，提出了"三阶段"实践教育模式的创新，即实践课教学、校内实习和校外基地实践，激发学生从临床实践中发现问题，论文选题以解决临床实际问题为主。这种培养模式很好地加强了专业学位研究生实践环节的训练，使研究生能够真正的学以致用，学有所长，明显缩短了就业适应期，为学生早日在工作岗位上施展自己的才能奠定了坚实的基础。

建设了"卓越临床兽医"研究生专项。该项目贴近"临床"，力求"卓越"，以培养技术性、实用型、小专家级临床兽医作为目标，借鉴美国驻院医师和人医科室轮转制度的培养经验，采取4+1+2学制、本硕连读三段式培养模式（图6），从取得推免资格的本科生中选拔优秀学生，在研究生学习阶段进行临床兽医全科轮转与专科发展培养。项目新开大量临床课程，并建立严格的科室轮转考核体系，从"学、能、德"全方面塑造新型临床兽医人才，以提高毕业生就业综合竞争力，同时考核优秀的学生将有机会进入更高水平的兽医专家培养体系（专业学位博士研究生或国际联合培养）。

在此基础上，我校还增设动物疫病防控专项、动物源性食品安全专项。已有的卓越临床兽医专项细分——小动物、大动物、野生动物和中兽医类，其中卓越临床中兽医2019年开始招生，并与美国佛罗里达大学中兽医学院联合培养，已有4名学生前往该学院进行为期3个月的学习（图7），均取得了国际兽医针灸师资格认证证书（图8）。其他也于2020年开始招生。

采取4+1+2学制，三段式管理

预科阶段	✓ 动物医院科室轮转（初级技能培养）+课程学习 ✓ 研究生班主任负责制 ✓ 本科最后1学年
全科阶段	✓ 动物医院科室轮转（中级技能培养）+课程学习 ✓ 研究生班主任+科室导师负责制 ✓ 研究生入学14个月
专科阶段	✓ 选择临床专科（高级技能培养）+学位论文撰写 ✓ 导师负责制 ✓ 研究生最后阶段

图6 "卓越临床兽医"三段式管理模式

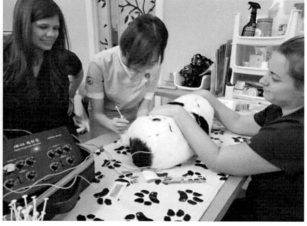

图7 卓越临床中兽医专项研究生赴美开展学习

图8 国际兽医针灸师资格认证证书

三、廿载积累，分享经验

发挥学科优势、突出培养特色、强化培养成效，探索出的"一优两改三培育"的兽医专业学位研究生培养模式（图9）。

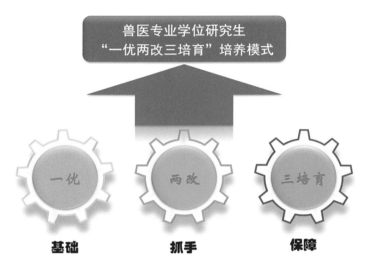

图9　兽医专业学位研究生"一优两改三培育"培养模式

1.聚焦行业发展和产业需求，明晰培养目标　中国农业大学兽医学学科在教育部历次全国学科评估中均排名第一，2017年又入选"双一流"建设A+学科，在动物源性食品安全、畜禽疫病防治和动物临床疾病诊疗等研究领域具有领先优势。"一优"即充分发挥我校一流兽医学科优势，以兽医行业发展和产业需求为导向，以发展"双一流"兽医学科、培养高水平应用型人才为宗旨，推动和引领兽医学领域的应用研究、应用基础研究和社会服务等方面的发展。

2.推进专业学位培养模式创新，突出培养特色　"两改"即推进实践环节和教学改革，逐步实现人才的个性化培养。在培养环节改革中建立"三阶段"实践教育模式，即实践课教学、校内实习和校外基地实践。2011—2019年，先后建立了33个校内外实践基地，与京内外企事业单位开展专业学位研究生合作培养。

3.实行全员全方位全过程育人，强化培养成效　"三培育"即以培育高水平导师队伍、多元化校企联合实践基地、规范化管理体系作为创新型兽医专业人才培养模式的保障。努力打造课程、科研、实践、管理和思想育人的全员、全方位、全过程研究生培养体系。在夯实专业知识和实践技能的基础上，提升研究生综合素质和家国情怀。

四、廿载育人，以优培优

我校培育和凝聚了一批以院士、长江学者特聘教授、国家杰出青年科学基金获得者为学科带头人，结构合理的师资队伍。现有博导52人，硕导77人，师资队伍结构合理，其中现代农业产业技术体系岗位专家6人和北京市创新团队岗位专家4人，进一步完善了专业学位的导师队伍。实施的双导师制，校内外导师取长补短，实现优势互补。校内导师熟悉兽医学科发展前沿，善于挖掘兽医学科的研究课题；校外导师对兽医行业最新动态的把握精准，可将最新的知识技能贯穿于对研究生的培养过程中，提高学生的实践技能（图10）。双导师制使学生的知识、技能保持与行业发展同步，从而提升了专业学位研究生的综合能力。2011—2019年，先后有60位专家学者担任校外指导教师，为专业学位研究生培养教育做出积极工作。

图10　师生开展实践实训活动

一直以来，我校的兽医专业学位研究生在动物源性食品安全、畜禽疫病防治、动物临床疾病诊疗三个方向不仅引领了兽医科技的发展，也为社会服务做出了突出贡献。

动物源性食品安全方向的研究生参与实践基地的研发、生产、技术服务等，解决了许多技术难题，缩短了快速检测试剂从技术开发到商品化的时间，参与研制瘦肉精、玉米赤霉醇、黄曲霉毒素等快速检测试剂18种。这些产品在北京、河北、山东等20余个省市的200余家畜产品和兽药饲料检测机构广泛应用，检测样品100多万份；在伊利集团、江苏雨润、北京三元等1 000余家养殖、屠宰和加工企业中广泛应用，检测样品500多万份，为促进行业发展做出了很大贡献。此外，我们的学生积极参与到农业部生鲜乳质量安全监测计划、瘦肉精和三聚氰胺专项整治行动中，为保障我国食品安全和百姓健康做出了贡献（图11）。

图11　动物源性食品安全方向的研究生参与实践基地工作

畜禽疫病防治方向的研究生在为规模化养殖企业或相关职能部门提供动物疫病监测与诊断、预防和控制技术培训等方面发挥了良好的社会服务职能。进行大量临床样品或病例的诊断与检测工作，临床血清样品检测年均22万余份，年接诊临床病例2 000余例，涵盖全国30余个省（市），每年为5 000余家养殖企业提供诊疗技术服务；每年形成动物疫病流行动态分析预测报告，为我国动物疫病防控提供了重要依据。每年开展主要动物疫病防控技术培训近百场，年培训人员可达万人（图12）。

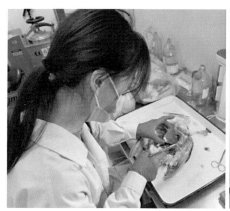

图12　畜禽疫病防治方向的研究生参与社会服务

动物临床疾病诊疗方向的研究生积极参与宠物诊疗、专题培训和技术交流，推动和引领了国内宠物诊疗行业和临床动物诊疗事业的发展。每年参与接诊病例6万余例，每年接收国内外实习或短期进修临床兽医人员400～500人，每年开办手术、麻醉、影像等专题培训十余期，培训社会兽医人才可达400～500人次（图13）。

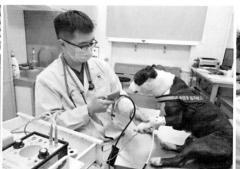

图13　动物临床疾病诊疗方向的研究生参与临床动物诊疗工作

中国农业大学兽医专业学位研究生培养在20年的历练中立足引领行业发展和促进人类健康，充分发挥自身人才和技术优势，成功培养了大量专门、专业人才，对保证动物源性食品安全、加强我国动物疫病防控能力和推进宠物诊疗行业进步，进而保障畜牧产业健康发展和国家公共卫生安全起到了重要引领作用。我们也将继续努力，勇于开拓进取，为我国兽医专业学位教育的长久发展添砖加瓦。

南京农业大学
兽医专业学位教育总结报告

兽医专业学位的设立是我国高等教育主动适应构建全面开放新格局和经济高质量发展的新形势、积极应对全球化挑战、转变教育观念、提高办学水平、面向世界、面向未来、开启高等教育强国新征程的重要举措之一。该学位的设立，对全面提高我国疫病防控能力与疾病诊疗水平、全面保障养殖业生产安全、保障公共卫生安全、保障动物源食品安全、保障生态环境安全，加快提升现代养殖业及与国际接轨步伐、促进农业产业结构的调整、提高现代农业治理水平、推动乡村振兴战略及"一带一路"倡议的实施具有重要意义。

南京农业大学动物医学院作为我国最早成立的高层次兽医人才培养院/系之一，是全国兽医专业学位研究生教育指导委员会秘书处挂靠单位，自2000年起，率先开展兽医专业学位研究生教育，是全国首批获得兽医博士学位授予权的2家单位之一。在20年的办学过程中，我院全体师生共同努力，积极探索、锐意改革、不断创新管理及培养模式，确立了强基础、重实践、突出应用的指导思想，明确了培养从事动物疾病诊疗、动物疫病防控与检疫、动物源食品安全、兽医公共卫生和兽药创制等工作的具有国际化视野、兽医专业知识/技能、宏观管理及应急处理能力的高层次应用型人才的培养目标。截至2019年12月，学院共计招收非全日制兽医硕士研究生607人，非全日制兽医博士研究生266人，354人获得兽医硕士学位，136人获得兽医博士学位；招收全日制兽医专业学位硕士研究生565人，授予硕士学位398人，招收全日制兽医专业学位博士研究生54人。毕业学生知农爱农、综合素质高、实践能力强，基础扎实、视野宽广、职业发展良好并受到了社会各界的广泛认同。

一、办学经验及特色

（一）构建了"三位一体"的课程设置与学位评价体系

课程体系是构建培养对象知识基础和能力结构的基本支撑条件。实践证明，没有扎实的理论基础同样培养不出具有工匠精神的应用型人才。为此，作为首批招收兽医专业学位研究生的培养单位，我院在长期的探索和完善过程中，结合国家经济、社会发展需求和本单位实际情况，围绕专业学位教育的应用性导向与实践性要求，以满足职业需求为目标，以提高综合素养和应用能力为核心，构建了强基础、重实践的课程体系，包括国际化视野的核心基础课程、结合案例教学的专业技能课程、依托基地的培养现代兽医精神的专业实践课程三大模块；制定了能够体现本单位特色，将强基础、重实践指导思想贯穿培养全过程的"一体化"兽医专业学位评价体系。"三位一体"的课程设置与学位评价体系为高层次应用型兽医人才培养质量提供了重要保障（图1、图2、图3）。

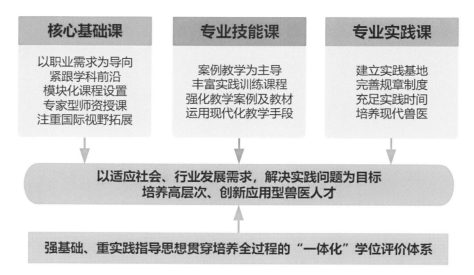

图1 "三位一体"的课程设置与学位评价体系

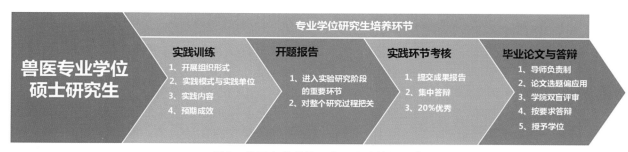

图2 兽医专业学位硕士研究生培养环节

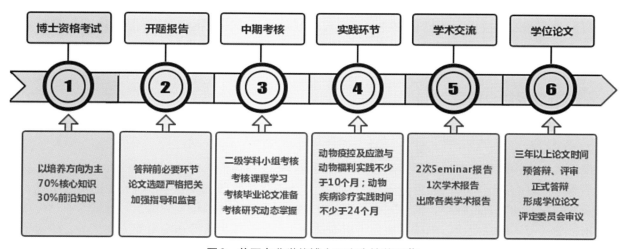

图3 兽医专业学位博士研究生培养环节

（二）创建了"三阶五方"的实践基地框架与研究生管理体系

提高学生解决生产实践问题的能力是实现兽医专业学位研究生与学术型研究差异化培养的关键。兽医专业实践能力不同于传统意义上的实验操作，它是一种面向社会推动科研成果转化应用、解决行业问题的实践与创新能力。这种能力的培养无法单纯依靠高校师资、场地、设备开展，必须借助地方政府、科研单位及大中型企业，通过"校地"融合、"校企"合作，把高校的理论优势与社会力量的实践、转化等优势结合起来，建立优质的综合实践基地，在实践基地内进行。为此，学院积极行动，主动联系并构建依托导师横向课题、研究生企业工作站、产学研一体化单位的"三阶"金字塔形实践基地框架。科学合理的管理是实践基地正常运行及研究生培养活动顺利开展的基础，在不断地探索与实践中，由研究生院、动物医学院、实践基地、校内导师及校外导师"五方"参与的研究生管理体系日益完善，为培养强基础、重实践、立足行业需求的兽医专业学位研究生提供了全方位、跨阶段的制度体系保障（图4、图5）。

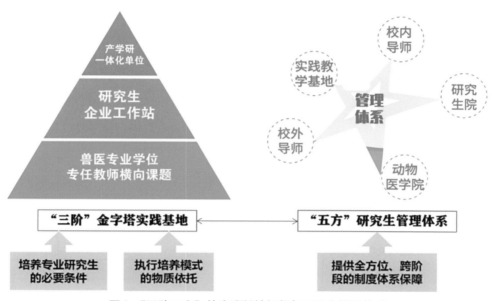

图4　"三阶五方"的实践基地框架与研究生管理体系

图5　一流的实践基地

中国农业科学院家禽研究所（左）和泗洪德康农牧科技有限公司（右）

（三）以国家发展重大战略需求为导向，对兽医专业学位研究生进行了分类指导

国家中长期动物疫病防治规划提出要提升我国兽医卫生服务能力和水平，这事关国家食品与公共卫生安全、社会的和谐与稳定。高素质专业性人才培养是关键。由于兽医发挥的社会职能及服务的对

象广泛，大一统的全科兽医培养模式在高职、本科层面为我国兽医队伍整体水平的提升提供了保障。然而，新时代全球兽医工作的定位和任务正在发生深刻变化，专门化的高素质复合应用型兽医人才培养提上了日程，兽医专业学位研究生教育是解决问题的重要途径，学术型学位教育无法替代。在20年的办学实践中，学院根据兽医发挥的社会职能，创造性提出培养适应社会需求的三类兽医——官方兽医、执业兽医及现代兽医的办学指导思想。根据兽医服务的对象，在专业博士培养层次设置了动物福利与公共卫生、动物疾病诊疗与动物疫病防控等三个稳定的培养方向；实现了对高素质兽医人才的分类培养。

（四）适应国家经济和社会发展实际，改革创新培养模式，在兽医专业硕士培养层次探索、推进了具有南农特色的临床兽医师培养项目

学院在引导学生获得职业任职资格（通过执业兽医考试）的前提下，顺应国家经济和社会发展需求，在兽医专业硕士培养层次探索、推进了临床兽医师培养项目（图6），培养未来能在行业中成为领军人物的小动物兽医、农场动物兽医和马属动物兽医。

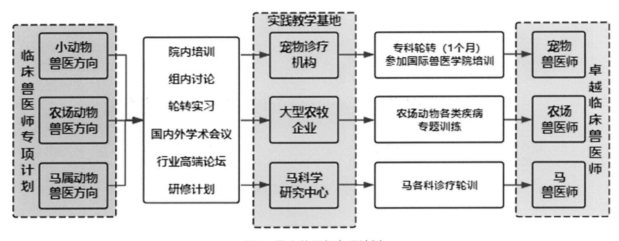

图6　临床兽医师专项计划

对入围临床兽医师培养项目的学生，除要求完成与其他学生相同的培养环节外，充分利用校内外资源提高学生的动手能力、组织能力及国际视野。①要求全体学生参加每周一次的南京农业大学教学动物医院组织的院内培训与组内讨论，全程参加每年两次的南农-戴维斯国际兽医高端培训，入学第一学期完成在教学动物医院进行的轮转实习。②积极鼓励资助学生参加国内外学术会议、行业高端论坛等。③参照兽医专业博士培养方案，填写《全日制卓越兽医师项目专业学位研究生专题讨论计划表》，制定并完成专题讨论计划后取得2学分。④第二学期开始，结合培养方向、学位论文选题完成量身定做的全科/专科轮转及专业实践环节。小动物兽医方向实践环节主要在校教学动物医院、艾贝尔动物医学中心等动物诊疗机构完成，内容包括内科、外科、麻醉与镇痛科、影像科、康复科、急诊与重症监护科、眼科、牙科、心脏科、肿瘤科及中兽医科等，每个专科轮转培养不低于1个月。农场动物兽医方向实践环节主要在上海光明猪业集团等大型农牧企业开展，完成猪、禽、牛病的专项及传染病、寄生虫病、营养代谢病等的专题训练。马属动物兽医方向实践环节主要在南京农业大学马科学研究中心进行，完成内科、外科、产科、麻醉与镇痛科、影像科、中兽医与针灸科等的轮训。完成后取得4个学分。⑤针对小动物兽医方向学生，充分利用长三角地区宠物业发展的区位优势及校友资源，同CSAVS国际兽医学院合作（课程全部由美国兽医学院副教授以上或地区转诊中心高级兽医师等人员主讲），学生免费参加其全部课程及实操训练，在空闲时间帮助其翻译课件、整理外文材料。通过上述培养环节的训练，学生对兽医事业的任务和职责有了清晰的认识，分析问题、解决问题的能力明显提升，眼界与国际化视野得到拓展，临床诊疗水平与操作能力达到了卓越水平（图7）。

图7 兽医专业学位研究生在学习、实践中

二、办学成效

20年来，学院秉承南京农业大学"诚朴勤仁"的校训，在实践中不断总结、完善兽医专业学位研究生培养模式并组织相关导师学习及贯彻实施，有效地解决了专业学位研究生培养过程中目标认识存在偏差的问题；通过构建不同层次的实践基地并加强管理，有效解决了社会参与不够及学生实践经验不足的问题；通过对专业学位研究生进行分类培养及建立重实践的学位评价体系有效地解决了培养模式与学术学位研究生趋同的问题。经过20年的教育教学实践，我校兽医专业学位研究生培养领域取得了以下四大成效：

（一）为行业培养出一大批高层次应用型人才

我院培养出一大批社会认可度高的兽医行业精英人才（授予兽医硕士学位354人，兽医博士学位136人）。他们普遍基础扎实、视野宽广、解决实际问题的能力突出。在2006年暴发的猪的无名高热，2009年的甲型流感，2017年禽流感及2018年非洲猪瘟等重大动物疫情的防控中我院兽医专业学位研究生发出了南农声音、提出了南农方案。2014年12月1日，东方网，上海政务栏目报道了我院2001级兽医博士，上海动物疫病预防控制中心主任刘佩红研究员从女兽医到"安全卫士"的先进事迹，其先后参与了SARS、高致病性禽流感、A型口蹄疫、甲型H1N1流感、黄浦江漂浮死猪等一系列重大动物疫情和突发事件的阻击战，并为确保2008年奥运会、2010年世博会等重大活动期间"上海不发生重大动物疫情、不发生重大畜产品质量安全事件"发挥了重要作用。

（二）人才培养质量不断提升

近年来，我院兽医专业学位研究生培养质量不断提升，有6人获全国兽医专业学位研究生优秀学位论文，11人获全国兽医专业学位研究生优秀学位论文，1人获江苏省优秀硕士专业学位论文；21人获校级优秀毕业研究生。2017年首批入选临床兽医师培养项目的学生，在学院与江苏梅林畜牧有限公司共建的基地，由校外导师带领进入养猪生产一线开展实习、实践并完成毕业论文，他们在猪场完成了配怀舍、产房、后备舍、公猪站、保育舍、育肥舍等各个生产环节的轮转，学习到了一套完整的常见猪病免疫程序、猪场驱虫程序、猪场卫生防疫程序以及猪的各种保健方案。这批学生未毕业就受到了养殖企业的关注，毕业1年来多成为企业技术骨干（图8）。

（三）毕业生用人单位满意度高、后续发展态势良好

学院对近20家用人单位的调查表明，用人单位对我院毕业生均表示满意。对毕业研究生就业及发展趋势调查结果显示：①非全日制兽医硕士和兽医博士，多数属于在职攻读学位，在读期间经过各培养环节的训练，基础知识、专业技能、职业情怀、视野及管理水平都得到了进一步提升，多数已经成为各个单位的领导、主管或者是技术骨干，部分已经成为兽医行业各个领域的领军人才。②全日制专业学位硕士研究生，2013年（首届毕业生）至2019年毕业生调查跟踪数据表明就业率保持在96%以上（目前无全日制专业博士研究生毕业）；其中47.0%选择进入企业从事现代兽医的相关工作，27.8%从事执业兽医工作，1.7%进入事业单位及基层就职从事官方兽医的工作，其他人员升学、自主创业或从事其他工作。毕业研究生后续执业发展势头良好，大部分人员能够完全适应本职岗位需要，部分人员在5~10年间会成为科研院所及企事业单位的骨干力量。完全实现了兽医专业学位研究生设立和培养的目标，为我国兽医行业的发展做出了应有的贡献。

（四）研究生及毕业生参与/完成一大批重大成果，在行业中推广应用，经济社会效益显著

我院培养的兽医专业学位毕业生扎根基层、服务行业，参与/完成的一大批重大成果在行业中得

到了推广应用，经济社会效益显著。据不完全统计，我院专业学位研究生获全国五一劳动奖2人，国家级科技奖项13项，省部级科技奖项53项。例如，我院2000级兽医博士马洪超，现任青岛易邦生物工程有限公司董事长、总经理，是我国禽病防治技术和新型疫苗研制领域领军人物，主持或参与了国家、省、市级等11项课题研究，有效发明专利16项，获得国家科技发明奖1项，国家科技进步奖1项，省市科技进步奖5项，其研制的鸡传染性法氏囊病基因工程亚单位系列疫苗达到国际领先水平。

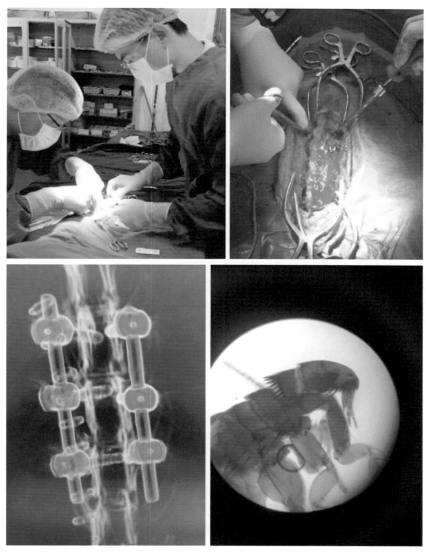

图8　临床兽医师培养项目学生的实操活动及作品

东北农业大学
兽医专业学位教育总结报告

一、基本情况

东北农业大学动物医学专业作为211重点建设大学的优势专业，始建于1948年，是动物医学专业学科门类最全的一级学科博士点和博士后流动站。其中基础学科为国家重点学科，临床学科为国家重点学科培育学科，预防学科为省重点学科。我院学位点是国务院学位委员会2000年51号文件批准的全国首批具有兽医专业硕士学位授予的9所院校之一；2004年我院又成为全国首批具有兽医专业博士学位授予的院校之一。

兽医学科拥有农业部重点观测实验站1个（农业部动物疫病病原生物学东北科学观测实验站），黑龙江省重点实验室3个（动物疾病防控技术与制剂创制实验室、实验动物与比较医学实验室和动物源性人兽共患病实验室），黑龙江省高校重点实验室1个（动物群发性普通病重点实验室），国家级优秀教学团队1个（临床兽医学），黑龙江省优秀研究生导师团队1个（临床兽医学），省级优秀教学团队1个（临床兽医学），黑龙江省领军人才梯队3个（基础兽医学、临床兽医学和预防兽医学），黑龙江省高校科技创新团队1个，黑龙江省教育厅实践教学示范中心1个（动物疾病控制实验示范中心）。

从2000年招生至今，学院招收非全日制专业硕士386人，非全日制专业博士75人；全日制专业硕士198人，全日制专业博士36人。

二、兽医专业学位教育注重基础性、宽厚性和适应性

兽医专业学位点获批之初，学院根据黑龙江省畜牧业发展的实际需要，立足龙江经济发展，结合龙江畜牧业发展特色。学院整体确立面向国际前沿并具有鲜明特色的科研方向。科研方向对于学院在兽医专业学位培养工作具有重要的指导意义，同时也为专业学位发展奠定基础。

为了加强校外导师队伍建设，我院从2000年先后与黑龙江省动物卫生监督所、哈尔滨市动物卫生防疫站、哈尔滨市畜牧兽医局、中国农业科学院哈尔滨兽医研究所动物疫病诊断与技术服务中心和哈尔滨维科生物技术开发公司、哈尔滨绿达生动物药业有限公司、华威特（北京）生物科技有限公司等单位聘请在行业具有影响力的专家、企业家、部门管理人员作为第二导师。兼职导师主要的研究方向覆盖动物群发性普通病防治、中药提取与研发、现代诊疗技术、兽医病原学、流行病学、人兽共患病学、疫病控制等，这对学科高层次专业人才的培养及科研工作具有显著的促进作用。

兽医专业学位研究生的培养采取"双导师制"，学院副高职以上专业课教师担任校内第一指导教师，负责研究生的全面指导。在兽医相关领域聘任具有丰富实践经验的技术专家或博士学位人员担任校外第二指导教师，配合第一导师在实践应用环节指导研究生，共同履行导师职责。

在兽医专业学位招生的20年中，学院根据学生的来源变化，也在不断调整专业学位的培养方案，使其更具有合理性。课程建设是保证研究生培养质量的重要环节，在课程体系上，按新颁布的学科专

业目录设置课程。突出了"科学、新颖、拓宽、分层次"的原则，注意基础性、宽厚性和适用性。首先精心筛选学位课程，充实教材，选派学术造诣深的教师授课。我们在完善课程建设体系的同时，注意教材建设，凡列入培养方案的课程，精选适宜教材，包括自编教材和统编教材。课程教学计划和建设计划采取动态更新，实践性、应用性和前沿性课程结构合理，可行性强，能够体现学位点的生产实践特点，达到了培养目标。经过十几年的摸索，我院在培养方案中逐步形成特色，学位课和必修课引入学科前沿动态相关内容比例达100%，选修课共开设11门，培养面涵盖学位点全部的研究方向，且讲授内容与实践应用结合紧密，且有《动物普通病学专题》等7门包含案例教学的课程，讲授内容与实践应用结合紧密。

为创造宽松的学术环境，我们主张多开讨论课和专题课。鼓励研究生定期报告科研动态和研究情况，同时也鼓励学员在掌握本学科基础知识的前提下，积极选修其他专业的课题如：社科、经济、法律等课程，这将有利于其知识面拓宽和人文素质的培养。对实现专业学位培养高层次、应用型、复合型人才的目标极为有利。

在专业学位培养工作中，学院非常重视专业学位的实践教学环节，现已与北京生泰尔科技股份有限公司、辽宁禾丰牧业有限公司、大北农（东北）集团、吉林市正业生物制品股份有限公司、青岛天元普康生物技术有限公司、青岛绿曼生物工程有限公司、哈尔滨维科技术开发公司、哈尔滨绿达生动物药业有限公司等14家单位签约，创建实践基地，采取集中实践和分段实践相结合的方式使研究生完成不少于6个月以上的专业实践教学环节，目前已完成了91人次的实践教学工作。

目前东北农业大学动物医学类人才培养实践实训基地已经是为国内诊疗规模最大、亚洲前列的临床教学医院，可实现日接待首诊病例200～300例，并将在省内率先开展心、颅脑及脊柱外科诊疗研究，整体水平达到国内一流水平。基地内即将建成的畜禽疾病监测和有毒有害物质检测中心，从规模、条件和检测水平将达到国内先进水平，目前正在积极申请CMA认证和GCP认证。

2000年以来，尤其在全日制专业学位研究生招生日趋增多后，学院极为重视学位论文的应用性、实用性和专业性，在开题、中期考核、论文撰写等各环节严格把关，学院实行指派教授委员会成员对学位论文一对一进行指导，同时向导师和学生反馈审核意见，对在规定时间内不能完成修改的学位论文，一律延期答辩。在各级部门组织的抽检盲审，学生论文的通过率为100%。

在学生就业方面，学院充分利用各种资源，主动开拓就业市场，广泛挖掘校外实习实训基地，加大宣传力度，建立健全本学位点用人单位信息库和毕业生信息资源库。用人单位意见反馈本学位点毕业研究生满意度大于90%。近5年全日制专业型博士一次性就业率100%。就业去向政府机构/科研事业单位占毕业总人数的15.38%；国有企业占毕业总人数的38.46%；中外合资/外资/独资企业占毕业总人数的46.15%，根据用人单位满意度进行部分走访及问卷调查，好评率占85%以上；共毕业全日制专业型硕士99人，一次性就业率96.97%。

三、秉承办学特色，立足龙江发展，服务国内兽医行业发展

兽医专业教育主要为生产一线培养专业实用人才，是畜牧业发展的支撑和保障，毕业生步入工作岗位后，实际水平和能力能否得到用人单位和全社会的承认。是检验培养人才方法能否达到标准的关键，东北农业大学兽医专业学位以服务龙江畜牧业，面向国内兽医行业发展为目标，以能够胜任和从事大型畜牧生产企业、各级畜牧兽医工作站、动物药品生产与管理、动物检疫与卫生防疫、兽医卫生监督等相关工作为宗旨，培养厚基础、重能力、强实践、高素质的复合型人才。

基于此，根据黑龙江省畜牧业发展的实际需要，学院整体确立泌乳生物学与乳腺功能调控、畜禽健康养殖与疾病防控信息化、畜禽疾病快速检测试剂和新型疫苗研发、新型兽药研制与开发四个面向国际前沿并具有鲜明特色的科研方向。并经过多轮修订培养目标，最后确定为：面向现代化中型畜牧生产企业、国家动物防疫管理、中药开发、药物营销和现代化兽医业务与管理的应用型、复合型高层

次人才。

经过多年培养，已经逐步凸显这种特色优势，目前在我省各行各业都有专业学位毕业生，大部分已经成长为单位骨干力量，成为龙江经济发展的主力军，如郝金友已经是哈尔滨绿达生动物药业董事长、孙刚已经成为黑龙江省动物疫控中心主任、刘洪斌已经成为黑龙江哈药集团生物疫苗公司总经理等。同时黑龙江畜牧业正在迎来蓬勃发展的高潮，相信今后一段时间，这种效应会更加凸显。

华南农业大学
兽医专业学位教育总结报告

我校兽医专业学位教育培养以面向华南地区畜牧业发展、动物健康及兽医公共卫生的需求，以热带、亚热带地区动物疾病基础理论和综合防控关键技术研究为重点，以科技创新和复合型专业人才培养为中心，以服务产业经济和粤港澳大湾区发展为追求，力争实现师资力量和科研条件国际一流学科、整体水平国内领先、人才培养和社会服务特色鲜明的建设目标。长期以来，我院以立德树人为己任，紧紧围绕"培养什么样的人、如何培养人、为谁培养人"这个根本问题，弘扬"丁颖精神"，坚持"育人为本、德育为先，立足实践、质量第一"的教育理念，推进全员全过程全方位育人，把人才培养工作作为学院的中心工作，把提高教学质量和人才培养质量作为学院的生命线。

一、办学历程

我院于2000年获得兽医硕士专业学位的授予权，2004年获得兽医博士专业学位的授予权。办学经验不断丰富，2000年至今学院不断探索，形成了目前较为成熟的兽医专业学位教育的培养体系。招生规模也逐年扩大，在华南地区的影响力不断逐渐增强。生源来自相关行业的不同岗位的在职人员，包括畜禽养殖场、兽药厂、饲料厂、出入境检验检疫局、兽医研究所、兽医防疫站、高等学校等，涉及面广。

2000—2019年，共计培养兽医专业学位博士39人，全日制兽医专业学位硕士332人，非全日制兽医专业学位硕士381人。

二、办学特色

（一）加强校外导师队伍建设

根据专业学位以培养应用型和复合型人才为特点，研究生导师实行双导师制。校外导师主要从行业内业绩突出的专家中遴选，具备从事本专业的高级专业技术职务，从事兽医业务及管理工作10年以上，承担研究生的实践能力培养、科研课题的组织和实施等工作。通过实践，以及广泛地联系企事业单位优秀的实践专家，逐步建设一批优秀称职的校外导师队伍。

（二）突出应用特色，加强教学管理

总的原则是以畜牧养殖和动物疫病防控的实际工作需求为依据，以培养解决实际问题的应用能力为重点，加强培养运用现代科学技术和前沿专业知识解决实际问题的能力，较好地掌握专业领域的基础知识和专门知识，注重拓宽知识面，以及培养推广运用新技术、新成果的能力，课程设置上更注重实用性、综合性和先进性，着重理论结合实际，优化知识结构。

在国内较早开展专业学位研究生生产实习活动，通过生产实践活动总结，提高专业学位研究生对

兽医行业的认识，增长专业技能。

根据专业学位研究生教育的特点，课程内容侧重于实践和理论的结合，要求授课教师根据我国动物诊疗、检疫、保护和畜牧生产、管理和兽医执法与管理等工作的实际情况，以及国外兽医科学的发展趋势，以及不同社会经济情况下，兽医工作岗位带来新的变化等，吸纳兽医专业的新技术、新成果，按照专业学位研究生的特点授课。

图1　2012年浙江国邦集团和宝公司资助兽医学院研究生生产实习总结暨表彰会

（三）丰富宣传活动，提高生源质量

随着专业学位研究生招生比例的不断扩大，生源质量成为影响提高人才培养质量的重要因素，学院从2016年开始举办大学生暑期夏令营活动，至2019年已经举办过4期。依托学校的吸引力，结合奖学金和学业奖励的激励机制，吸引"推免生"和优秀学生。2019年硕士生报名人数达800人，是2014年的3倍多，本校生源数量也提高了2倍多。

（四）打造"院企合作"资助育人模式

学院依托和企业合作紧密的优势，在与企业深度开展人才培养和产学研合作的同时，积极动员企业在学院设立奖助学金，共同开展资助育人工作，形成了"学院+企业"双育人主体、"帮扶+奖励+教育"三载体的院企资助育人新模式。在实施过程中坚持"五个共同"原则，即坚持与企业共同设立、坚持与企业共同制定评选细则、坚持与企业共同评选、坚持与企业共同颁奖和坚持与企业共同育人。此外，在实践过程中有助于发挥学院和企业两个教育主体在资助育人工作中的协同作用；形成了"助学金帮扶""奖学金奖励"，并将感恩教育、励志教育、就业指导和生涯规划贯穿其中的资助育人新模式，真正做到了物质帮助、道德浸润、能力拓展、精神激励的有效融合，形成"解困—育人—成才—回馈"的良性循环，全面提升资助育人效果。

目前，学院通过校企产学研合作和校友工作为研究生争取企业助学金或者校友助学金四项，分别是"武汉回盛""华南生药""礼来动保""85助学金"；企业奖学金6项，分别是"勃林格""礼来动保""康地恩""大华农""法国诗华""大北农"。此外，设立了"伊科拜克""华南兽医"活动基金用于支持研究生综合素质发展，主要用于支持"博士团三下乡""特色研究生党团班活动""研究生班级文化建设系列活动""我的讲台我精彩"研究生学术风采和学术文化展示活动。

（五）探索校企联合培养的新模式，拓宽专业学位研究生就业渠道

根据专业学位研究生培养特点，实施校企联合培养兽医专业学位研究生，一方面通过和企业共建基于产学研合作的研究生联合培养基地，为研究生的培养提供了完备的实践教学和科研平台，解决研究生实践环节的培养问题，目前学院与华南生药、佛山正典等企业共同建立了研究生联合培养基地；另一方面采取"订单式"方式为单位培养急需人才，学院与企业合作共同设立研究生班级，探索人才培养的供需新机制，如学院与广东海大集团签订合作协议成立"海大班"，与长隆集团合作的"长隆班"等。

（六）提升思想政治教育实效性

长期以来，学院深入贯彻十八大以来党中央关于高校工作的决策部署，全面贯彻落实全国高校思想政治工作会议精神和广东省高校思想政治工作会议精神，坚持把立德树人作为中心环节，把思想政治工作贯穿教育教学全过程，实现全程育人、全方位育人和全员育人，努力开创学院人才培养工作和思想政治教育工作新局面。形成了"党团班一体化"的思想政治教育模式，推动研究生团支部建在班上，研究生党支部纵向设置，建在多个班级上、团支部上，以党建带团建，以团建促党建，一方面实现了党支部的政治引领、思想引领效果，另一方面发挥了团支部的助推作用，形成了研究生党支部、团支部和班级三个组织载体协同育人的思想政治教育工作模式；形成了辅导员、班主任、导师三者联动的教育主体合作模式，学院通过推进"三全育人"工作，辅导员、班主任与导师在"育人"这件事情上，实现了责任与共、风险共担，在心理辅导、学业指导、就业等业务中联动开展工作，更加得力有效，有利于育人工作的全员、全过程、全方位渗透，一定程度上推动了"三全育人"格局的构建。

四、毕业生扎根兽医行业，为区域经济做出贡献

近年来，学院一直秉承"以人为本、重在发展"的理念，坚持立德树人，成效显著。获得全国兽医专业学位优秀学位论文2篇。获得校级优秀硕士论文11人，占全校同类优秀毕业硕士人数的16.1%，在全校排名第一。

学院培养的研究生大多扎根于广东的基层兽医所、养殖场、动保企业等农业生产第一线，为广东兽医事业发展贡献力量。其中也不乏国家、省级五一劳动奖章获得者。

例如2013级兽医博士刘定发将所学的知识应用于实践中，推动企业高质量发展。在他的带领下，养殖基地由原来的3家增加到10多家，产能达100万头，多个基地先后被评为"国家高新技术企业""广东省重点农业龙头企业""供港澳注册饲养场""广东省菜篮子基地"等称号。生产基地形成以养殖为主的生态循环农业，以零污染、零排放、科学种养且95%的产品销往港澳而闻名广东，实现了绿水青山就是金山银山的高质量发展。他通过技术合作、帮扶等方式带动2 100多户农民脱贫致富，带动300多家同行企业应用种养新技术，进一步提高了经济、社会和环境效益，起到了良好的示范带头作用，2019年荣获广东省五一劳动奖章。

2000级兽医硕士陈瑞爱，作为全国人大代表，一步一步在兽医行业前行，在上市企业做到高管层级，毕业后一直专注于动物疫病新型疫苗研制、工艺创新和成果产业化推广，推动了动物疫苗产业技术升级。推动科技成果转化实现企业销售值131.78亿元，创利税37.76亿元，产生显著经济和社会效益，2013年荣获全国五一劳动奖章。

吉林大学
兽医专业学位教育总结报告

2020年是我国兽医专业学位教育开展20周年。自2000年学部被批准为兽医硕士专业学位研究生培养首批试点单位方后，学部、学院领导高度重视此项工作，组织校内外专家共同研讨培养模式，优化课程结构，积极做好招生和培养工作。

为系统总结全国兽医专业学位教育发展历程，充分展示20年来的发展成果与人才培养成效，挖掘推广培养单位的培养特色与典型经验，进一步推动我国兽医专业学位教育高质量的发展，现做总结如下。

一、动物医学学院发展历程

1904年12月1日，北洋马医学堂在河北保定正式成立，它是中国第一所兽医学校，开始招收兽医正科和速成科各一个班。

1907年，北洋马医学堂易名为陆军马医学堂。

1912年，陆军马医学堂改名为陆军兽医学校。

1919年，学校迁往北京富仓。

1928年，学校由当时的国民党南京政府军政部接管，其后迁往南京、湖南、贵州安顺等地。

1949年11月，安顺解放，时任代校长贾清汉率全校师生起义，在西南军区党委领导下，该校改组为中国人民解放军西南军区兽医学校。

1951年10月25日，改名为中国人民解放军第二兽医学校。

1952年1月，迁往长春，与原军委高级兽医学校及解放军第三、四兽医学校合并，组建中国人民解放军兽医大学，朱德总司令亲笔题写校名。

1992年8月26日，改建为中国人民解放军农牧大学。

1999年4月，改称为中国人民解放军军需大学。

2004年8月，随着军队编制体制调整，学校转隶移交地方，并入吉林大学，改称吉林大学农学部，原军事兽医系改建为吉林大学畜牧兽医学院。

2012年11月28日，吉林大学畜牧兽医学院更名为吉林大学动物医学学院。

2014年，学院开始试办动物医学（卓越农林人才拔尖培养计划）试验班。

二、办学成果

目前，学院有专职教师77名，其中教授43名，副教授17名，拥有国家级人才称号的10人次，吉林省"教学名师"1名，博士生导师48名，已有32人次在国家级学会或专业委员会任副理事长以上职务，先后培养产生3名中国工程院院士。

现有4个硕士学位授权点，4个二级学科博士点，兽医学为国家一级博士学位授权学科，博士后科研流动站，预防兽医学为国家重点学科，基础兽医学为国家重点（培育）学科，"人与动物共有医学"为国家首批"双一流"建设学科。

在校硕士研究生约330名，博士研究生约120名，博士后在站人员9人。学院动物科技实验教学中心为国家级实验教学示范中心，拥有人兽共患病教育部重点实验室、动物胚胎工程吉林省重点实验室、吉林省兽药工程研发中心、动物疫病诊断与防治中心等5个省部级重点实验室。目前，承担重大基础研究计划项目、"973"计划、"863"计划、国家科技攻关课题、国家自然科学基金课题、欧盟框架项目、中法先进计划及省部级科研项目100余项。

学院拥有省部级重点实验室2个、吉林省工程技术研究中心2个，设有动物疫病诊断与防治中心。省部级重点实验室：人兽共患病教育部重点实验室、动物胚胎工程吉林省重点实验室。吉林省工程技术研究中心：吉林省兽药工程技术研究中心、吉林省兽用生物制品工程研究中心。

学院近5年来承担国家重大基础研究计划项目、"863"计划、"973"计划、国家自然科学基金、欧盟框架项目、中法先进计划等各类科研项目188项，经费达5 924万元；继"世界首例带抗猪瘟病毒基因"的克隆猪后，"世界首例赖氨酸转基因克隆牛"也于2010年于学院诞生；近20年来，获科研成果奖340项，其中国家科技进步二等奖3项，三等奖6项，国家发明三等奖1项，省部（军队）级科技进步一等奖近20项；出版学术专著40余部。

三、教育特色

兽医专业学位是面向我国现代化大中型畜牧生产企业，国家动物卫生防疫，兽医卫生监督、动物药品生产与管理、动物检疫等部门，培养兽医高级专业技术人员的。根据专业学位的特点和学院的性质，学院十分重视专业学位教育在研究生教育体系中的作用。为了加强对兽医专业学位教育的领导，学院专门成立了由主管研究生工作的副院长担任主任委员，学院相关专家参与的兽医专业学位教育指导委员会。

兽医专业学位教育指导委员会是学院兽医专业学位教育的指导和咨询专家组织，其主要职责是：规划学院兽医专业学位教育的设立和发展，修订兽医专业学位研究生培养方案，指导监督学院兽医专业学位教育质量，寻找兽医专业学位研究生培养当中存在的问题，明确兽医专业学位研究生教育发展方向，推进兽医专业学位教育的可持续发展。

在专业学位培养实践中，紧紧围绕人才培养目标，坚持因材施教的原则，兽医专业学位教育指导委员会先后制定了《吉林大学动物医学学院兽医硕士专业学位培养方案》和《吉林大学动物医学学院兽医博士专业学位培养方案》，制定的培养方案较好地适应了培养高层次应用型、复合型人才的要求；能够使学生全面系统地掌握专业理论和专业知识，具备宽广的相关学科知识，熟悉国家的相关政策和法规，能够熟练阅读专业领域的外文资料并具有一定的书面交流能力。熟悉我国兽医事业现状，了解国际兽医行业的发展动态和趋势；有较强的运用现代科学技术和理论知识、解决问题的能力，有较强的统筹决策，组织管理和业务实施能力。

学院配备有2个专用多媒体教室供兽医专业学位研究生使用，并设有供研究生使用的机房，研究生可到学校图书馆使用校园网进行网上数据查询。

学院拥有校内教学基地，国家级的教学实验中心，中日联谊动物医院，吉大动物医院，大型养殖场（猪场、兔场、鸡场等）。在校外，学院设立5个教学、科研、生产现结合的研究生联合培养基地(山东滨州畜牧兽医研究所、辽宁益康生物股份有限公司、广州永顺生物制药有限公司、河南海润动物药业有限公司和辽宁唐人神曙光农牧集团有限公司等)。上述条件为培养兽医博士专业学位高质量人才提供了可靠的物质保证。

学院坚持开放办学，注重国际交流，同日本、美国、法国、德国、瑞典、丹麦、新西兰等20多个国家的院校、科研单位保持密切学术联系，与日本北里大学定期互派本科学生，接受世界各国的留学生。作为中国现代兽医教育的起源地，在新的历史发展时期，学院将充分发挥学科专业、人才培养、科学研究、师资队伍的优势和特色，努力使学科整体水平达到国内领先，重点学科达到国际先进水平，成为国家高质量创新型人才培养，高水平科学技术研究和成果转化的重要基地，加快实现"创建国内领先的研究型动物医学学院"的宏伟目标。

学院始终坚持以教学为中心，以培养人才为基本任务。学院推荐为免试研究生的比例为15%，其中85%被外保到中科院、北京大学等著名科研院所。读研人数约占毕业生总数的60%，学生一次性就业率在98%以上。

四、典型经验

兽医硕士专业学位设置后，学部、学院组织有关领导、专家认真学习相关文件，深入理解专业学位内涵。结合对年研究生培养经验，大家一致认识到，兽医硕士专业学位是为了加速培养经济建设和畜牧业发展所需要的高层次应用型专业人才而设置的；重点是提高兽医工作实践一线人员的素质，是具有鲜明职业特点的一种学位；培养过程中必须突出应用型和复合型。此外要遵循教育规律，健全教育体系，建立与学术型硕士学位研究生培养模式不同的专业学位研究生培养模式。

针对兽医专业的特殊性质，我们总结经验，不断调整课程结构设置，强调能力培养。根据专业学位是培养实践专家的特点，在课程设置上我们注重开设实务性课程，实务性课程达50%以上，并且在专业学位课设置中引入案例教学。实务性课程强调理论与实践相结合，注重应用理论知识分析、解决实际问题。此外，案例教学作为一种实践性很强的教学模式，非常适用于兽医专业实践教学。在掌握解决问题方法论的基础上，生动地剖析实际案例，提高运用理论知识解决实际问题的能力。

体现非全日制特点，抓好课程教学。课程教学体现进校不离岗的在职教育特点，课程教学采用分五次到校集中授课，选择具有丰富实践经验的校内优秀教师授课，并根据课程特点，聘请校外专家做专题报告。

在授课中充分调动学生学习的主观能动性。在职教育的特点是自学为主，讲授内容应突出重点、难点，起到点拨、引导的作用，在课堂上营造自由的学术争鸣气氛，充分发挥学生的主观能动性，根据不同工作岗位的业务特点，密切结合实际，分类指导，开展学术讨论，鼓励不同工作岗位的学生相互学习，取长补短，丰富行业知识。

学院把课程建设作为专业学位教育的重点，提供条件和经费用于师资培训和教材建设。根据全国兽医专业学位教育指导委员会要求，在课程设置、教学方式方法、讲授内容、教材等方面经学院教学指导委员会多次研究；科学配置；修订教学大纲，采用自编或合编等方式进行教材建设。授课采用多媒体教学，组织研究生课堂讨论、基地参观等方式。任课教师认真备课，精心准备讲授内容、制作课件，积极编写案例。所开设的课程都有教学大纲，有的课程采用案例教学。

学院为每位研究生在其所在地聘请了相关领域具有高级技术职称丰富实践经验的专家为校外导师，目前已聘请30名校外研究生合作导师。此外，加强校外研究生联合培养基地，目前已建立了山东滨州畜牧兽医研究所、辽宁益康生物股份有限公司、广州永顺生物制药有限公司、河南海润动物药业有限公司和辽宁唐人神曙光农牧集团有限公司等联合培养基地或教学点。

根据专业学位研究生教育的特点，教材内容侧重于实践和理论的结合，组织校内、外的专家，根据我国兽医科技服务、技术监督、管理与开发等工作的实际情况，以及国外兽医科学的发展趋势和我国加入WTO后兽医工作岗位带来新的变化等，吸纳兽医专业的新技术、新成果，结合在职学习的特点，编写了必修课、选修课教材以及SEMINAR即时性讲座教材。

五、师生风采

我校对兽医硕士研究生教育实行二级管理，研究生处负责招生和学位申请工作，具体的研究生招生宣传和培养工作有动物医学学院负责。学院负责聘任授课教师，安排教学，检查研究生听课考勤，组织论文开题，论文中期检查和论文答辩等环节。在培养过程，严格执行考试考核规定，加强与研究生的交流，合理安排教学，解决好工作和学习矛盾，提高研究生到校听课率，保障授课效果。学校各部门分工合作，齐抓共管，制订有关规章制度，做好监督管理，保障培养质量。

兽医专业学位研究生依托与动物医学学院进行教学培养，实行导师负责制的培养模式。研究生入学后，经过与研究生的交流，了解研究生的工作，知识背景，以及他们攻读兽医专业学位的目的，学院选拔理论知识广博、实践经验丰富的教师，通过教师与学生双向选择确定适合的指导教师，由指导教师为研究生制订个人培养计划，严格按培养计划执行。

扬州大学
兽医专业学位教育总结报告

扬州大学是江苏省人民政府和教育部共建高校。近年来，在全国兽医专业学位教育指导委员会、江苏省专业学位教育指导委员会的关心指导以及扬州大学研究生院的大力支持下，扬州大学兽医学院积极推进专业学位研究生培养模式改革与创新，高质量完成教指委委托课题，在专业学位研究生教育和培养方面取得长足发展。

一、兽医专业学位授权点概况

扬州大学于2000年获得全国首批兽医硕士专业学位授予权，2006年获得兽医博士专业学位授予权，2009年开始招收全日制兽医专业学位硕士研究生，2017年开始招收全日制兽医专业学位博士研究生。自2000年以来，专业学位研究生教育规模日益壮大。截至目前，共招收全日制兽医硕士543名，全日制兽医博士33人，在职兽医博士157人，在职兽医硕士392人。

二、兽医专业学位教育办学特色

扬州大学兽医学院不断深化教育教学改革，从理念、模式、机制、平台多层面系统构建良好的专业学位研究生育人环境，逐步探索出了一条专业学位研究生培养和实践能力提升的特色之路。

（一）打造高水平专业学位研究生导师队伍

学院坚持内扶外引，建成了一支师德高尚、结构合理、具有一流业务素质和国际视野的专业学位研究生导师队伍。现有专业学位研究生指导教师108人，另有来自研究生联合培养基地、企业研究生工作站和行业企业的校外兼职导师41人。导师队伍包括中国工程院院士、国家千人计划科学家、国家青年千人、国家杰出青年基金获得者、国家百千万人才工程人选、"973"首席科学家、教育部新世

图1　扬州大学兽医学院研究生导师队伍

纪人才工程人选、国家行业产业体系岗位科学家、国家动物疫病防控专家委员会委员等。学院获人力资源与社会保障部和教育部"全国教育系统先进集体"荣誉称号，一个团队入选全国高校黄大年式教师团队、一个团队入选教育部创新团队、三个团队入选江苏省双创团队，动物传染病学研究生导师团队获江苏省首届十佳研究生导师团队。

图2　"全国教育系统先进集体"荣誉证书

图3　"全国高校黄大年式教师团队"荣誉证书

图4　江苏省首届"十佳研究生导师团队"荣誉证书

（二）搭建高水平育人平台

目前学院拥有农业部禽用生物制剂创制重点实验室、教育部禽类预防医学重点实验室、农业部畜禽传染病学重点开放实验室、教育部新型兽用疫苗工程研究中心、江苏高校动物重要疫病与人兽共患病防控协同创新中心等14个省部级重点实验室或工程中心；建成18个企业研究生工作站、4个企业院士工作站等一批产学研基地，拥有农业与农产品安全国际合作联合实验室及"111引智基地"等国际资源。在此基础上，将高水平学科资源和校内外专业资源整合为优质教学资源，产学研深度融合，为研究生培养提供顶尖指导团队、一流仪器设备、重大科研项目以及充足的科研经费支持，形成多元融合的指导载体和多维互促的成长环境。

（三）构建兽医专业学位研究生"三性五化"实践能力培养体系

1.以"三性"为指导，实现兽医专业学位研究生实践能力培养的理念创新

（1）培养目标的职业性：培养目标与兽医行业的职业需求紧密结合。

（2）培养过程的实践性：将实践能力提升贯穿于研究生培养的全过程。

（3）培养路径的差异性：根据兽医行业不同领域的职业需求，培养路径上体现差异性。

2.以"五化"为特征，实现兽医专业学位研究生实践能力培养的途径创新

（1）课堂教学案例化：课堂教学广泛采取案例化教学，有效提高学生发现、分析、解决实际问题的能力。

（2）实验教学模块化：通过实验、实践教学模块化分类与组合，实现培养路径的差异性。

（3）产业训练多元化：建立了多个不同类型的实践基地，菜单式地选择实现多元化产业训练。

（4）创新实践项目化：建立了省、校、院、企业四级科创项目体系，以项目为载体突出兽医人才的创新实践能力培养。

（5）过程管理精准化：以制度规范过程管理，关键环节实现精准化管理。

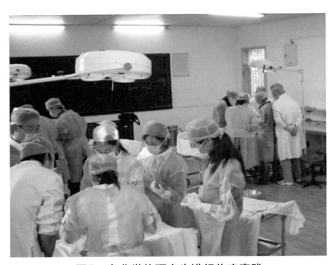

图5　专业学位研究生进行临床实践

图6　专业学位研究生在校外实践基地

图7　全国兽医专业学位研究生教育专项调研会

图8　兽医专业学位授权点合格评估

三、兽医专业学位人才培养取得丰硕成果

截至目前，我校毕业在职兽医硕士322人、在职兽医博士67人；毕业后的兽医硕士有28人考取兽医博士；在职兽医硕士、博士毕业后职务职称晋升率分别达60%、78%。兽医专业学位毕业生中涌现出一大批行业优秀骨干，其中包括：陈淑芳，获2016年度全国五一劳动奖章、2017年度全国

三八红旗手、2017年度中国兽医协会十大杰出兽医、2017年全国农业技术推广贡献奖、2019年全国"人民满意的公务员"等8项国家级荣誉称号、3次受到习近平总书记接见；王克华，江苏省"333工程"中青年科技领军人才、江苏省有突出贡献的中青年专家、国家蛋鸡现代产业体系岗位科学家；沈明君，当选为第九届全国青年致富带头人、江苏省农村青年致富带头人（标兵）；刘艳，获"第四届中国畜牧行业先进工作者"称号，入选辽宁省"百千万人才工程"千人层次人才、辽宁省"兴辽英才计划"青年拔尖人才、辽宁省百千万人才"百层次人才"、改革开放40年江苏饲料行业专业技能精英。

毕业生中有1人获全国兽医专业学位优秀博士学位论文，10人获全国兽医专业学位优秀硕士学位论文，4人获江苏省优秀专业学位硕士学位论文。1位教师获全国兽医专业学位研究生教育先进工作者，获批省、校和企业研究生创新项目100多项。在此期间，学院承担并完成了江苏省应用型、复合型研究生培养模式改革试点重点项目《兽医与公共卫生复合型研究生培养模式》（2010年）、兽医专业学位教指委兽医专业学位研究生培养模式改革项目《兽医专业学位研究生实践能力培养体系的构建与实践》（2014年），《兽医专业学位研究生"三性五化"实践能力培养体系的构建与实践》荣获2016年度中国学位与研究生教育学会教育成果奖，《创新研究生培养模式，造就兽医学领军人才》获2019年度江苏省教育改革成果二等奖。

图9　兽医专业学位硕士研究生毕业合影

图10　"中国学位与研究生教育学会研究生教育成果奖"获奖证书

图11　"江苏省研究生教育改革成果奖"获奖证书

表1 扬州大学兽医学院2006—2018年兽医专业学位优秀论文获奖名单

序号	获奖类别	论文名称	完成人	指导教师	获奖时间
1	全国兽医专业学位优秀博士学位论文	PRV和PCV2混合感染仔猪致病特点及猪伪狂犬病防控技术研究	宋春莲	石火英	2018
2	全国兽医专业学位优秀学位论文	山东鸡源致病性大肠杆菌流行病学调查与耐药性分析	徐海花（硕士）	秦爱建	2006
3	全国兽医专业学位优秀学位论文	连云港市猪水肿病流行病学调查与防制	单玉平（硕士）	高崧	2006
4	全国兽医专业学位优秀学位论文	扬州市食源性致病菌流行现状、耐药特性和关键控制点研究	巢国祥（硕士）	焦新安	2008
5	全国兽医专业学位优秀学位论文	磷脂VC对热应激蛋鸡生产性能、抗体水平及抗氧化性的影响	李树文（硕士）	王捍东	2008
6	全国兽医专业学位优秀学位论文	圈养白枕鹤繁殖技术的研究	孙志明（硕士）	王捍东	2011
7	全国兽医专业学位优秀学位论文	犬鸟粪石尿结石的病例分析	李猛（硕士）	李建基	2012
8	全国兽医专业学位优秀硕士学位论文	鸡毒害艾美耳球虫（Eimeria necatrix）田间分离株的致病性及防治方法研究	刘梅	陶建平	2014
9	全国兽医专业学位优秀硕士学位论文	猪肉生产链中沙门菌的分离鉴定、耐药性分析及分子分型	李昱辰	焦新安	2016
10	全国兽医专业学位优秀硕士学位论文	犬椎间盘疾病流行病学调查及螺旋CT图像多平面重组诊断技术的研究	史岩	李建基 徐国兴	2016
11	全国兽医专业学位优秀硕士学位论文	黄羽肉鸡实验性感染火鸡组织滴虫的研究	禚振男	许金俊 戴亚斌	2018
12	江苏省优秀专业学位硕士学位论文	富硒女贞子对热应激乳腺、卵巢组织及其细胞的影响	邹慧	许小琴	2016
13	江苏省优秀专业学位硕士学位论文	甲硫氨酸代谢通路对禽致病性大肠杆菌调控机制的研究	徐达	王成明 韩先干	2017
14	江苏省优秀专业学位硕士学位论文	黄羽肉鸡实验性感染火鸡组织滴虫的研究	禚振男	许金俊 戴亚斌	2017
15	江苏省优秀专业学位硕士学位论文	基于hexon的检测禽腺病毒抗体的ELISA方法的建立	谢泉	叶建强 刘岳龙	2018

甘肃农业大学
兽医专业学位教育总结报告

一、发展历程

甘肃农业大学兽医学科源自1946年成立的国立兽医学院，1953年"家畜传染病学与预防兽医学"和"家畜寄生虫学与寄生虫病学"首次招收培养研究生。之后，"家畜内科学"（1955年）、"家畜微生物学与免疫学"（1956年）、"家畜解剖学、组织学与胚胎学"（1962年）、"家畜外科学"（1962年）、"家畜病理学"（1963年）、"家畜产科学"（1963年）、"食品卫生检验"（1984年）相继招收培养研究生。1981年，"家畜解剖学与组织胚胎学"、"家畜病理学"、"家畜产科学"和"家畜外科学"获得第一批硕士学位授权点。1984年"家畜解剖学与组织胚胎学"和"家畜产科学"获得第二批博士学位授权点，均为同学科方向国内首次获批的博士学位授权点之一。2000年获得兽医硕士专业学位授权，同年在职兽医硕士开始招生，2003年获得兽医学一级学科博士学位授权，2003年获批兽医学博士后科研工作流动站，2007年获得兽医博士专业学位授权，同年在职兽医博士开始招生。2010年开始招收全日制专业学位硕士，2018年开始招收全日制专业学位博士。

二、办学成果

甘肃农业大学兽医学专业学位授权点传承了老一辈专家学者严谨治学、求实创新的优良传统，在兽医专业学位研究生培养过程中注重人才质量，也培养了学生吃苦耐劳、艰苦奋斗的精神。自2000年获批学位点以来，已累计培养兽医专业学位研究生430名，其中非全日制兽医专业博士75名，全日制兽医专业硕士114名，非全日制兽医专业硕士241名。目前在读全日制兽医专业博士10名，全日制兽医专业硕士82名，非全日制兽医专业博士38名，非全日制兽医专业硕士40名。培养的兽医专业学位研究生中，80%以上都已成长为各自单位的技术或管理骨干，得到了行业内各企事业单位的普遍认可和赞誉。在学院组织的大学生"回访校友"活动中，用人单位均对本学位授权点毕业的兽医专业学位研究生给予了高度评价，认为他们专业认同感高，实践能力强，吃苦耐劳，踏实肯干，具有较强的团队协作意识。

依托兽医专业学位研究生的培养工作，甘肃农业大学兽医学科在20年的发展历程中也取得了长足的进步和丰硕的成果，获批各级各类教学科研项目200余项，累计经费8 000多万元，其中用于兽医硕士专业学位研究生培养的经费逾1 300万元；发表学术论文1 400余篇，其中，SCI收录论文186篇，CSCD-C库论文600篇；出版教材、专著68部；获省部级科技进步奖21项；获国家级教学成果二等奖1项，省级教学成果一、二等奖6项；获国家级精品课程1门、国家级精品资源共享课程1门、省级精品课程6门。

三、教育特色与经验

本学位授权点紧紧围绕兽医专业学位研究生的培养定位，结合地域特点，服务地方经济，以动物疫病和人兽共患病研究、动物源性食品安全、动物胚胎工程技术、畜禽疾病中兽药防治等为特色，以动物临床诊疗技能、兽药研发应用能力、动物疾病防控与管理能力培养为重点，以提高实践创新能力为核心，以高素质应用型专业人才培养为目的，以服务产业经济和区域发展为追求，教研产学相结合、注重成果转化与技术推广，形成了突出兽医"执业能力"和"职业发展方向"的人才培养特色，为甘肃省及西北地区畜牧业的健康发展和公共卫生安全提供了高水平应用型人才和技术支撑。

学位点现拥有甘肃省牛羊胚胎工程技术研究中心、甘肃省草食动物生物技术重点实验室、甘肃省动物疾病防治药物创制工程研究中心3个省级科研平台；有1所教学动物医院；有万元以上仪器设备130多台（套），仪器设备总价值1 588.78多万元，也建有中心实验室等大型仪器设备开放共享平台，实验室总面积约3 788 m^2；与正大集团、禾丰集团、生泰尔集团、雨润集团、中农威特公司、武威牛满加药业有限责任公司等大中型企业及省内养殖、屠宰企业以及兽医业务部门建立了22个实践教学与见习就业基地；与甘南藏族自治州畜牧兽医局和夏河县牦牛养殖专业合作社联合共建了产学研基地；与中国农业科学院兰州兽医研究所、中国农业科学院兰州畜牧与兽药研究所以及中国农业科学院哈尔滨兽医研究所3个院所建立了长期稳定的科研合作关系。为兽医专业学位研究生开展相关研究及实践工作提供了良好的条件。

此外，为了保证兽医专业学位研究生的课程教学质量，本学位授权点采取了如下措施：①研究生课程教学严格执行培养方案，并依据院学位分委员会审定的教学大纲授课；②课程均由具有实践经验的教授、副教授讲授；③课程讲授要求理论与实践相结合，突出实践能力培养，突出案例教学；④学校和学院定期对研究生日常教学进行督导检查；⑤学院资助和支持教师开展案例式、研讨式等多种形式的"立体化"教学改革；⑥学院加强教学团队建设，建成"兽医形态学"国家级教学团队1个、"临床兽医学"省级教学团队1个、"预防兽医学""兽医公共卫生学"及"兽医病理学"3个校级教学团队，有力推动了专业学位研究生教学质量的持续改进，在学生群体中也获得了非常高的满意度评价。

四、师生风采

本学位授权点现有专任教师54人，其中二级教授3人，三级教授1人。博士研究生导师15人（含兼职博导6人），硕士研究生导师33人（含兼职硕导9人），具有实践经验的导师48人。专任教师中有国家"百千万人才工程"第一、二层次人选2人，国务院学位委员会学科评议组成员1人，教育部动物医学专业教学指导委员会委员1人，国家现代农业产业技术体系岗位科学家1人，甘肃省第一层次"领军人才"3人，甘肃省"飞天学者"特聘教授2人，甘肃省"333"科技人才和"555"创新人才工程第一、二层次人选5人，甘肃省"高校跨世纪学科带头人"3人，国家教委"霍英东基金会奖励"获得者3人，甘肃省"高校青年教师成才奖"获得者7人，国家级"突出贡献专家"1人，全国"优秀教师"1人，甘肃省"教学名师"2人，甘肃省"园丁奖"获得者1人。有1个国家级"教学团队"和1个甘肃省"教学团队"。

已毕业的兽医专业学位研究生在各自的工作岗位，经过3~5年的时间，绝大多数已成长为单位的业务尖子和骨干，如2014届兽医博士张梅，现任张家港威胜生物医药有限公司总经理、高级工程师，多年来从事医药原料、制剂及兽用药物的研发、生产和销售管理工作，创办的企业获评为市级领军人才企业，是行业内的优秀代表；2013届兽医博士薛仰全，现任酒泉职业技术学院副院长、三级教授，长期从事畜牧兽医专业的教学、科研工作，成绩卓著，获评甘肃省人民政府"园丁奖"、甘肃省教学名师等多项荣誉称号；2004届兽医硕士康文彪，现任甘肃省动物疫病预防控制中心党委书记、研究员、农业部第一届全国动物防疫专家委员会委员，一直从事动物疫病预防控制工作，为甘肃省动物疫病防控事业做出了突出的贡献；2009届兽医硕士秦天达，现任天津威特生物医药有限责任公司常务副总经理、副研究员，在兽用疫苗生产、研发领域有一系列的创新与突破，做出了显著的成绩，得到了同行专家及有关部门的一致好评与认可。

研究生开展动物手术

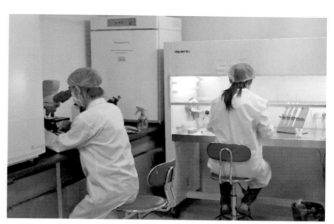
研究生开展实验工作

教学动物医院外景

研究生参与动物医院工作

通过胚胎移植技术利用黑牦牛生产的白牦牛

开展双峰驼野外研究工作

导师指导研究生开展科技服务

研究生在牧区开展实验工作

国家级教学成果奖

科技成果证书

内蒙古农业大学
兽医专业学位教育总结报告

一、兽医专业学位教育发展历程

兽医学科创建于1952年，是建校时最早获批的一级学科之一。2002年兽医学科被批准为一级学科博士学位授权点。2009年兽医学科被国家人事部批准为博士后流动站。本学科拥有基础兽医学、预防兽医学和临床兽医学三个内蒙古自治区重点二级学科。其中，基础兽医学科是我校最早的硕士学位授权点和较早的博士学位授权点。该学科于1963年开始招收研究生，自此开创了内蒙古自治区研究生教育的先河。1981年获全国首批硕士学位授予权；1998年获博士学位授予权；1999年开始招收博士研究生；1985年至今基础兽医学科一直为自治区重点学科；2007年学科所属的基础兽医学实验室被批准为内蒙古自治区重点实验室。预防兽医学科从1982年开始招收硕士研究生，2003年获博士学位授予权，2007年成为内蒙古自治区重点二级学科，现已发展为我国西部地区具有地方和民族特色的重要学科。临床兽医学科自1985年开始招收研究生，1997年获硕士学位授予权，2003年获博士学位授予权。拥有农业部动物疾病临床诊疗技术重点实验室、现代化的宠物医院、运动马驯养基地和奶牛实习基地，为研究生学习使用新仪器设备，开展不同动物疾病诊疗实习和科技创新活动提供了优厚的条件。

二、兽医专业学位教育办学成果

兽医学科初建时期汇聚了全国著名的兽医病理学、解剖学、药理学、微生物及免疫学、传染病学、寄生虫学及临床兽医学等各方面的专家，在60余年的发展历程中，一直秉承"传承民族文化、立足开拓创新"的学位教育办学理念，迄今为止形成了13个以草食动物为研究对象具有鲜明地区和民族特色的研究方向，积累了大量研究成果，累计获得内蒙古自治区科技进步奖一等奖3项、二等奖5项、三等奖7项，取得农业部新兽药证书2个；累计获批国家与自治区级等各级各类项目资助近亿元；累计发表各类学术论文1 600余篇，其中SCI收录高水平论文200余篇等。兽医学科结合自身优势，积极开展社会服务，推动科研成果转化，为内蒙古及周边地区解决了大量的畜牧业生产中出现的重大关键问题，创造了巨大的社会及经济效益。例如，2013—2017年间，在农业部兽医局领导下，兽医学科成果——口蹄疫灭活疫苗破乳检测技术在全国范围内得以推广，不仅促使进口口蹄疫疫苗退出中国市场，也促进了动物疫苗行业理念的提升。

兽医专业学位教育坚持以人为本，注重区域性和应用特色性知识传授，以社会发展和市场需求为导向，在人才培养方面取得有目共睹的成绩。20年来，学科先后培养硕士与博士研究生近千人，为越南、朝鲜、日本、美国、德国、蒙古等国家培养研修生30余人，为国内经济发展和国际交流输送了大量兽医技术和管理人才。

三、兽医专业学位教育办学特色

20年来，兽医学科砥砺奋进，开拓进取，逐步形成了具有鲜明区域性与应用性的兽医专业学位教育办学特色。

1. 立足畜牧业发展需求，形成独特集中研究方向　兽医学科主要以草食家畜（牛、羊、马、驼）为研究对象，形成门类齐全且特色鲜明的13个研究方向，涵盖家畜病理学、家畜组织胚胎与发育生物学、兽医药理学与毒理学、兽医寄生虫学、兽医传染病学以及兽医内外产科学等在内的多个三级学科，有力保障了内蒙古各时期畜牧业经济的健康发展。

2. 坚持可持续发展，形成学科领军人才优势　2010年，学校聘任原农业部兽医局局长、国家首席兽医官贾幼陵同志为兽医学院院长；聘任中国工程院院士夏咸柱为特聘院士、农业部重点实验室学术委员会主任；特聘兽用疫苗国家工程实验室专家韩润林为教授。同时，学院陆续引进2011年教育部新世纪优秀人才曹金山、呼格吉勒图、李海军、温永俊、贺鹏飞、高珍珍等一批国内外知名高校毕业且具有较高研究能力的中青年教师，充实学科队伍，形成了高层次人才的引领优势，带动学科的可持续发展。

3. 优化资源配置，搭建现代化实验研究平台　兽医学科现今拥有"农业部动物疾病临床诊疗技术重点实验室""兽用疫苗国家工程实验室—工艺技术研究室""基础兽医学自治区重点实验室"与"教育部草食家畜诊断实验室"等国家或省部级实验室。这些现代化实验研究平台为科研立项与研究工作奠定了坚实基础，形成了突出的平台优势。例如，以韩润林教授为首的科研团队利用上述平台，解决了困扰兽医监测部门多年的重大难题。

4. 以学科建设为龙头，积极开展国际合作　2011年内蒙古农业大学兽医学院、香港赛马会、中国农业科学院哈尔滨兽医研究所、英国利物浦大学兽医学院、英国动物保健基金会等五家单位在北京签署了《五方合作备忘录》，为内蒙古农业大学兽医学院大动物临床诊疗科研，尤其赛马疫病研究，带来了发展机遇。兽医学院还与日本东京大学兽医学院、日本酪农学园大学兽医学院、日本岐阜大学兽医学院、加拿大农业部专家团，建立了常态化对口合作关系。这些国际合作交流活动有力地推动了兽医学科的良性发展。

四、兽医专业学位教育典型经验

内蒙古农业大学兽医专业的学位教育自1952年建立以来，全体农大兽医人一直在探索如何保证与提高教学质量。经过数代人的努力，在师资队伍、教材建设、教学条件和教学模式等方面均取得了长足的进步。这些成绩的取得，均离不开历代兽医人的辛苦付出，之所以能取得这样的成绩，主要原因有以下几点。

1. 以草原畜牧业特色为办学理念　内蒙古是中华文明的发源地之一，这里是独特而又内涵丰富的草原文化的摇篮，形成了马、牛、绵羊、山羊和骆驼等畜种为主的草原畜牧业，草原家畜疾病防治、放牧管理、畜产品加工等均与内地不同，因此兽医人才的培养应立足于内蒙古的实际，为草原畜牧业的持续健康发展服务。正是基于这一办学理念，兽医学院培养了大量高级专业技术人才，为自治区畜牧业发展做出了重要贡献。

2. 对师资队伍建设的重视　教师是学校的生命和灵魂，因内蒙古地处边疆，相对来说条件较艰苦一些，对人才的吸引力较差，组建与培养师资队伍，就成了内蒙古农业大学兽医学院历届领导面临的首要问题。经过多年探索，兽医学院采取了对于优势学科，采用老教师培养新教师的方法组建教师队伍，对于紧缺专业，则从全国知名院校引进优秀人才以加强队伍建设，现在基本最建成了一支学缘结构、年龄、学位和职称合理的教师队伍，为兽医专业人才的培养提供了坚实的保障。

3. 对课程建设和教学质量的重视　强调在教学工作中发挥集体作用，由教研室主任带领教研室教师讨论教案、教学法和指导青年教师备课与试讲，称之为集体备课。具体到每门课程，则由主讲教师负责，发挥主讲教师的主导作用，保证与提高本门课程的教学质量。同时完善教学质量监督与激励机制。

4．从服务生产入手开展科学研究 内蒙古家畜种类多、数量大、饲养管理粗放，疾病多，从服务生产入手开展科学研究，才有用武之地。经过数十年的凝练，兽医学科逐步形成了以草食家畜（牛、羊、马、驼）为研究对象，门类齐全且特色鲜明的13个研究方向，涵盖了家畜病理学、家畜组织胚胎与发育生物学、兽医药理学与毒理学、兽医寄生虫学、兽医传染病学以及兽医内外产科学等在内的多个三级学科，有力保障了内蒙古各时期畜牧业经济的健康发展，为兽医人才的培养做出了突出贡献。

5．实验室建设 学院始终如一的重视实验室的建设工作，逐步建成了以形态学为主的学科实验室——兽医病理学、兽医寄生虫病学、家畜解剖学及组织胚胎学和中兽医学标本室，为兽医学的教学、科学研究和生产服务积累了宝贵的资料，保卫了内蒙古畜牧业健康发展。同时，教学积极投入建设了设备先进的教学兽医院及在内蒙古自治区和相邻省份与知名企业共建了稳定的教学实习基地，保证了教学实习和人才培养的质量。

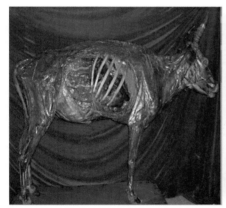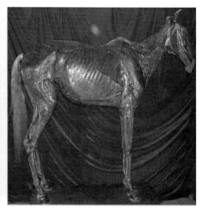

图1 冻干标本与骨骼标本

6．以学科建设为先导，积极引进国际优势教学资源 进入21世纪以来，内蒙古农业大学兽医学院与香港赛马会、中国农业科学院哈尔滨兽医研究所、英国利物浦大学兽医学院、英国动物保健基金会等五家单位在北京签署了《五方合作备忘录》，以进行大动物的临床诊疗科研，尤其是赛马疫病研究，此外，学院还与日本东京大学兽医学院、日本酪农学园大学兽医学院、日本岐阜大学兽医学院建立了常态化合作关系。这些国际合作交流活动有效的与国际兽医相接轨，引入了优质教学资源，为师生的发展提供了更高的平台，有力地推动了兽医学科的良性发展。

7．创造条件、完善蒙汉双语教学 在全国各省区中，内蒙古自治区面积仅次于新疆和西藏而居于第三位，自然环境差异很大，畜禽种类和常见疫病，也随地貌、气候、聚居的民族、交通条件等的不同而复杂多变。熟悉当地牧业生产与生活习惯的、蒙汉兼通的民族干部在发展草原畜牧业中，有着他人不可代替的作用。在内蒙古的实际工作中，培养蒙汉兼通的兽医十分必要性。为此在兽医教育中，内蒙古农业大学兽医学院一直非常重视蒙古语授课学生的教育，专门制定培养方案和教学大纲，并由专门的蒙语授课教师授课，培养了一批又一批的蒙汉兼通、技术过硬的兽医人才，如今这些人才已分布于内蒙古的各个地区，为草原畜牧业的发展在贡献。

五、兽医专业学位教育师生风采

图2　巴音吉日嘎拉教授在为国际友人示范针灸技术

图3　新西兰梅西大学教师与我院交流合作

图4　学生在巴彦淖尔市实习基地实习

图5　学院师生参加校运动会的入场仪式

图6　博士生导师贾幼陵教授和特聘教授夏咸柱院士进行学术交流

图7　马兽医教育及疾病防治研究国际合作签字仪式

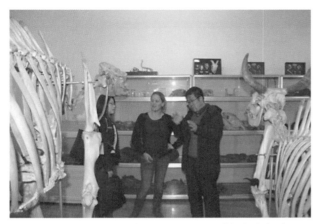

图8　额尔敦木图教授在为国际同行讲解解剖标本

图9　王志博士在英国利物浦大学学习

吉林农业大学
兽医专业学位教育总结报告

一、基本情况

吉林农业大学兽医学科与吉林大学兽医学科一样都源于1904年北洋马医学堂,可谓百年兽医;专业奠基人韩有库教授于20世纪50年代就开始培养研究生。吉林农业大学是我国首批兽医微生物学与免疫学硕士研究生培养方案牵头制定单位之一,2002年获博士学位授权,2017年晋级兽医一级学科博士授权,第四轮学科评估被评为B。1999年被评为农业部重点学科,2011年被评为"十二五"优势特色重点学科,自2003年以来一直为吉林省"重中之重"重点建设学科。2012年,动物医学一本招生,2020年动物医学专业改5年制培养。目前,学科已建立一支有较高学术水平并在全国同行中享有较高声誉的学术队伍,拥有"长江学者"特聘教授1人、国家重点研发计划项目首席科学家2人、第十五届中国青年科技奖获得者1人、国家中青年科技创新领军人才3人、国家百千万人才工程人选3人、国家"万人计划"创新创业领军人才2人、国家有突出贡献中青年专家3人、教育部新世纪优秀人才3人、吉林省高等学校学科建设工程首席教授1人、"长白山学者"特聘教授3人、省高级专家3人、省高校学科领军教授3人、省青年科技奖特别奖获得者1人、省青年科技奖获得者5人、省拔尖创新人才5人、省有突出贡献的中青年专家4人、省新世纪优秀人才5人、省杰出青年基金获得者5人、在国家和省级学术机构担任理事以上职务共近百人次。

吉林农业大学是兽医专业学位研究生第二批授权招生单位之一,2001年开始招生,当年招收非全日制兽医硕士生11名,并于2003年迎来第一批专业学位研究生的学位论文答辩。自2002年开始招生以来,一直秉承"立足东北畜禽疾病防控和畜牧业经济发展,培养兽医高端应用型专门人才"的理

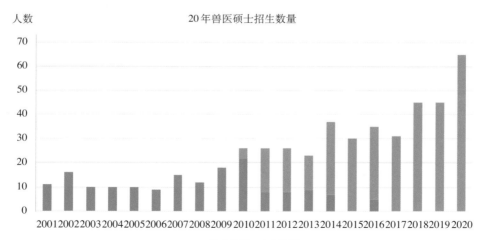

念，默默地向吉林省内各级动物疫病防控中心、进出口检验检疫机关、现代大中型畜牧生产企业、国家动物卫生部门、兽医卫生监督部门、动物药品生产及管理部门、动物检疫部门、千家万户（家庭动物）和其他相关部门输送大批兽医高层次人才。20年来，我校共招兽医硕士491人。兽医硕士就业范围很广泛，相当大一部分驻守在兽医相关行业中成为行政执法人员和生产实践管理人员。还有一部分同学在硕士期间对科研产生了浓厚的兴趣，毕业后继续读博了，包括专业博士和学术型博士，有的甚至出国深造了。这些人才都已经分布在世界各地大专院校和科研院所从事教学与科研工作，有的已经很有成就。大体可以归纳为：大约30%进入地方疾控中心或者兽医行政执法部门，大约45%进入企业，大约25%继续攻读博士学位或者出国留学。

二、立足地方，为吉林省兽医执法和疾病防控培养高端复合型人才

吉林省畜牧局和吉林省动物疫病预防控制中心等重要兽医执法部门都有吉林农业大学培养的兽医教育专业硕士人才，为吉林省的畜禽疾病防控、公共卫生安全和畜牧业的发展做出了重要贡献。例如2005届毕业生程文军先后任吉林省畜牧业管理局防疫监督处副处长、吉林省动物卫生监督所所长和吉林省畜牧业管理局副局长等职务，先后被国家聘为全国动物防疫专家委员会委员、全国动物卫生风险评估专家委员会委员和全国动物卫生标准委员会委员，是《国家中长期动物疫病防治规划》的主要起草者之一，多次参与《动物防疫法》《吉林省无规定动物疫病区建设管理条例》《吉林省畜禽屠宰管理条例》等国家和省里动物防疫及畜牧兽医相关政策法规的研讨和制修订工作，获得国家有关部门和领导的肯定和好评。程文军同志代表吉林省在全国农业系统会议上作动物疫病防控成效典型发言。2018年和2019年，吉林省连续两年被农业农村部评为"加强重大动物疫病防控延伸绩效考核优秀等次"。

2008届毕业生吉林省畜牧业管理局动物防疫监督处长、高级兽医师于本峰在2012年和2017年先后组织各级兽医队伍，完成了永吉免疫无口蹄疫区、吉林省免疫无口蹄疫区评估认证工作，得到了省政府表彰和农业部充分肯定。带领全省上下严格按照农业部《无规定动物疫病区管理技术规范》要求，经过不懈努力和艰辛探索，全力推进强制免疫、监测预警、监督监管、应急管理四大体系建设，软件和硬件建设均取得了突出成效。组织编写了13万余字的《吉林省免疫无口蹄疫区建设指南》，系统完善工作机制，统一规范工作记录。围绕口蹄疫、高致病性禽流感、布鲁氏菌病、小反刍兽疫、非洲猪瘟等重大动物疫病防控，积极探索目标化管理和绩效化考核等工作，全力稳定重大动物疫病防控形势保持稳定，着力破解动物疫病净化，为促进优质畜牧业绿色发展保驾护航。

三、根据兽医专业硕士人才培养的需要，拓宽培养渠道，优化完善培养方案

自2008年以来由学校、学院对兽医硕士学位建设和培养方案进行5次修订，紧紧围绕培养目标、学习年限、培养方式、课程体系、必修环节、毕业与学位授予六个方面系统进行改革修订，实施后取得了非常显著的效果。近5年来，每年兽医硕士毕业论文答辩季，得到了以吉林大学张乃生教授、高丰教授和丁壮教授等专家的高度评价。

四、进一步提升导师队伍建设，助力兽医专业教育，吉林农业大学再出发

2020年吉林农业大学大胆创新，全面启动遴选了一批具有国家人才称号的企业精英，作为兽医专业学位研究生的第一导师，如国家第四批"万人计划"创新创业领军人才、长春博瑞农牧集团股份有限公司董事长孙武文，国家第四批"万人计划"创新创业领军人才、山东宝来利来生物产业集团董事长单宝龙，山东宝来利来生物产业集团研究院院长谷巍，吉林正业生物制品股份有限公司副总经理何玉友，吉林正业生物制品股份有限公司副总经理廉维。兽医专业学位研究生的最初培养采取"双导师制"，学院副高职以上专业课教师担任校内第一指导教师，负责研究生的全面指导。在兽医相关领

域聘任具有丰富实践经验的技术专家或博士学位人员担任校外第二指导教师，配合第一导师在实践应用环节指导研究生，共同履行导师职责。

感恩新时代，中国兽医教育大有可为，吉林农业大学要站在新的历史起点上，珍惜机遇，重新出发，为培养一流的兽医专业人才做出更大的贡献。

江西农业大学
兽医专业学位教育总结报告

一、发展历程

江西农业大学兽医学学科专业历史悠久，底蕴丰厚，动物医学专业是我校的传统特色优势专业，成立可追溯到1936年的江西省兽医专科学校；1952年全国高校院系调整时由广西农学院、湖南农学院、江西农学院等院校的兽医专业整合为成立的江西农学院兽医系，如今兽医学隶属于江西农业大学动物科学技术学院。1964年开始招收研究生，1979年开始恢复招收研究生，为我国最早招收研究生的单位之一；也是国家一流专业建设点，江西省首批高校双一流特色专业、重点专业和品牌专业。2002年，获得了兽医专业学位研究生授予权，2012年获得"动物健康与安全生产"方向二级学科博士授予权，2018年获得"兽医学"一级学科博士授予权，是江西省兽医学领域唯一具有培养博士、硕士及本科生资质的单位，是江西省重要的兽医科研和人才培养基地之一。

二、办学成果

江西农业大学的兽医学专业学位研究生教育在18年的办学过程中，在我院全体师生共同努力下，不断创新教育管理机制，切实加强教学研究，以融专业特色、夯基础、强实践、建设高层次兽医人才的培养为指导思想，立足于国情和江西省省情的"畜牧业发展、动物食品安全和人畜共患病"等重点经济和社会关键问题，着力培养从事兽医管理、监督、疾病诊疗、疫病防控等相关领域中服务社会经济发展的应用型、复合型高层次人才。并通过科学研究和人才培养服务于我省畜牧业，加速农业科技成果转化，提高农产品质量。到目前为止，累计招收博士研究生20余人，硕士研究生200余人，其中赴海外攻读博士学位2人（获国家留学基金委全额资助），30余位研究生成为企业的领办者、创办人。2篇硕士论文获得全国兽医专业学位优秀学位论文。建立了国家级实验教学示范中心1个，省级重点实验室及基地5个，南昌市级实验室1个，校级实验室10个以及研究生教育创新基地与专业学位实践基地14个等学科平台。近5年，兽医专业教师共承担国家、省部级等项目140余项，科研经费达5 635万元；累计发表论文511余篇，其中SCI论文100余篇。先后获得江西省科技进步二等奖4项，江西省科技进步三等奖9项，江西省自然科学三等奖2项，江西省高等学校科技成果三等奖5项。在教学上获得国家国家级教学成果二等奖1项，江西省教学成果一等奖3项，江西省教学成果二等奖4项。江西省农科教突出贡献三等奖1项，获得授权发明专利5项。相关研究成果对我省畜牧业发展起重要作用，且将有显著的经济和社会效益。

三、办学经验及特色

（一）"五位一体"兽医学科建设助推高层次兽医人才的培养

学科建设是一项基础性和长久性的工作，是高校科学研究和人才培养的重要基础和载体，是学校教学、科研、高层次人才培养及师资队伍建设的结合点，也是专业建设的重要依托。其中研究生教学成为学科建设的重要内容之一，它肩负着为国家现代化建设培养高素质、高层次创造性人才的重任。因此，学科建设是研究生教学改革中的当务之急，加强学科建设，是提升高校研究生教学核心竞争力的重要措施。经实践证明，江西农业大学兽医人励精图治，砥砺前行，以科学研究为抓手、团队建设为支撑、平台建设为依托、社会服务为目标、人才培养为根本，构建了"五位一体"的江西农业大学兽医学科振兴计划，全方位提高了具有实践技能、学术创新及国际视野的高层次兽医人才的培养质量（图1）。

图1　兽医学科建设助推高层次兽医人才的培养

（二）以学科建设为抓手，提升研究生培养质量

兽医学专业作为江西农业大学的传统优势学科，在学科建设的推动下，兽医学研究生培养以"实践技能、学术创新、国际视野"为导向，实施研究生高层次人才的培养方案。在实践技能培养方面，通过扩大实践教学比重，建立校内、外的实习基地，为在实践中检验学生的创新和实践操作以及分析问题和解决问题的能力提供了良好的基础，达到"1+1>2"的效果（图2至图4）。在学术创新方面，教师根据最新的科研动态及时更新课程内容，使学生能及时掌握最新知识，在科研创新方面作出最精准的判断。充分尊重研究生科研的自主性，并督促研究生认真进行实验设计、论文撰写以及专利申报。在国际视野培养方面，学科积极开拓国际合作教育，全面强化外语训练。课程融入国际前沿，将科研成果融入教学研究，聘请专家讲授专业最新发展动态及科研成果。举办国际学术交流，开展全英文学术讨论会，定期组织学生参加国际性会议，为学生掌握国际最新动态创造条件。先后与国际知名大学和科研院所等建立了良好的人才培养和科研合作关系，推荐研究生申报国家高水平研究生国际联合培养（图5）。

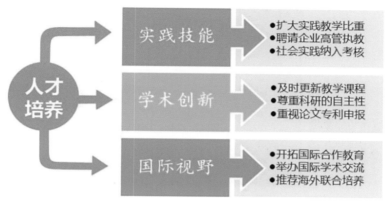

图2　高层次兽医人才培养模式

图3　兽医专业学生实践教学活动

图4　校外教育基地建设

图5　组织学生参加学术会议

（三）密切联系临床与生产实践（即"立地"），紧跟学科前沿（即"顶天"），综合学科交叉

兽医学是研究预防和治疗家畜、家禽、伴侣动物(如犬、猫等)、经济野生动物、实验动物、观赏动物、经济昆虫（蜜蜂、蚕）和鱼类等疾病的科学。随着科学技术的发展，兽医学的范畴现已扩大到涉及人畜共患疾病、公共卫生、环境保护、人病模型、抗病育种、食品生产、医药工业等领域，并形成了多种学科交叉，对农业生产以及生物学和人类医学的发展发挥着日益重要的作用。我校兽医学专业硕士研究生教育立足我国和我省畜牧兽医发展趋势，依据当地经济发展现状，密切联系临床与生产实践（即"立地"），紧跟学科前沿（即"顶天"），综合学科交叉，凝练了动物营养代谢病与环境公害性疾病、动物流行病的预防与控制、兽医基础理论与免疫学和畜禽抗病基因的筛选及其分子机理等4大主要科学研究方向，并通过以科学平台为依托，科研人才为驱动，科研项目为载体实现基础强化和应用优先的科学研究目标。学生通过导师的"连线"与省内各县市的畜牧局等相关主管部门联系，了解畜牧业养殖动态，通过定期举行的seminar了解国家科研动作和本领域最新研究发现，学生就自己了解与老师同门进行探讨，使地区的实际情况与国家乃至国际的动向接轨。实现"立地顶天、学科交叉、基础强化、应用优先"的科学研究理念实（图6）。

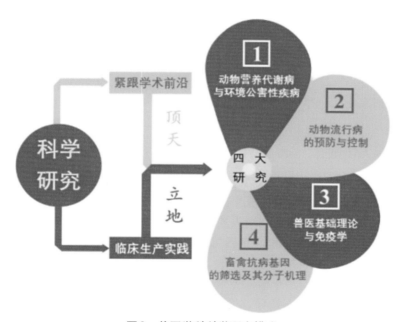

图6　兽医学科科学研究模式

（四）完善高层次人才队伍国际化培养机制，坚持"走出去，引进来"的原则

瞄准国内外高水平学科的人才资源，积极拓展面向国内外优秀企事业单位的高层次人才引聘渠道，发掘、吸引、引进全球高层次人才和优秀青年人才。设立"绿色通道"、实行"一人一议"政策，借鉴国际标准，建立国内具有竞争力的薪酬体系，不拘一格、灵活高效引聘人才。以科技创新平台为依托，以国家各类重点、重大科研项目为载体，积极引进高水平学术团队；完善高层次人才队伍国际化培养机制。坚持"走出去，引进来"的原则，搭建与国际接轨的高水平学术交流平台，加强对学术业绩突出和学术潜力较大教师的出国研修支持力度；加大高水平外籍教师和优秀博士后的引进力度，提高师资队伍国际化水平（图7）。

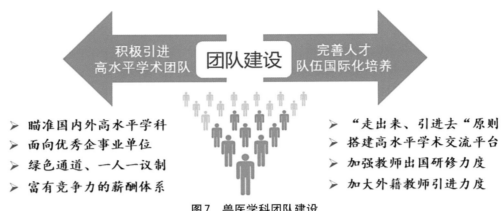

图7 兽医学科团队建设

（五）以科技创新平台为依托，以科研项目为载体，引进高水平学术团队

兽医学科建设始终坚持把强化办学特色作为发展战略和生存战略，旗帜鲜明地走"以农为优势，以生物技术为特色"的发展道路。围绕建设有特色高水平大学的目标，通过苦练内功、自动联系、积极争取，根据团队人员研究方向、前期研究基础与特色向上级主管部门申请建立或获批了国家级实验教学示范中心1个，省级重点实验室及基地5个，南昌市级实验室1个，校级实验室10个以及研究生教育创新基地与专业学位实践基地14个等学科平台。本兽医学专业硕士学位授权点的团队成员39.13%具有海外经历，100%具有行业经历，其中负责人及学术骨干分别具有国际、国家、省级、地区及各类兽医学相关研究学会理事的学术兼职职务，为本学位授权点的学生培养与学术成果的发表提供了平台。

（六）学科建设促人才培养，全面提升了学科与人才对行业的服务水平

畜牧业的发展离不开科技和高素质人才的支撑。本着"巩固、提高、创新"的原则，立足实际，强化服务，实施"企业出题、学科出智、成果共享、行业受益"的服务产业模式。围绕江西省经济建设中的科学问题，充分发挥创新思想和创新人才的优势，组织团队力量，开展横向课题合作，帮助企业解决畜牧生产与临床实践遇到的问题；先后与20余家知名企事业单位联合，建立了校企和院企技术合作关系。同时，借助江西省科技特派团平台，服务公司（基地）、养殖户、农户，学好技术、解决问题，做到科技服务，协同创新。本兽医专业学硕士共参与了近100家养殖户在养牛、养猪、养羊过程当中遇到的技术难题进行了技术指导，近500余贫困户参训，帮助贫困户数600余户。充分培养我校兽医专业的研究生的科技服务社会的能力和水平（图8、图9）。

图8 兽医学科社会服务模式

图9   科技下乡服务

四、办学成效

江西农业大学的兽医专业学位办学经过18年来的建设与实施，始终立足于国情和江西省省情而突出本学科优势和特点，围绕关系国计民生的"畜牧业发展、动物食品安全和人畜共患病"等重点经济和社会问题，进行"以科学研究为抓手、团队建设为支撑、平台建设为依托、社会服务为目标、人才培养为根本"五位一体进行学科建设。在实践中不断总结、完善兽医专业学位研究生培养模式，有效地解决了专业学位研究生培养质量的问题；通过理论与实践相结合，建立校企合作，加强实践基地实习，有效解决了学生社会实践经验不足等的问题。在兽医学科建设与高层次兽医人才培养方面硕果累累，成绩显著，为我国"三农"事业发展和"乡村振兴"战略提供了人才支撑和智力支持，产生了较好的社会反响，并取得很好的成效。

（一）平台建设成绩斐然，学科水平显著提升

在教学实习基地上积极指导推进改革，创新出校外实践教育模式，推动校企双方共同制定校外实践教育的教学目标和培养方案、共同建设课程体系和教学内容、共同组织实施培养过程、共同评价培养质量，组建由高校教师和企事业单位的专业技术人员、管理人员共同组成的教师队伍及新机制。如建立包括国家级实验教学示范中心——动物生产与疾病防控实验教学中心、江西农业大学群发性疾病监测和防治研究所等校内实习基地以及公安部南昌警犬基地、江西省动物疫病预防控制中心、江西康地恩药业、正邦集团等企事业单位等10余个校外实习基地。加强学生的实践操作提供了良好的基础，为在实践中检验学生的创新和实际动手能力以及分析问题和解决问题的能力。

在科研平台上先后获批或建设国家级与省部级科研平台10余个，总建设经费达1 750万元。2005年获得一级兽医学科硕士学位授予权；2012年增设"动物健康与安全生产"二级学科博士点，2018年获得兽医学一级博士点授予权，全方位提升了高层次兽医人才的培养质量。并得到江西省委省政府的高度重视，多位领导先后到我校兽医学科点视察指导。因此，近年来，江西省农业厅、江西省畜牧兽医局多次授权我单位承担"江西省动物疫病监测与防控任务""全省活禽交易市场H7N9紧急监测任务"和"非洲猪瘟检测监测任务"，为科学判断防控形势和评估动物疫病发生风险和流行趋势，提高全省畜牧兽医行业抵御动物疫病风险能力，定期分析评估动物疫情，把握疫情动态，出具监测预警报告，积极开展相关调查技术培训，为一线基层兽医人员加油、充电；定期召开数据分析研判会，确保预警预报工作的科学性和预见性。培养出了为兽医基层单位及养殖业等动物疫病检测防控方面能力强的高质量专业学位研究生。

（二）人才培养质量卓著，为行业培养出一大批应用型人才，受到社会各界普遍赞誉

本学科近年来，累计招收博士研究生20余人，硕士研究生200余人，其中赴海外攻读博士学位2

人（获国家留学基金委全额资助）。2篇硕士论文获得全国兽医专业学位优秀学位论文。一大批学生成为科研骨干与高校名师，大批硕博士毕业生赴畜牧生产一线工作，并在工作岗位上脱颖而出，有30余位研究生成为企业的领办者、创办人。

（三）聚焦原始创新，科研质量显著提高

积极开展各类科学研究，取得了一系列原创性科技成果。近5年，本学科共承担国家、省部级等项目140余项，科研经费达5 635万元；累计发表论文511余篇，其中SCI论文100余篇。科研成果先后获得江西省科技进步二等奖等各级奖励20余项。在国际上首次报道导致猪腹泻的Delta病毒和禽流感H10N8病毒，进行了猪腹泻病毒和猪圆环病毒2型灭活疫苗的研制。此外，三肽囊素、畜禽钼镉中毒、蛋鸡脂肪肝出血综合征、禽痛风、畜禽抗病基因筛选等研究取得一定成果，受到业内普遍认可。

（四）科技成果转化加速，社会服务能力显著提升

以唐玉新教授为首的科研团队致力于猪肠道腹泻病原研究，成果目前已成功转让（首批转让金额1 500万元），将产生巨大的经济效益和社会效益。邓舜洲教授为首的科研团队致力于猪圆环病毒2型猪痘病毒载体灭活疫苗研制，并取得可喜的中期研究成果，将为猪圆环病毒2型的诊断、预防以及控制提供技术和方法。此外，广大科研人员通过校企合作、科技特派团、农业大讲堂与行业产业体系广泛服务于我国的三农事业。

（五）毕业生培养质量的跟踪调查结果和外部评价良好

近年来，兽医学专业研究生一次性就业率在92%以上。学生就业以省内外畜牧兽医管理部门、业务部门及政府机构、"外资"、"独资"和"三资"企业集团工作为主，一部分优秀毕业生在国外留学、进修或劳务输出，一部分自主创业、拥有自己的经济实体。本专业培养的毕业生质量较为优秀，与我们的培养目标基本一致。从跟踪调查的结果看，本专业毕业生是畜牧业发展的主要力量，大部分活跃在社会一线，得到了各层次单位的好评。学生们的工作和专业对口程度相对较高，说明毕业生在校期间不仅系统学习专业知识，个体的认知水平得到了提高，而且能够把所学知识运用到工作实践。在其他岗位上，本专业毕业生也表现优秀。

五、师生风采

本专业先后涌现了盛彤笙、周正、向墉、林启鹏、樊璞、朱允升教授等一批在国内兽医学界有一定影响的专家学者。现有专职教师63人，其中教授12人，副教授28人。博士学位教师50人，占比80%；博士生导师10人。学科新增各类人才10余人次，其中"新世纪百千万人才工程"国家级人选1人，国务院特殊津贴获得者1人，国家"有突出贡献中青年专家"1人，教育部"新世纪优秀人才支持计划"1人，五四奖章获得者1人，江西省"赣鄱英才555工程"1人，江西省主要学术学科带头人1人，江西省青年科学家培养对象4人，省高校中青年学科带头人1人，省级教学名师1人，省政府特殊津贴获得者1人，省政府特殊津贴获得者1人，二级岗人员3人，博士生导师11人，梅岭学者3人，江西农业大学首席教授1人，江西农业大学未来之星6人，省百千万人才工程人选4人，江西省养猪行业领军人物1人。

山东农业大学
兽医专业学位教育总结报告

山东农业大学坐落在雄伟壮丽的泰山脚下，前身是1906年创办于济南的山东高等农业学堂。后几经变迁，形成现在的山东农业大学。目前，学校已经发展成为一所以农业科学为优势，生命科学为特色，融农、理、工、管、经、文、法、艺等于一体的多科性大学。

学校是农业农村部与山东省人民政府共建高校，国家林业和草原局与山东省人民政府共建高校，是教育部、农业农村部、国家林业和草原局首批卓越农林人才教育培养计划改革试点高校，是山东省首批五所应用基础型特色名校之一，是首届全国文明校园。山东农业大学兽医系始建于1949年，是山东农业大学传统优势一级学科。自1982年临床兽医学获批第一个硕士学位授权开始，山东农业大学紧扣主题专业教育，"不忘初心，夯实基础"，培养兽医行业奉献者，为山东省乃至我国兽医行业的发展作出了重要贡献。

一、兽医学位教育办学历程

山东农业大学于1982年、1993年和1995年分别获批临床兽医学、预防兽医学和基础兽医学3个二级学科硕士学位授予权；2000年获批预防兽医学博士学位授予权；2002年获批兽医硕士专业学位授予权；2003年获批设立兽医学博士后科研流动站；2005年获批基础兽医学博士学位授予权；2011年获批兽医学一级学科博士学位授予权和一级硕士学位授予权；2017年被批准为山东省"双一流"建设学科。兽医学科拥有农业部动物疫病病原生物学华东科学观测实验站和农业部禽白血病和肿瘤病诊断实验室（筹）、山东省重点实验室"动物生物工程与疾病防治实验室"、"山东省动物疫源人兽共患传染病中德合作研究中心"、"山东省畜禽疫病防制工程技术研究中心"和"山东省绿色低碳畜牧业技术协同创新中心"的依托学科。经过几代人的不懈努力，山东农业大学兽医学学科建设飞速发展，办学水平日益提高，为山东省乃至全国培养了大批高水平专业技术人才和兽医科技精英。

二、办学成果

1. 师资力量雄厚 兽医硕士专业师资力量雄厚，结构合理。本学科共有教师62人，包括教授17人，副教授23人，讲师10人，助教2人，实验员10人。教师中具有博士学位50人，外单位博士比例高于80%，21人具有海外留学访问经历；博士生导师17人，硕士生导师41人。"国家百千万人才工程"专家1人，国家有突出贡献的中青年专家1人，国家国家产业体系岗位专家1人，山东省具有突出贡献的中青年专家1人，山东省产业体系岗位专家及站长7人；17人在国家和省级学会中担任副理事长、常务理事和理事。在长期的研究及实践中，本学科的各个培养方向上均诞生了优秀的学术带头人，且具有较丰富的生产一线实践经验。

2. 教学改革成果突出 兽医专业学位培养注重课堂教学改革，自2002年招生以来修改培养方案2次。获得山东省立项案例库建设课题2项，山东农业大学立项案例库教学项目6项；山东省优质课程建设项目2项，山东省研究生导师提升计划项目2项，山东省研究生教育创新计划项目7项。山东农业大学研究生教育教学改革研究重点项目1项。获得山东农业大学教学成果一等奖（图1）和山东省教育科学研究领导小组"教育科学研究优秀成果奖"二等奖。

3. 人才培养质量优异 自2002年兽医专业学位硕士研究生招生以来，共招收研究生746人，获得学位550人。近5年获得山东省专业学位优秀实践成果三等奖1项；获得山东农业大学专业学位硕士研究生实践创新奖优秀实践报告奖一等奖10项，二等奖36项。5人获得硕士研究生国家奖学金，9人获得山东省优秀毕业生，62人获得山东农业大学优秀毕业生。

图1 获奖证书

三、教育特色

兽医专业学位研究生突出实践能力的培养，实行双导师制培养，为研究生配备来自行业、企业的合作指导教师；注重校外联合培养基地建设，近5年建设山东省研究生教学基地3个，山东农业大学研究生教学实习基地40个；培养学生的材料组织和论文写作能力，在读期间发表了论文126篇，取得发明专利6项。

四、毕业研究生就业及企业反馈

1. 毕业生就业情况 山东农业大学兽医专业学位点自2002年以来，共培养全日制专业型硕士研究生550人，就业率为100%；部分研究生选择继续深造，攻读国内知名高校的博士学位。学位点培养的研究生就业单位多是与专业相关的企事业单位，如各级动物疫病防控机构、畜牧生产企业、兽医卫生监督所、动物药品生产与管理所、动物检疫机构、动物医院等，具体统计结果如下图所示，其中到企业工作的人数最多，占总人数的44%，自主创业的占8%。

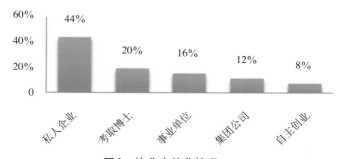

图2 毕业生就业情况

2. 用人单位意见反馈 2018年在学院的统一部署下，学位点组织向30个用人单位发出了情况调查表，对毕业生在就业单位整体表现情况、单位对毕业生的评价做了问卷调查。问卷调查结果显示用人单位对本学位点毕业研究生的反映普遍较好，主要表现在：

（1）大部分毕业生工作认真负责，具有较强的敬业精神。

（2）能够很好地按时、按质完成单位交给的工作任务。

（3）工作主动性较强，能够主动承担单位分配的工作任务。

（4）具有较强的工作能力和学习能力，对于自己不懂的专业技术能够谦虚求教 认真学习，并能在较短时间上手。

（5）具有较强的团队合作精神，能够很好地和同事相处。

另外，用人单位对本学位点研究生培养也提出了建设性意见：①应根据社会需求的变化不断改变和完善专业教学计划和人才培养模式；②应更加注重学生所学理论知识和实践动手能力的结合，进一步提高学生实践动手能力；③多增设一些课程设计、课题制作、课程实训等课程，以便学生就业后能更快更好地投入实际工作中去。

3. 毕业生发展质量调查情况　从调查结果可以发现，本学位点毕业的研究生政治素质普遍较高，在工作中能吃苦耐劳，勤学好问，上进心强，绝大部分已发展为用人单位的业务骨干，但尚有少部分学生的综合素质和业务能力有待提高，突出表现在专业知识面窄、创新能力不强等方面。

鉴于此，学位点今后应进一步夯实专业基础，拓宽学生的知识面，加强基本理论、基础知识的学习与训练，注重对学生的动手实践能力和综合素质的培养，切实提高学生的领导能力、应变能力、协调能力、口头表达能力、写作能力和服务意识等，使毕业研究生不仅具有较强的专业知识和业务能力，同时也具备较高的综合素质，真正成为一个"多面手"，能不断适应社会新环境和新形势的挑战。

华中农业大学
兽医专业学位教育总结报告

兽医在畜禽健康养殖和疾病防控、动物临床诊疗、食品安全生产、环境生态保护和人类健康保障等方面发挥重要作用。我校坚持落实兽医专业教育培养目标，践行"三创"（创新、创造、创业）育人理念，完善平台基地建设，提升导师实践能力，创新教育培养体系，形成特色鲜明的高素质应用型人才培养模式。

一、我校兽医专业学位教育的发展历程

我校兽医学科于20世纪50年代由秦礼让、彭弘泽等创立，目前在动物疫病防控技术、产品研发及产业化、兽药残留检测、小动物疾病诊疗、眼科和心血管外科手术等方面形成特色和优势。2002年开始招收非全日制兽医硕士研究生，2009年开始招收全日制兽医硕士研究生，2018年开始招收兽医博士研究生。迄今共培养兽医硕士536人，其中全日制438人，非全日制98人。4人获得教指委优秀学位论文，16人获得校级优秀学位论文。

我校兽医专业学位培养目标是面向兽医行政管理部门、动物防疫监督机构、畜禽生产企业、动物临床诊疗机构、兽医兽药相关企业等，培养从事动物卫生监督管理、兽医业务管理、兽医临床诊疗、技术服务、市场管理与研发等工作的高层次应用型人才。兽医硕士学制为2年，兽医博士学制为4年。兽医专业学位招生主要包括4个领域（方向）：

（1）小动物临床兽医方向：主要针对小动物和实验动物诊疗机构，培养具备临床执疗能力的动物医生。

（2）农场动物兽医方向：主要针对猪、禽、牛、羊等养殖企业，培养从事畜禽健康养殖及疾病防控的高水平农场兽医。

（3）兽医卫生监督方向：主要培养兽医行政管理人才，涉及动物防疫检疫监督、动物源性食品安全监管、兽医管理等。

（4）兽医服务方向：面向畜牧兽医相关企业（兽药、兽用生物制品、诊断制剂等），培养从事生产、研发、推广与服务的高素质人才。

二、我校兽医专业学位教育的特色与经验

（一）培养环节全过程管理

我校要求兽医专业学位研究生必须以动物临床诊疗、畜牧业生产、疾病防控、动物源性食品安全及兽医相关企业生产管理中的关键问题为导向开展应用研究，并鼓励特色和多元化发展。通过开题和中期环节严格把关，确保选题符合培养目标要求，研究方案可行，课题实施规范，预期目标可以顺利完成。

我校高度重视学风建设和学术道德规范，不断结合相关文件和典型案例对研究生进行学术规范和道德教育、实验记录及毕业论文撰写培训，坚持所有毕业论文校外盲评制度，有效促进了科研课题顺利实施和毕业论文撰写质量。历年学位论文教育部和学校抽检均无不合格情况，也未发现一起学术不端行为。

我校要求兽医硕士生必须依托校内外教学实习基地，进行不少于6个月的专业实践训练，增强对兽医临床实际的认识，提高分析解决问题的能力。另外，通过举办亚洲猪病会、全国规模化猪场疫病监控与净化研讨会、全国牛病会等大型会议，使学生广泛了解行业动态，剖析兽医临床生产实际中的关键问题，探索解决问题的思路和对策。

图1　我校承办第八届亚洲猪病会　　　　　图2　全国规模化猪场疫病防控与净化专题研讨会

依托国家外专局动物重大疫病防治创新引智基地项目和国家留学基金项目等的支持，我校与英国皇家兽医学院、澳大利亚默多克大学、美国佐治亚大学、美国明尼苏达大学兽医学院等建立了长期的院级合作关系，广泛开展国际合作交流，不断创新兽医专业人才国际化培养模式，深化开展美国执业兽医师（DVM）、国际流行病学及猪病学创新人才联合培养计划等。

考虑到兽医硕士学制为2年，难以培养高水平临床兽医和取得高水平应用成果，我校开始实施高级临床兽医人才创新班计划，实行本硕贯通培养模式，完善导师组负责制度，制定科学培养方案，强化小动物和农场动物临床教学和实践系统训练，鼓励多学科交叉融合，旨在培养国际一流应用型兽医专业人才。

（二）导师队伍建设

研究生人才培养，高水平导师队伍是关键。我校高度重视导师的选聘和考核，学院每年对导师招生资格进行审查，确保导师队伍质量。现有校内兽医专博导师25人，专硕导师91人，其中正高职称40人，副高职称49人，中级职称2人。中国工程院院士1人、国家杰青1人、长江学者2人、农业产业技术体系岗位科学家4人。引进两名美国DVM获得者丁一和沈瑶琴，他们带来的国外先进经验和理念显著提升了我校兽医专业学位研究生的培养质量。学院坚持研究生指标向临床诊疗和协作基地服务团队倾斜，鼓励产业体系科学家等实践能力强的导师把研究生带到生产管理一线和兽医临床基地开展科研，通过实战培育人才。同时为导师提供实习培训和业务提升机会，增强兽医临床生产实践和技术应用推广能力。

图3 何启盖教授深入一线指导研究生

图4 我校入选的中国专业学位教学案例

我校坚持兽医专业研究生双导师制，必须聘请企业人士、科研人员及行业主管等作为校外第二导师，协助指导专业实践和应用研究。先后聘请40多名校外导师，为拓展研究方向、延伸师资团队、保证研究生培养质量发挥了重要作用。

（三）建设一流教学和培养基地平台，深化产学研协同育人

1.夯实一流基地平台建设，支撑一流专业人才培育 我校拥有高水平教学科研实践基地，建有农业微生物学国家重点实验室、动物疾病防控国际联合研究中心、国家兽药残留基准实验室、国家兽药安全评价实验室、省部共建生猪健康养殖、动物医学国家实验教学示范中心、农业部兽用诊断制剂创制重点实验室、湖北省动物疫苗工程技术中心等国家及省部级重点实验室、工程中心等，不断提升教学动物医院、动物疫病诊断中心、动物生物安全实验室（ABSL-3）等校内实践基地，持续建设广西扬翔、武汉科前、武汉中粮等35个校外实践基地，重点建设"畜禽疫病病原学与流行病学""针刺镇痛研究与应用""GLP与GCP实验室认证体系"等关键技术平台。

2.建设教学动物医院，培养高水平临床人才 我校教学动物医院作为华中地区乃至全国最具影响力的综合性动物医院之一，设施设备齐全，拥有64排128层螺旋CT、DR数字化影像系统、彩色超声诊断系统、全套眼科设备（眼科手术显微镜、超声乳化仪、眼专用AB超、激光治疗仪、冷凝仪、眼底摄像机等）、动物专用麻醉机和呼吸机、小动物牙科治疗仪等先进设备。导师团队业务精湛，病例资源丰富优质，研究生获得系统完善的临床训练，毕业后深受社会青睐，多数可直接进行动物诊疗，有的可独立开业。

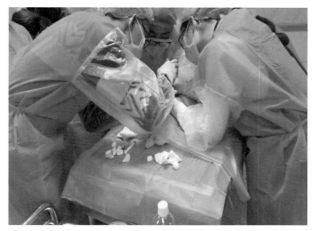

图5　动物医院手术教学　　　　　　图6　高级临床兽医硕士培养研讨会

3.**创新协同攻关机制，校企联合育人**　广西扬翔集团是一家以饲料业、养猪业、肉食品加工业为主导的现代大型农牧企业。我校与该企业长期深度合作，联合开展现代养猪3.0体系科技攻关，打造"FPF未来猪场共同体"。导师团长驻企业，全面参与生产、经营、管理、研发、技术服务等，开展生猪健康养殖技术的集成示范与推广应用。选题聚焦猪场全产业链关键问题，联合企业导师指导研究生开展应用研究，成果服务于企业发展，培养具备解决相关领域突出问题能力的研究生。合作模式与成效被人民日报、人民网等主流媒体报道。

图7　广西扬翔楼房养猪基地

图8　广西扬翔华中农业大学校友合影

4. 创新成果转化机制，产学研有机结合 针对动物健康养殖和疾病防控的关键问题，以产业和市场需求为导向，研究生广泛开展诊断制剂、新型疫苗、兽药、微生态制剂等产品的技术研发、中试应用和工艺提升，并依托武汉科前生物股份有限公司、湖北华大瑞尔科技有限公司等高科技企业及时进行科研成果转化，加速产品的推广应用和服务行业发展。近年来，我校自主研发获得31个国家新兽药注册证书，5项国家重点新产品证书，28项国家发明专利，其中很大部分来自兽医专业学位研究生的科研成果。

四川农业大学
兽医专业学位教育总结报告

四川农业大学兽医学科办学历史悠久，1912年创办四川大学畜牧兽医组，1959年招收第一批硕士研究生，1981年获批学术学位硕士授权点，2000年获批预防兽医学博士授权点，2002年获批兽医硕士专业学位授权点，2005年获批兽医学一级学科博士授权点，2007年设立兽医学博士后科研流动站。经过十几年的建设，兽医硕士专业学位授权点从无到有、逐步发展壮大，已形成了完善的应用型兽医人才培养体系。

一、基本情况

1．师资队伍壮大　兽医硕士专业导师队伍数量和质量稳步提高，形成了一支学历高、学术造诣较深，年龄、专业和学缘结构较合理，学术队伍规模适当，具有较强创新能力的教学、科研导师团队。目前有校内导师78人，聘期内校外导师85人，具有完善的校内、外导师的选聘、培训和考核制度，校内导师均为教学、生产、科研一线教师，兽医临床、药物研发、疫病诊断等经验丰富；校外导师几乎都具有高级专业技术职称或在行业内担任企业中高层管理人员，具有指导兽医专业学位研究生的能力和能够提供良好实习实训场所。

2．培养目标鲜明，培养方案明确　结合西南地区实际需求，不断凝练方向，形成了特色鲜明、方向稳定的5个研究方向，按国家执业兽医和官方兽医的要求，培养从事动物诊疗、动物疫病检疫、技术监督、行政管理以及市场开发与管理等工作的应用型高水平人才。并根据培养目标，制定符合兽医硕士专业研究生所需的培养方案和课程体系（核心课程和选修课程），选定本学科认真负责、有丰富教学实践经验或有出国留学经历且具有博士学位的研究生导师作为任课教师。

3．生源充裕，质量较高　兽医硕士专业学位逐渐被考生和用人单位广泛接受和认可，近10年来，兽医硕士考试报名人数及录取平均分数逐年增加和提高，全日制考生大部分来源于西北农林科技大学、四川农业大学、西南大学等国家"985"或"211"高校动物医学、动植物检疫检验等专业学生，非全日制考生主要来源于西部各大、中型相关企业、畜牧局、动物疾病预防控制中心。

4．校外专业实践扎实推进　制定了兽医硕士专业研究生校外专业实践组织管理及考评制度和实践保障体系。积极与校外相关单位联系，目前与28家单位签署了《兽医硕士专业学位研究生基地协议》，每年可接纳约200名兽医硕士专业学位研究生，完全满足兽医硕士专业学位研究生校外专业实践需求。每届兽医硕士专业学位研究生参加6个月以上的校外专业实践，研究生学位论文选题紧密结合生产实践，解决生产实际问题。

5．学位论文质量有抓手　通过学位论文选题、摸底答辩、学术不端检测、双盲评送审、正式答辩等环节和措施，规范了学位论文答辩，切实保证和提升兽医硕士专业学位研究生学位论文质量。2011年来，共组织了290名全日制兽医硕士专业学位、169名非全日制兽医硕士专业学位论文的答辩，学科授权点获全国兽医专业学位优秀学位论文3篇、省级优秀硕士专业学位论文1篇、校级优秀硕士专业学位论文6篇。

6.学习生活有保障 建有完善且覆盖面合理的研究生奖助体系，以国家助学金、国家奖学金、国家学业奖学金、学校奖助学金、导师奖助学金、特困硕士研究生助学金、优秀硕士学位论文奖励、社会捐资奖助学金校院级奖助学金为基础，辅以团队或导师设立的研究生勤奋奖、出勤奖、发表论文奖等为补充，确保研究生在校安心学习和开展科研实践，奖助学金覆盖面达100%。

7.就业率高，社会评价好 2011年来，已毕业兽医硕士专业学位研究生共459人，其中全日制兽医硕士专业学位研究生290人实现全部就业，就业率达100%，就业去向主要有大中型企业、国家机关和事业单位。根据调查和用人单位意见反馈，用人单位对毕业研究生的满意度高，主要体现在理论基础扎实、综合素质高、人际交流和团队合作能力强，能很快适应用人单位的工作要求。

8.科技成果突出 学位点以团队建设为核心、以人才培养为抓手、以科技平台为载体，在全面促进科技水平上台阶、上档次中发挥了良好的支撑作用，科技成果突出。近10年来，获得国家二类新兽药注册证书1项，获得部/省级奖励14项，获得国家授权发明专利75项、国家授权实用新型专利34项，发表科研论文570余篇，主编或副主编专著、教材、图书等书籍30余部。

9.社会效益显著 立足地方经济发展实际和行业科技发展需求，广泛进行横向交流与合作，切实解决生产实际中的问题，服务地方经济。先后与50余家大中型企业合作，建立博士工作站10个、专家大院5个。部分教师担任国家现代农业产业技术体系岗位科学家、四川省科技特派员、四川省动物疫控中心专家组成员等，指导产业发展。每年选派20余位专家长期深入生产一线，负责技术研发和科技服务。连续多年定期为贫困山区开展"兽医诊疗新技术培训班"、服务西部藏区脑包虫病等防控、深入养殖企业面对面、手把手精准传授扶贫养殖技术。

二、办学特色

1.精心凝练学科特色，提升核心竞争力 立足西南地区特有的地理和生态环境，以猪、水禽、淡水鱼和濒危野生动物发生的重大流行性疾病为重点，依托省部共建及省国家级省级重点实验室、学院专业实验室等综合平台进行大量应用研究，形成了水禽重要疾病的发病规律及防控、猪禽等动物重大疫病监测与防控、西南濒危珍稀动物疾病监控与保护、动物地方性营养代谢疾病与中毒病发病治疗、淡水鱼类重大疫病免疫防治5个稳定和特色鲜明的人才培养方向，为区域兽医事业和产业发展培养复合型高层次的兽医专业人才，大大提升了兽医硕士专业研究生在服务区域经济建设中的核心竞争力。

2.注重培养过程管理，强化培养质量 积极推进学风建设，建立完善的兽医硕士专业学位研究生培养管理制度，确保培养过程每一环节质量，从课程设置、课堂质量、完成学分到读书报告、开题报告、中期考核、校外专业实践、学位论文摸底答辩和正式答辩等各个环节，均严格把关，夯实专业基础，提升专业技能，努力培养社会经济发展所需的兽医高级专门人才。

3.重视综合能力培养，打造德才兼备人才 以立德树人为导向，重视兽医硕士专业学位研究生综合能力培养，在具备扎实的专业知识、过硬的专业技能和良好的论文写作能力的同时，通过学院文化的滋养和导师的言传身教，以润物无声的潜移默化，将乐观的人生态度、无私大度的宽广胸怀、团结协作的集体精神和奋发向上的精神风貌传递给每一位研究生，将"爱国敬业、艰苦奋斗、团结拼搏、求实创新"的川农大精神深植学生心中，为行业和国家培养德才兼备的合格人才。

三、师生代表

1.教师代表

（1）程安春：博士，男，1965年5月生，布依族，贵州长顺人，教授、博士生导师，招收培养研究生100余名，以第一（通讯、合作）作者发表学术论文100余篇。现任四川农业大学动物医学院院长，曾任中国畜牧兽医学会动物微生态学分会第三、四届理事长（2002—2014），为《World Journal of Virology》《中国兽医杂志》《病毒学报》《中国动物传染病学报》等刊物编委。2008年带领的"西南动物流行性疾病发生及免疫防治机理"研究群体入选教育部创新团队；1999年入选国家"百千万人才工程"；2002年评为四川省学术和技术带头人；2008年入选国家现代农业产业技术体系免疫抑制病和新疫苗岗位科学家；2015入选农业部农业科研杰出人才且"水禽传染病防控关键技术研究和应用"入选创新团队。获得国家一类新兽药证书1项、国家二类新兽药证书1项、国家发明专利13项，系列成果在全国十多个省(市)推广使用，产生显著社会经济效益，在水禽疾病预防领域做出了重要贡献。

（2）左之才：教授、博士生导师，四川肉牛创新团队肉牛主要疾病防控技术研究与集成应用岗位专家，四川省学术和技术带头人后备人选，中国畜牧兽医学会内科学分会常务理事。获四川省科技进步三等奖1项（奶牛乳房炎的综合诊治技术）、四川省科技支撑项目1项（规模化牛场危害严重疾病的净化与清洁生产）和院校合作项目20余项（各种药物对奶牛乳房炎、子宫内膜炎的疗效观察；各种药物对宠物犬猫皮肤病、软组织感染等疾病的疗效观察）。自2009年开始担任硕士导师以来，先后培养兽医专业学位非全日制硕士研究生6名全日制硕士研究生8名，临床兽医学硕士研究生18名。

2.行业内做出突出贡献的兽医专业学位硕士研究生代表

（1）邱贤猛：男，1963年2月生，汉族，中共党员，高级兽医师。2013年获四川农业大学兽医硕士专业学位，曾经多次到美国、加拿大等国家工作学习。现任中国兽医协会宠物诊疗分会副会长、四川宠物协会医师诊疗分会会长、西部地区宠物医师联合会会长、成都农业科技职业学院客座教授、四川农业大学客座教授。曾担任中国兽医协会第一届、第二届理事会理事，中国畜牧兽医学会兽医外科学分会理事，四川畜牧兽医学会小动物外科分会副理事长。2012年在中国兽医协会小动物诊疗分会获得玛氏青年优秀兽医奖，2015年获评中国"十大杰出兽医"称号。

（2）张纯林：男，1976年9月生，汉族，中共党员，高级兽医师。2011年获四川农业大学兽医硕士专业学位，国家执业兽医师，四川农业大学兽医专业学位硕士研究生校外指导教师。现任四川维尔康动物药业有限公司总经理，中国兽药协会常务理事，主要从事企业经营管理、兽药研发、技术推广等工作。先后主持参与科技富民强县、科技支撑计划专项等重大、重点科技项目10多项，先后3次获得内江市科技进步二等奖（第一完成人）。参与获得发明专利3项，其科研论文获内江市第二届自然科学优秀论文三等奖，隆昌县自然科学优秀论文一等奖。先后被评为"四川省优秀青年技术创新带头人"，内江市首批人才发展"三百计划"企业精英，入选四川省创新型企业家培养计划首批培养对象。

西南大学
兽医专业学位教育总结报告

西南大学是教育部直属，教育部、农业农村部、重庆市共建的重点综合大学，是国家首批"双一流"建设高校，"211工程"和"985工程优势学科创新平台"建设高校。学校溯源于1906年建立的川东师范学堂，2005年西南师范大学、西南农业大学合并组建为西南大学。在兽医专业学位人才培养过程中，广大师生坚持"特立西南、学行天下"的大学精神，不断改革创新，培养具有"同一个世界，同一个健康"理念的合格兽医人才。

一、发展历程

西南大学2002年获兽医专业学位授权资格，至今已经招收兽医专业硕士18届，累积招生人数达1000余人，现有指导老师45人，每年招生学生60余人，先后与重庆市畜牧科学院、重庆市动物疫病控制中心等10余家单位建立了联合培养协议，每年全日制毕业生盲评通过率、就业率均为100%，招生质量不断提升，近3年招生录取分数线均超过360分。2018年通过教育部组织的合格性评估，2019年通过重庆市教委组织的合格性评估抽查。

二、办学成果

1. 招生质量不断提升，培养方案不断优化　为了提高学生质量，学校通过各种渠道加强招生宣传，每年报考人数与招生人数之比均超过4∶1，复试人数与招生人数比为1.5∶1，连续5年录取分数线超过360分。为了提高教学质量，每4年进行一次培养方案修订，每次方案的修订都要征求用人单位、实习单位和广大师生的意见，并参考全国至少5家以上兄弟院校的培养方案，以保证培养方案的先进性和可行性。全日制兽医硕士专业学位研究生培养年限由原来的2年制变为3年制。近5年，兽医专业硕士最低录取线见表1。

表1　近5年兽医专业学位最低录取线

年度	2015	2016	2017	2018	2019
最低分数线	362	363	364	360	362

2. 案例库建设成效显著，有力地促进了学生的综合分析能力　经过多年的探索，目前我们已经在多门课程中建立了案例案。这些专业案例来源于实践，在编写过程中需要编写的教师把真实病例进行系统的整理，形成案例，并引出需要提出的问题，在教学过程中改变了原来的教师为主体的教学方式，让学生作为整个教学的主体，老师只是在实践教学中起到一个引导作用。学生借助老师的引导作用在案例教学中发现问题并解决问题，从而得出自己的观点，通过理论联系实践的方式，大力提升专业能力。

3．**产教融合发展迈出新步伐，服务地方经济建设成效显著**　全日制兽医专业学位学生至少到联合培养单位进行不少于半年的实习活动，主要参与这些单位的疾病诊断与治疗、疫情调查与防控。这些实习活动不仅提高了他们的临床应用能力，而且解决了实习单位的技术难题，保证了重庆和四川等地畜牧业的健康发展。

4．**毕业生分布与全国兽医行业多个领域，为社会经济发展做出了重要贡献**　西南大学兽医专业学位毕业生分布于各级动物疫病预防控制中心、动物医院和畜牧兽医产业，他们在各自的岗位上充分利用自己的专业知识，为畜牧业的健康发展，保护公共安全做出了重要贡献（图2、图3）。

表2　部分毕业生就业去向

就业去向		人数	备注
高校	专任教师、科研	11	
	辅导员	6	
事业单位（农业农村局、研究所、中心等）	专业技术	43	
	管理	66	
在读博士		8	
企业	专业技术	46	
	管理	32	
其他		5	

表3　兽医专业硕士主要成果

科研成果				获得奖励		
A1及以上论文（篇）	发明专利（项）	主持或参与科研项目（项）	主编或参编兽医实用技术书籍（本）	国家级	省市级	单位
12	13	7	3	2	3	40

三、教育特色

1．**根据兽医专业学位特点设置课程**　在全日制兽医硕士专业学位研究生课程体系中，设立必修课模块、选修课模块和综合实验模块。必修课模块除外语外，主要是前沿性专业基础课程；选修课模块根据目前兽医相关的职业方向需求来设置，涉及宠物疾病诊疗、反刍动物疾病诊疗、猪疫病诊疗、禽疫病诊疗、动物生物制品开发、动物法规与动物性食品检疫。综合实验模块主要是针对必修课与选课来设置，即宠物疾病诊疗综合实验、反刍动物疾病诊疗综合实验、猪疫病诊疗综合实验、禽疫病诊疗综合实验、动物生物制品开发综合实践、动物法规与动物性食品检疫综合实验。

2．**理论与实践相结合，重视案例教学和实践教学**　在教学方式上，以实践教学为主，专业课程以专题形式开课，特别强调案例教学，上课地点由教室转为实习基地（动物医院、养殖场、生物制品厂等），改善现有授课模式，全面提升全日制兽医硕士专业学位研究生的临床基本技能及解决临床实际问题的能力。

3．**采用双导师制，加强和突出学生实践能力的培养**　通过选择创新能力和科研实力强的畜牧业相关机构进行合作，联合培养全日制兽医硕士专业学位研究生，形成"双师"制的指导教师培养模式，让临床一线具有执业兽医资格的教师（执业兽医师）担当校外指导教师协同育人，充分保障指导教师队伍的水平和资格，同时研究生科研成果突出解决生产一线问题。魏学良副教授指导的兽医专业硕士叶艳的毕业论文"犬瘟热病毒感染病犬不同时期的组织病理学研究"获第六届全国兽医专业学位研究生优秀学位论文；2018年，刘娟教授指导的研究生论文"金翁止痢颗粒生产工艺及质量标准研究"获得全国兽医专业学位研究生优秀学位论文。

4.校地校企合作，共建兽医专业研究生联合培养基地，培养造就高素质兽医人才 西南大学兽医硕士实践教学培养拥有良好的外部环境。学校依托重庆市动物疫病预防控制中心、中国畜牧科技城、国家现代畜牧业示范区核心区、国家生猪大数据中心、全国首个以农牧为特色的国家级高新区，已建校外兽医专业研究生培养基地24个，其中有重庆市级研究生联合培养基地（西南大学－重庆市畜牧科学院研究生联合培养基地），通过共建校企联合培养基地，为兽医硕士校外实践搭建了良好平台，不断提升学校兽医硕士实践动手能力的培养。

四、典型经验

1.与生产实践相结合，建立临床案例库 本学科先后建立了《小动物疾病》《临床兽医学专题》《预防兽医学专题》《兽医行政管理》等课程的案例教学课程（图1）。

图1 案例教学课程

2.与兽医实践相结合，解决兽医临床的实际问题 西南大学兽医专业硕士必修在动物医院或养殖场参加不低于半年的实践活动（图2）。

图 2　兽医专业硕士研究生与林德贵教授讨论临床问题

3. 创新创业　遵循"综合影响"与"循序渐进"的规律,在兽医专业学位研究生的培养体系中融入创新创业教育理念,在教学实践中渗透创新创业精神,激励研究生积极参与创新创业实践。2010届毕业生张建明在成都建立了谐和宠物医院,目前年营业额达6 000余万元(图3)。

图 3　兽医专业学位研究生毕业后创办的宠物医院

五、师生风采

王鲜忠：博士、教授、博士生导师，中国科学院动物研究所、美国佛罗里达大学访问学者，重庆市高校牧草与草食家畜重点实验室主任，中国畜牧兽医学会兽医产科学分会副理事长。主要从事动物生殖生理与产科疾病防治的研究工作，培养研究生15名，其中兽医专业硕士5名。

王鲜忠教授团队

彭远义教授团队

彭远义：博士、教授、博士生导师，国家现代农业产业技术体系（肉牛牦牛）疾病控制功能研究室疫苗与免疫评价岗位专家，重庆市牧草与草食家畜重点实验室预防兽医学分室主任，重庆市畜牧兽医学会理事，重庆市免疫学会常务理事，重庆市第二届学术技术带头人后备人选。已培养研究生30余名，其中兽医专业硕士15名。

王自力：博士、教授、博士生导师，美国堪萨斯州立大学访问学者，中国畜牧兽医学会中兽医学分会理事，国家奶牛疾病防治科技创新联盟常务理事，国家"三区"科技人才，重庆市科技特派员。主要从事中药免疫药理及小动物疾病防治研究工作。已培养研究生17名，其中兽医专业硕士7名。

王自力教授团队

刘娟教授团队

刘娟：教授，中国兽药典委员会委员，农业部新兽药审评委员会专家，中国畜牧兽医学会中兽医学分会理事，国家三区人才、荣昌区政协委员、重庆市科技特派员等。

吴俊伟：教授，科技部"创新创业人才计划"人选，中国畜牧兽医学会高级会员，中国兽医协会理事。重庆布尔动物药业有限公司总经理、董事长，2015年成为荣昌第一家兽药国家高新技术企业，重庆市认定企业技术中心，国家知识产权局示范企业，重庆市知识产权优势企业。产品远销全球30多个国家，累计创造外汇1 000多万美元。

河北农业大学
兽医专业学位教育总结报告

一、我校兽医专业学位点发展历程

河北农业大学成立于1902年，是我国现代农业教育的发源地，1904年在保定成立的北洋马医学堂是我国现代兽医教育的发源地。河北农业大学1949年设立畜牧兽医训练班，1952年开始招收畜牧兽医本科学生；1986年获得动物传染病学和兽医微生物学硕士学位授予权，1993年获得中兽医硕士学位授予权，2006年获得基础兽医学硕士学位授予权，2009年获得兽医学一级硕士学位授予权。2007年获批兽医硕士专业学位授予权，2016年获批河北省兽医硕士培养实践基地；2018年获批兽医博士专业学位授予权。临床兽医学、预防兽医学分别在2010年、2013年被遴选为河北省重点学科。

本学位授权点主要立足河北省、面向京津，为畜牧兽医行业培养高层次应用型、复合型人才，以立德树人为根本，加强师资队伍建设、创新培养模式、优化课程体系、突出实践环节与案例教学，强化研究平台和创新基地建设，不断完善各项管理制度，健全人才培养质量保证和监督体系，确保人才培养质量。

二、办学成果

本授权点现有教授30名，副教授28名，其中博导14人，硕导34人。自2007年获批以来，已培养11届兽医硕士专业学位研究生，近5年共录取兽医硕士106人、兽医博士29人，授予学位107人。

5年来，新上科研项目56项，到位科研经费2 568万元；建有校外教学科研实践基地11个，其中1个省级示范实践教学基地。另有省级研究生示范课程2个、省级专业学位教学案例库3个。修订了培养方案，实践教学内容比例从47%上升到65%；增设案例课程，案例教学比例从30%上升到50%。

三、教育特色

1. 突出实践教学，践行"太行山道路" 以培养应用型、复合型高层次人才为目标，将"太行山道路"的"三个结合"的基本内涵贯穿于研究生培养的全过程，践行"教学、科研、生产实践相结合的教育改革之路"。培养方案突出实践教学环节，将专业实践定为必修环节，实践研究累计不少于12个月，计6学分，占总学分的17.6%以上。课程设置注重学生专业理论与实践知识的系统性。论文选题面向生产一线，解决畜牧养殖安全、动物源性食品安全、公共卫生安全和生态安全中存在的关键问题，促进河北省畜牧业转型升级，提质增效。培养了一批综合素质高、实践能力强、具有创新创业意识的高级兽医专业人才。

2. 加强实践基地建设，注重实践能力培养 2007年以来，先后与河北省动物疫病预防控制中心、瑞普（保定）生物药业有限公司等18个企事业单位签订合作协议并建立实践教学基地，其中省级专业学位研究生培养实践基地1个。近5年，有67名学生参加了与企业的合作项目22项，研发新兽药10个，获新兽药证书5个，教学实践基地为研究生科研水平及实践能力的提高起到了重要的支撑作用。

3. 加强综合平台建设，培养高级兽医人才 在国家北方山区工程技术研究中心和河北农业大学教学动物医院的基础上，新建了农业部动物病原生物学华北科学观测实验站、农业部农产品质量安全风险评估试验站、河北省兽医生物技术创新研究中心、河北省中兽药工程技术研究中心等4个省部级研究平台；河北农业大学兽药研究所、河北农业大学人兽共患病防治研究所2个校级研究平台和河北农业大学兽医诊断中心1个校内实践教学基地。以上平台的建立为提升研究生综合实践能力，培养高层次应用型、复合型人才提供了坚实有力的保障。

4. 多环节管控，严把论文质量关 学位点从多个方面入手完善质量监督、审查机制。学校制定了《关于加强学位与研究生教育质量保证和监督体系建设意见》（校学位〔2014〕7号）、《河北农业大学学位与研究生教育质量监控体系建设管理办法》（校学位〔2015〕1号）文件，形成了"五三三"的研究生学位论文监控措施，即明确五个责任：导师责任、开题责任、论文质量责任、过程监管责任、质量审核责任；加强三个环节监管：中期检查、论文评阅、论文审核；完善三个保证机制：追责机制、惩戒机制、整改机制。从开题、期中检查、答辩等每个环节入手，建立学位论文质量监控机制，实施论文"抽检""双盲审"等有效的审查制度。每年新生报到后导师签署《导师承诺书》《论文质量监管承诺》，在研究生开题和答辩等重要培养环节，签订《开题质量承诺书》《答辩质量承诺书》，明确责任，使学位论文管理工作规范化、系统化和制度化。

2013年至今，共有107篇兽医硕士研究生学位论文抽检、评阅全部合格，其中2篇获得省级优秀学位论文，1篇获第七届全国兽医专业学位研究生优秀硕士学位论文。

四、典型经验

1. 明确目标，育人为本 针对兽医专业特点，兽医专业硕士、博士培养体系首先设定了为河北省和京津现代大中型畜牧生产企业、动物检疫与防疫卫生事业、野生动物资源保护、兽医卫生监督、动物保健品生产与管理等部门，培养具有"太行山精神"和兽医专业技术能力，从事兽医技术监督、服务，市场开发和兽医业务与管理的具有综合职业技能的应用型、复合型高层次人才的培养目标，以兼顾企事业单位的实际需求为基本原则，梳理出专业重要的知识体系脉络，合理配置专业课程，并根据行业需求及时修改培养方案。在校内教学活动中，重视教学手段和授课方法的改进，使用课程负责人模式，一门课程多名老师授课，努力提高课堂教学质量，激发研究生科研兴趣，带动研究生们自主学习。

2. 科教协同，产教融合 "科教协同"重在打造高校与科研院所联合培养研究生的组织化模式，充分发挥高校特别是研究型大学在基础研究方面的优势，利用科研院所在成果转化与推广、科技服务以及生产实践基地方面的资源，合作双方实行优势互补、资源共享、成果分摊。"产教融合"重在形成高校与行业企业"产、学、研、用"的产业化模式。兽医专业学位研究生教育紧密结合产业的发展，学校与行业企业通过建立产业研究院、研究生工作站等合作平台，企业提供技术需求和研究经费等资源并参与指导研究生科研工作，学校则将专业学位研究生教育与企业技术需求紧密衔接，既要解决企业实际困难，又能培养研究生解决实际问题的能力。

学位点设立以来，共与省内18家企事业单位建立实践教学基地，搭建合作平台，推广"产教融合"的产业化模式，解决企业技术需求，破解行业痛点，同时培养学生的专业技能和科研能力。

兽医专业学位研究生到省级专业学位研究生培养实践基地瑞普（保定）生物药业有限公司参观学习

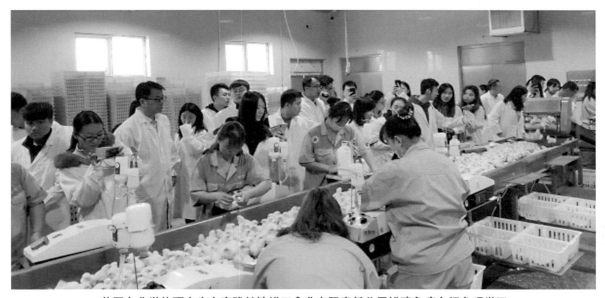

兽医专业学位研究生在实践基地峪口禽业有限责任公司雏鸡免疫车间参观学习

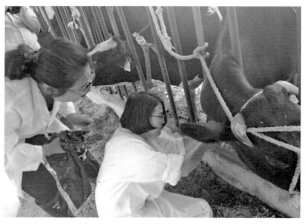

研究生关一帆在实践基地满城昊宇奶牛场进行毕业论文试验

2015级兽医硕士毕业生陈萍获全国兽医专业学位研究生优秀硕士学位论文

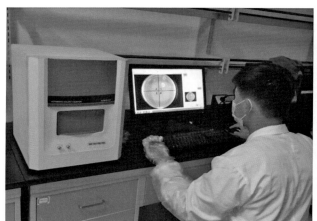

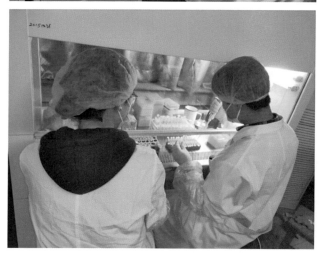

兽医硕士段淇凡和丁芳在实践基地进行肉鸡剖检和病原检测

沈阳农业大学
兽医专业学位教育总结报告

沈阳农业大学兽医硕士专业学位研究生教育开始于2004年，考试方式为国家单独考试（10月份考试，12月份入学）；2011年开始招收全日制学生，考试方式为国家统一考试（1月份考试，9月份入学）；2016年因国家招生考试机制改革，非全日制学生停止招生1年，当年只招收了全日制学生；以上学生毕业国家只发学位证，没有毕业证。2017年开始，全日制和非全日制学生并轨，入学考试变为全国统考，且考试科目和录取分数线均相同，学生毕业可发双证（毕业证和学位证）。自2004年学校开始招生以来，共培养兽医专业硕士409人。这些学子遍布祖国的大江南北，工作在畜牧兽医行业战线，有力推动了国家和地方畜牧兽医行业和经济的发展，取得了骄人的成绩。

在各级部门的支持和关心下，经过近16年的建设，学校已形成了较为完善的兽医硕士专业学位研究生培养体系，工作中始终坚持提高培养质量的核心培养理念，不断积极推进各项工作改革和创新，各方面工作均取得了新的进展，为国家培养了大量高素质的兽医行业人才。

一、培养规模持续稳定增长，生源结构不断优化

自2004年以来，学校共招收兽医硕士专业学位研究生636人，其中全日制学生215人，非全日制（单证）学生359人，非全日制（双证）学生62人，共毕业409人。年度招生规模不断扩大，尤其是全日制招生规模近年来招生人数在50人以上。从生源结构来看，非全日制研究生生源质量逐年提高，同等学力考生逐年减少，本科毕业生成为主要生源。

二、学制和学籍管理逐步规范，分类培养逐步推进

根据国家要求和行业需求，学校逐步对全日制学生学制进行了调整，全日制专硕2011—2017年为2年，2018—2019年为2.5年；2020年开始为3年；非全日制专硕一直为3年；最长不超过标准学制2年。2017年，学校根据教育部规定，制定了《沈阳农业大学研究生学籍管理规定》，进一步对研究生学籍管理进行了规范。根据国家政策和行业发展需求，不断完善和关键兽医专硕培养体系。2017年之前学校全日制和非全日制培养体系为分类培养体系，2017年后培养体系一致。期间非全日制培养方案修订4次，全日制培养方案修订6次。逐步构建了核心必修课程、专业选修课程、实践训练以及实践教学基地等专业学位研究生培养体系，以满足兽医硕士专业学位培养的要求，制定有《沈阳农业大学全日制专业学位研究生专业实践工作基本要求及考核工作暂行规定》，畜牧兽医学院也统一编制了"硕士研究生实践教育工作日志"。目前，学校有兽医硕士研究生实践教学基地7个，其中辽宁派美特生物技术有限公司专业学位研究生联合培养基地入选省级基地。

三、不断推进培养方案和课程体系改革建设和研究，提高教学质量

学校坚持按照行业发展和对人才的需求进行培养方案修订，不断凝练专业方向，坚持进行专业核

心课程体系建设和教学方法研究，使学校培养目标与社会、行业接轨。目前我校兽医专硕设有四个研究方向：兽药研究与应用、动物代谢性疾病防治、动物疫病防控和宠物临床疾病诊疗。兽药研究与应用主要开展新型抗耐药病原微生物药物的研究，及其有效性及安全性评价；中草药天然活性成分研究，新型抗炎免疫药物作用机制及药效评价；动物性食品中兽药残留检测技术研究；利用现代技术开展兽药新剂型和新制剂的研究，及新兽药质量控制研究。开发新型无公害、无残留新兽药以保障公共卫生安全。动物代谢性疾病防治主要开展动物代谢病发病机理及营养物质（包括生物活性物质）摄入与代谢途径干预以及实践防控方面的研究，包括内分泌物质、糖、脂肪和蛋白质代谢紊乱，矿物质和水代谢紊乱，维生素和微量元素缺乏与过多症等，以及由此引发的肠道菌群紊乱所致各类动物代谢疾病的发病机理研究；疾病状态下畜禽所需营养成分的代谢规律以及与之有关的酶或蛋白质表达规律及活性物质调控的营养干预方面的研究。动物疫病防控主要致力于畜禽疫病的预防控制以及诊断技术和动物性食品检验技术等研究，充分发挥传统领域优势，在兽医微生物学与免疫学、畜禽传染病、动物寄生虫病的细胞与分子生物学领域进行深入探索，同时还寻求自身特色，广泛关注食品安全和兽医公共卫生问题。宠物临床疾病诊疗主要研究宠物尤其是犬猫非生物性疾病的病因、机理、症状、诊断和治疗，由兽医内科学、兽医外科学、兽医产科学、临床诊断学和中兽医学组成，直接为兽医临床服务，保障宠物的健康与卫生，促进宠物与人的和谐生活。针对4个研究方向设立专业学位课程10门，专业选修课程10门，同时必须进行至少为期半年的专业实践训练。并鼓励教师积极积极开展专业核心课尤其是案例课程建设和培养体系建设研究，立项资助兽医专硕研究生教育改革项目5项。

四、加强了学位论文质量监控体系建设，学生培养质量明显提高

为提高学位论文质量和人才培养质量，学校对各位研究生均有明确的学位授予标准，兽医专硕学位授予标准在参照国务院学位委员会标准基础上根据本校实际情况进行了细化，有效指导了兽医专硕培养。在培养过程中，不断加强过程监控和动态监控，制定了《沈阳农业大学研究生科研记录规范》《沈阳农业大学学位论文抽检与评阅管理办法》《沈阳农业大学研究生学术道德规范》《沈阳农业大学学术作假行为处理实施细则》等针对论文质量监督监控的制度，有力保障学生论文质量，提高了学生培养质量。

五、导师队伍建设和指导能力稳定提升

为培养合格、达标的硕士研究生尤其是专业学位研究生，学校不断完善导师遴选标准和方法，并对拟招生的导师经费实行每年申报审批的制度，不断加强研究生导师队伍建设和评价考核体系建设，持续提升导师指导能力。学校在最新版的《沈阳农业大学研究生导师立德树人管理办法》（2019年11月第6次修订）和《沈阳农业大学兼职研究生导师管理细则》（2019年修订）中，对导师遴选条件、资格审定、招生条件与审批、立德树人职责、主要权利、职责考核和奖惩等均作出具体要求和标准；同时每年召开1～2次导师培训会，持续提高导师的指导能力，保障培养学生质量和学位论文质量。目前，学校有硕士专硕研究生导师42人，均具有博士学位。同时学院也对校外研究生实践实习指导教师进行了规定，要求兽医专硕校外指导教师条件为：具有本行业高级职称，有硕士学位，从事本行业工作5年以上；或有学士学位，从事本行业工作8年以上，有丰富的本行业实践经验；从事宠物诊疗行业的校外导师一般应具有兽医资格证书；以保证学生6个月实践实习的质量。至今为止，学院聘任兽医专硕校外指导教师近30人。

六、研究生思政工作及管理体系逐步完善

学校坚持全面贯彻党的教育方针，积极引导学生牢固树立社会主义核心价值观，将立德树人作为研究生教育管理工作的首要任务。努力打造全员育人、全方位育人、全过程育人的格局，形成了校、

院及导师三级思政工作体系。学院配备有专职研究生辅导员，进行研究日常教育管理、心理健康教育、就业指导和奖助学金资助等日常工作，并指导研究生开展丰富多彩的校园文化活动（如文献综述大赛、学术演讲大赛、英语口语大赛等）和党团工作，保证学生的身心健康。在研究生思政工作中，主要围绕服务科研、提升社会能力和学术诚信为中心，制定有《沈阳农业大学研究生学业管理细则》《沈阳农业大学非全日制专业学位研究生管理规定》和《沈阳农业大学研究生在学期间的请销假制度》等学生管理制度，对所有研究生均进行规范化管理。

回顾学校近16年兽医专硕培养历程，取得了一定成绩，有力支撑了学校学科尤其是兽医学科发展和地方畜牧兽医行业发展。但与国内外兽医研究生教育相比，我校尚存在很大差距：①全日制学生实践能力培养薄弱，学生毕业后不能马上进入工作岗位；②创新能力培养亟待加强，学生发现问题、提出问题和解决问题的能力不足；③导师主体责任/第一责任人的认识有待进一步提高；④学生主动学习积极性不足，考核分流机制尚不完善；⑤尚未获得兽医博士学位授予权，兽医专硕升学途径未贯通。尽管学校在兽医专硕培养过程中存在上述问题，但我们对未来充满信心，相信在兽医专业学位研究生教育指导委员会的带领下，在学校和全体兽医专业教师的努力下，学校的兽医专业学位研究生教育将迈上新的台阶，为国家培养出更多更高层次的兽医专业人才。

浙江大学
兽医专业学位教育总结报告

浙江大学动物科学学院的前身是1918年浙江省立甲种农业学校增设的兽医科，于1949年8月成立浙江大学畜牧兽医系。1998年，浙江大学、杭州大学、浙江农业大学、浙江医科大学合并组建新浙江大学，1999年7月原浙江农业大学动物科学学院、蚕学系、饲料科学研究所合并成立新浙江大学动物科学学院。新成立的动物科学学院以创建国际一流的研究型学院为目标，秉承"厚德博学、慎思敦行"的院训，坚持以人为本、创新强院，积极探索研究型大学农业学科产学研有机结合的新思路和新模式，人才培养、科学研究、社会服务、文化建设等各项事业和谐发展。

浙江大学兽医硕士专业学位点于2005年和2009年分别开始招收在职兽医硕士专业学位研究生和全日制兽医硕士专业学位研究生。经过近些年的发展，本学位点在课程设置、教育教学、专业实习以及学生就业等方面不断创新探索，形成了自己的特色，为国家和行业培养了大批高层次优秀人才。

一、办学目标

浙江大学兽医硕士专业学位围绕促进养殖业健康发展和畜产品安全生产的国家需求，针对区域重大需求和行业发展动态，以"开拓生源，因材施教，实践第一，质量至上"的办学宗旨，面向各级畜牧兽医工作站、畜牧生产企业、国家兽医卫生监督、动物药品生产与管理、动物检疫等整个兽医行业，培养能独立担负动物疾病诊疗、动物疫病防控与检疫、动物源食品安全、兽医公共卫生和兽药创制等工作的应用型、复合型、创新创业型高层次兽医人才。

自本学位点成立以来至2019年12月，共招收在职攻读兽医硕士专业学位研究生92人、全日制兽医硕士专业学位研究生85人。

二、学位点现状

1.师资情况　本学位点现有师资人员57名，包括教授（研究员）32名、副教授（副研）17名、讲师（助理研究员）8名，98.3%具有博士学位。本学位点多人次入选国家及省部级人才计划项目（表1）。

表1　兽医学科入选各类人才计划人员名单

序号	人才计划	入选人次
1	长江特聘教授	1人次（2011）
2	国家杰出青年科学基金获得者	1人次（2006）
3	国务院特殊津贴	1人次（2004）
4	科技部创新团队	1个（2012）
5	国家科技创新领军人才（万人计划）	2人次（2013、2020）

（续）

序号	人才计划	入选人次
6	国家优青	1人次（2017）
7	国家青年千人	2人次（2014、2018）
8	教育部跨（新）世纪优秀人才	3人次（2005、2009、2013）
9	求是特聘教授	1人次（2011）
10	浙江省创新团队	1个（2011）
11	浙江省有突出贡献的中青年专家	1人次（2009）
12	浙江省自然科学基金杰出青年基金	5人次（2006、2009、2012、2014、2019）
13	浙江省"151人才工程	2人次（2004、2018）
14	浙江省"151人才工程二层次	2人次（1999、2010）
15	杭州市钱江人才	2人次（2014、2018）

2. 获奖情况 本学科近年来共获得国家及省部级奖项14项，包括国家自然科学二等奖1项、国家技术发明二等奖1项、国家科技进步二等奖1项、教育部科技进步一等奖1项、中国专利优秀奖1项、浙江省科学技术奖8项、大北农科技奖1项等，此外还获得新兽药证书3件。获奖项目中绝大多数都有兽医硕士学位研究生共同参与贡献，说明了本学位点在培养学生科研和实践应用方面的效果显著。

3. 教学及科研支撑

（1）科研支撑：本学位点是浙江省动物预防医学重点实验室（2004年）和农业部动物病毒学重点开放实验室（2008年）的依托单位，二级学科预防兽医学是浙江省重点学科（2005年），本学科公共仪器平台的仪器设备价值达3 000余万元；此外，校级层面的大型仪器共用平台拥有丰富的教学及科研设备，为兽医硕士的科研项目开展提供了广阔的平台。

（2）产学研基地：专业实践教学是全日制兽医专业学位硕士研究生培养过程中必需的教学环节，为此，学院专门制定了专业实践基本要求及考核有关规定，并严格筛选兽医专业学位硕士研究生实践基地，目前签约基地共有18家（表2）。

表2 兽医专业学位硕士研究生实践基地

序号	类型	单位名称
1	校外基地	浙江省动物疫病预防控制中心
2	校外基地	杭州动物园
3	校外基地	杭州大观山种猪育种有限公司
4	校外基地	浙江诗华诺倍威生物技术有限公司
5	校外基地	浙江群大畜牧养殖有限公司
6	校外基地	桐乡市湖羊种业有限公司
7	校外基地	桐乡市银海牧业专业合作社
8	校外基地	嘉兴立华畜禽有限公司
9	校外基地	湖州咩咩羊牧业有限公司
10	校外基地	湖州农科院湖羊研究所
11	校外基地	浙江博信药业股份有限公司
12	校外基地	温州科晟农业发展有限公司
13	校外基地	浙江青莲食品股份有限公司
14	校外基地	慈溪正大蛋业有限公司
15	校外基地	上海市浦东新区动物疫病预防控制中心
16	校外基地	上海希迪乳业有限公司

（续）

序号	类型	单位名称
17	校外基地	福建省圣鑫蛋鸡养殖专业合作社
18	校内基地	杭州浙大圆正动物医院有限公司

4．论文质量　根据《浙江大学博士硕士学位论文隐名评阅暂行实施办法》（浙大发研[2014]104号）和《浙江大学博士硕士学位论文抽查及结果处理暂行办法》（浙大发研[2014]105号）的精神，学院于2015年初制定《动物科学学院博士硕士学位论文隐名评审具体实施细则》，并于2015年3月进行学位授予审核的研究生开始执行。硕士研究生学位论文的评审全部实行一份"双向隐名"评审，两份非隐名评审。截至目前，所有送审论文同意答辩以及答辩通过率均为100%。

5．学风教育　浙江大学高度重视研究生学风教育，为维护学术道德，规范学术行为，鼓励学术创新，建立和完善科学的学术评价机制，特制定了《浙江大学学术道德行为规范及管理办法》《浙江大学学术不端行为查处细则（试行）》等文件；结合学校相关文件，农学部根据农学类的学科特点，专门制定了《浙江大学农学类研究生学术规范》，从学术道德规范、文献综述规范、学术研究规范、论文写作规范、学术引文规范、学术署名规范、学术评价规范等多个方面做出详细的规定，多方面保证研究生的学风教育质量。

6．毕业生情况　本学位点培养的毕业生就业去向主要包括高校、科研单位、党政机关、事业单位、国有企业以及其他类型的企业单位。其中，兽医专业学位硕士毕业生到企业就职的比例最大，到政府/事业单位就职的比例次之。用人单位对本学科毕业研究生给予了充分肯定，其中专业基础扎实、业务能力强是用人单位对本学科毕业生的普遍看法。

在2018年进行的兽医硕士学位授权点自我评估过程中，针对在校兽医专业学位硕士研究生发放的调查问卷显示，学生对本专业的总体满意率（非常满意和满意）为85%，在所调查的17个具体内容上，有11个项目的满意率超过90%，包括教师师资水平、导师思想品行、专业课程设置、课堂教学、科研条件等。通过调研部分用人单位对本学位点毕业研究生情况进行抽样调查，兽医硕士专业毕业生的综合评价绝大部分为优秀，特别是在专业知识、质量意识、沟通能力、分析和解决问题能力、交际和社会活动能力等方面均有良好表现，充分说明本学位点培养的兽医硕士得到了广泛的认可。

福建农林大学
兽医专业学位教育总结报告

2020年是我国兽医专业学位教育开展20周年，为系统总结我院的兽医专业学位教育发展历程，按照教指委要求，现将近年来我院兽医专业学位研究生培养情况总结报告如下。

一、基本概况

（一）基本情况

福建农林大学动物科学学院兽医学科创建于1958年，现为福建省高校重点学科，设有动物学二级学科博士点、兽医学一级学科硕士点，临床兽医学、预防兽医学、基础兽医学二级学科硕士点和兽医硕士专业学位授权点。兽医学科经半个多世纪的建设和积淀，在全国兽医学领域有一定的影响力，形成了"中西兽医结合""动物疾病与保健""动物病原学与免疫学""动物生物化学与生理学"4个比较稳定的研究方向。学科已成为海峡西岸兽医高级人才培养的重要基地。学科集聚了我省兽医学界一批优秀专家学者，拥有专业学者42人，其中正高职称14名，副高职称18人，中级职称10人。博士生导师4人、硕士生导师28人，福建省创新创业百人计划1人，福建省百千万人才5人，闽江学者讲座教授3人，金山学者讲座教授1人，享受国务院津贴专家1人，福建省教学名师1人，"新世纪百千万人才工程"省级人选4人，福建省高等学校"新世纪优秀人才支持计划"2人，"新中国60年畜牧兽医科技贡献奖（杰出人物）"1人。在学科带头人带领下，秉承老一辈专家严谨治学精神，整合资源，加强人员和经费投入，加强学科点建设，取得丰硕学术成果。近5年来，主持国家自然科学（海峡）重点基金及部省级科研项目40多项，科研经费1 600多万元。通过鉴定的科研成果5项，其中获福建省科学技术奖一等奖1项、二等奖6项、三等奖4项，农业部丰收奖一等奖2项，国家授权专利5项，出版专著30部。

（二）目标与定位

2004年，为适应经济社会发展需要，兽医专业学位硕士研究生开始招生。重点面向现代畜牧生产企业、动物防疫与检疫、兽医卫生监督、各级畜牧兽医工作站、动物药品生产与管理、出入境检验检疫等部门的专业人员，培养从事兽医技术监督、市场管理与开发、兽医临床工作和现代化兽医业务与管理的应用型、复合型高层次人才。2010年开始招收全日制兽医专业硕士。

（三）发展态势和办学特色

自兽医专业硕士专业学位研究生开始招生以来，我院通过不断改革，培养环节上，重点加强学生的实践能力、动手能力和分析问题、解决问题的能力；评价体系上，建立新型的实践教学考核体系；培养模式上，推进校企联合培养，提高学生实践能力，不断扩大培养规模；管理体制上，实施双导师制等。目前兽医硕士专业学位研究生培养已经形成全日制学生、非全日制学生两个培养体系。培养学生立足福建，面向全国，毕业的学生许多已经成为行业骨干，有的已经是畜牧龙头企业的优秀企业家。

二、培养过程基本情况

（一）招生以及生源情况

我院2004年开始招收非全日制学生，到目前已招收16批203人。2010年开始招收全日制学生，招生数从第一年仅1名发展到今年的56名，至今连续招生10批共245人。非全日制学生已有168人参加硕士学位论文答辩，通过率为100%；全日制学生已有131人参加硕士学位论文答辩，通过率为100%。从2010年以来录取的全日制生源情况看，约90%来自于高校，10%来自基层兽医。

（二）主要特点

1. **适应社会需要，招收非全日制与全日制学生结合**　非全日制专硕学生大都本专业毕业，已经在社会上畜牧兽医行业工作实践多年，他们有的是基层所站或畜牧厂场的专业骨干人员，有的是本专业管理者或企业家，他们对兽医专业大都有较丰富经验。但这些学生大部分已经较长时间没有进校园，存在知识老化现象，理论水平有待提高。从应届毕业生直接招收专硕学生，虽然理论知识较为系统，新技术、新手段掌握较快，但较为缺乏实践经验和社会阅历。入学后通过加强一线的实践，强化双聘导师对他们的培养，可以在一定程度上弥补实践方面的不足。因此，我校在多年招收非全日制专硕学生的基础上，2010年开始招收全日制专硕学生，形成招收全日制与非全日制学生相结合，较好地适应社会对高级应用型人才的需求。

2. **整合师资，实行双导师制，建立学校、院和导师三级管理体制**　我院兽医专业拥有高级职称教师32名，其中正高职称14位，博士生导师4位、硕士生导师28位。在专硕培养中，一是优先选择名师任导师，博士生导师直接带专业硕士学生，导师全程跟踪指导；二是按照实践性要求，聘请实践导师，从企业厂场、专业所站中，遴选业务水平高、责任心强、具有高级技术职称的专家担任。三是建立起以导师为主体，学校、学院和导师三级管理的研究生管理体制及其运行机制，从制度上保证三者形成合力，既发挥导师主责作用，又强化研究生主管部门的宏观管理，全面提高培养质量。特别是实施双导师制，由校内指导教师和校外指导教师共同指导，取得一定成效。在实践中实际工作中，校外导师聘任、管理还在继续摸索和改进。

3. **加强课程改革，注重案例教育，努力培养实践能力**　学院成立专硕学位专业实践指导小组，由院领导、相关专家组成。负责制订专业硕士实践教学工作方案，包括专硕实践教学的目的、时间、地点、专业硕士实践教学详细安排等。通过改革课程，科学分配各种课程时间比例，在保证基础课、理论课的同时，加强实践课程，增加案例教育，增加实习课程时间，突出实践能力培养。我院规定实践教学时间原则上不少于半年。

4. **校企联合，立足培养行业应用型、复合型高级人才**　几年来，我院与省内外知名企业，如福建圣农发展股份有限公司、福建省石狮市水禽保种中心、福建光阳蛋业股份有限公司、福建光华实业集团公司、福建省莆田市优利可农牧发展有限公司、福州大北农生物技术有限公司、上海朝翔生物技术有限公司等20家企业建立战略合作，开展校企联合培养专硕学生，使培养质量不断提高。通过院企合作，形成合力，不但推进了对企业的服务，也为专硕学生专业实践教学提供了广阔空间。目前，我们还在继续选择创新能力和科研实力较强的兽药企业、饲料生产企业、兽医诊疗机构和大型养殖企业开展项目委托合作，这些企业将成为专硕教育实践基地。通过合作，这些企业对兽医专业学位研究生的认可度提高了。

5.**建立质量监控与保障体系，提升培养质量**　专硕培养过程，我们注重抓好招生录取、课程设置、论文选题、开题报告、中期考核、论文预审查、论文评审、学位审核等人才培养的关键环节，通过加强管理、严格考核，保证培养质量。比如，在硕士学位论文选题过程，引导学生围绕生产实际问题选题，要求研究成果是能够解决生产实际问题，或对生产管理有较大的实际应用价值。在进行学位论文送审和答辩之前，规定必须经严格的资格审查，执行学位论文审核制度和论文修改制度，学院组织实施学位论文预检测和正式检测工作；检测中，如文献复制比超过20%的学位论文必须责成修改，正式检测时再提交学院检测，合格后方能送审；送审的论文通过同行专家评审符合条件后，才申请答辩。2012届起，毕业论文除了参加由学校研究生院学位办组织的盲审外，学院组织将论文送往省外院校进行盲审。论文答辩委员会是由校内专家和校外专家组成。通过学位论文答辩的研究生，最终由学位评定委员会审核批准授予兽医硕士学位。通过严格管理和把关，我院兽医专硕的培养质量得到了提高。

6.**立足创新，提升科学研究能力**　专硕学生培养除突出实践性外，必须提升研究能力，才能在基层和一线生产实践中起骨干作用。为此，我们主要立足学院科研创新团队，重点围绕"中西兽医结合""动物疾病与保健""动物病原学与免疫学""动物生物化学与生理学"等处于前沿的研究方向，培养学生的科研创新能力。学生在中兽药药代动力学、中兽药超微粉、中西兽医结合、番鸭呼肠孤病病原学、动物酶学等研究方面，参与导师研究课题，融入科研团队，加强实验室动手能力，经过培养训练，提升了科学研究能力。

三、对兽医专业学位研究生教育改革和发展的意见和建议

进一步落实各个教学环节，进一步研究确定教学科目和教学计划；加强对任课教师备课和讲课效果的检查，条件成熟后可实行考、教分离；要组织有关教师编写适应专业硕士教学需要的教材，提倡讨论式、案例式的教学方法。

加强课程建设，首先在课程设置上有别于学术型硕士学位的课程。可聘请高水平畜牧兽医一线专家开设专题讲座，讲授国内外动物疫病现状与趋势与控制、兽医诊疗新技术新方法、绿色养殖技术与环保、临床兽医与人类健康等；课程设置应注重实践机技能训练课程，着重于培养学生的实践操作和创新能力，着重于新理论、新技术的应用的讲授，针对畜牧兽医行业的现状多开设综合性专题，增加兽医理论和与兽医实践紧密结合的课程，如疑难杂症分析、动物诊疗方法、兽医临床手术操作、动物疫病的防控等动手操作课程；根据学生和兽医临床需要开设一些新的课程，如有关宠物美容与保健等课程。

建议教指委牵头开展兽医专业学位研究生的专题研究，召开全国专硕培养研讨会，交流经验，查找不足，明确方向，提高水平。通过研讨交流，支持若干院校探索形成专硕培养创新模式并积极推广，同时探索更加灵活的招生政策。

湖南农业大学
兽医专业学位教育总结报告

一、发展历程

2003年获得非全日制兽医硕士专业学位研究生招生与培养授权，2004年开始招收非全日制兽医硕士研究生；2009获得全日制兽医硕士专业学位研究生招生与培养授权，2010年开始招收全日制兽医硕士研究生。通过10多年的发展与沉淀，本学位点形成了自己的专业特色及优势。

二、办学特色

本专业学位点以兽医学一级学科为依托，通过10多年的发展积淀和不断凝练，形成了4个培养方向。

方向1：兽药创制与临床应用。本研究方向紧紧围绕动物源性食品安全和兽医临床药剂进行研究，主要研究兽医药理及现代制药学、兽药生产及经营管理、动物临床用药和兽药残留检测技术等，培养兽医制药与检测方面的高级人才。

方向2：畜禽疫病防治。主要研究畜禽疫病的流行动态与发病机理、实验室诊断技术、畜禽病理诊断技术、疫苗免疫预防原理和技术、养殖场兽医生物安全技术及措施等，培养动物疫病防控应用型高级专业技术人才。

方向3：动物临床疾病诊疗。主要进行动物普通疾病的预防与控制、临床诊断、治疗和保健护理等研究。主要针对规模化养殖条件下的营养代谢、应激和中毒等重要非传染性群发病，开展发病机理、保健防控技术的研究；功能性饲料（产品）研制、功能成份评价和功能性畜禽产品开发，培养应用型高级专业技术人才。

方向4：兽医生物技术与应用。主要研究兽用药物与生物制剂等现代生物学技术的基本理论。从动物生理、动物生化、生殖与生殖疾病，以及主要繁殖调控技术等方面开展研究，培养应用型与创新型相结合的复合型高层次。

三、典型经验

1. 课程教学 定期修订兽医硕士学位研究生的培养方案和学位授予标准。根据课程体系，授课教师按照培养方案制定教学大纲，分期教学；督导组专家定期或不定期对授课教师的课程教学进行督查；新任授课教师需通过试讲后方可授课。根据教学需要，学校和学院定期选聘教师到国内外知名院校进修和访学，提高研究生授课教师的教学和研究水平。

2. 导师队伍的选聘、培训、考核和指导制度执行情况

（1）导师队伍的选聘、培训、考核：导师队伍的选聘、培训、考核严格按照《湖南农业大学研究生指导教师选聘与考核办法》执行。

（2）导师指导研究生的制度要求和执行情况：按照《湖南农业大学专业型研究生指导教师选聘与考核办法》要求，学校每年按照在读硕士研究生平均占有结余科研经费，进行导师招生资格认定。

3．学术训练及实践　为了加强研究生学术训练，提高专业技能，我们在研究生培养过程中设置了8个重要管控环节，明确具体达标要求，并严格执行。

4．学术交流　为了营造良好的学术氛围，提高广大研究生的创新能力和学术水平，定期举办研究生学术活动节，开展名师讲坛、创业与就业讲坛、研究生学术论坛和研究生优秀学术成果评选等活动，使研究生的学术能力得到锻炼；同时，在指导老师的带领下参加国内外的各种学术交流活动。近5年共有2位研究生参加了重要国际学术会议，165人次参加重要的国内学术会议。

5．分流淘汰　学位点设置了多个环节，严把研究生分流淘汰关。中期考核不合格者，不能进入下阶段培养环节；学位论文学校、学院初审不合格者，需进行修改合格后方可送审或直接推迟半年参与答辩；论文盲审未通过者，推迟半年再申请；在规定学年范围内培养任务未完成者，只能肄业。

6．学位论文质量

（1）论文质量保障：本学位点严格按照学校有关文件规定，开展论文的各环节工作，包括选题查新、开题论证、中期考核、论文预审、论文查重、论文校外盲审、论文答辩、论文再查重。

（2）发表论文情况：近5年，本学位点全日制研究生发表论文共42篇，非全日制研究生发表论文共有58篇。

7．学风教育　学位点制定了严格的学术道德规范，对论文选题、中期考核、论文答辩等各个培养环节加强管理。要求学生在论文中期考核和答辩中提供试验过程的原始记录，对于论文抄袭、伪造数据等学术不端行为进行严格审查，一旦存在学术不端行为，将取消学位授予资格。

8．管理服务

（1）研究生管理队伍健全：学院研究生管理队伍主要由研究生秘书、研究生辅导员、学位点秘书和班主任等组成，配备的管理人员都具有研究生以上学历。

（2）积极开展学生的日常管理工作：主要从抓好学生的心理健康教育和安全意识教育；加强研究生党团建设工作，打造强有力的研究生党员骨干和团员学生干部队伍；抓好校园文化、体育和艺术等活动，本着"以学生为本，服务学生"的宗旨，全面深入，思想、生活两手抓。

四、办学成果

1．学位点科学研究　近5年，本学位点共成功申报国家级科研项目30项、部省级科研项目49项、其他项目71项，共150项，项目经费共计5 945.2万元，师均165.144万元。获中国产学研合作创新成果奖一等奖1项、省级科研奖励4项，市级科研奖励1项，各种教研奖励共5项；获国家授权发明专利和实用新型专利共计22项，其中有7项专利在企业得到转化；在国内外学术刊物上发表学术论文500余篇，其中SCI、EI论文100余篇；主编和参编教材及著作共26部。

2.学位授权点师资建设

（1）学位点在岗在职校内导师：共36人，≤35岁，2人；36～49岁，23人；50～59岁，11人。正高职称的19人，副高职称的15人，讲师2人。具有博士学位32人，硕士学位4人，45岁以下导师均具有博士学位。

（2）学位点校外联合培养导师：共15人，为兽医相关行业和领域工作的专业技术人员，均具有高级专业职称；其中博士1人，硕士4人，学士10人。

（3）培养规模与就业：本学位授权点从2004年开始招收非全日制兽医硕士研究生，到2目前为止共培养了138名兽医硕士。近5年，全日制研究生就业率100%。从就业去向分析，74.77%的学生选择去企业，13.08%的学生选择政府机关，7.48%的去事业单位，7.48%的选择自主创业，有1个学生在读期间去了部队。

3.学位点支撑条件

（1）教学和科研平台：本学位点具有良好的教学和科研平台。其中，国家级教学科研平台6个，省级教学科研平台8个；动物医院1个；签约实践基地9个，未签约但实际接收学生实践基地13个。

（2）校企合作办学：本学位点建立了产学研结合的创新人才培养基地，先后与30多家企业单位建立了良好的合作办学关系，近5年有8家企业在本学位点设立了企业奖学金；先后有10余位企业高管被聘为我院客座教授，近5年有3位。

4.奖助体系 对于全日制研究生，具有完善的研究生奖助学金体系。其中奖助学金类别包括：国家奖学金、优秀生源奖学金、学业奖学金、优秀研究生干部奖学金、国家助学金、"三助一辅"津贴、经济贫困研究生助学金和企业奖学金，优秀学位论文奖励和导师科研补贴金等；100%的硕士研究生月保底收入为1000元以上。

五、师生风采

余兴龙：博士、教授、博士生导师，湖南农业大学动物医学院学术委员会主任。农业部全国动物防疫专家委员会委员，中国畜牧兽医学会家畜传染病学分会常务理事，国家兽用药品工程技术研究中心学术委员会生物制品专业委员会委员。先后参与或主持军队和国家级的科研课题23项。主持国家自然科学基金课题4项；参加国家自然科学基金重大项目和"973"课题各1项、"863"项目和国家攻关课题各2项；发表科研论文100余篇；获发明专利5个。获得省科技进步一等奖1项，省科技进步二等奖2项，军队科技进步二等奖1项、三等奖3项。

刘小平：在湖南农业大学兽医硕士毕业后，先后创办了湖南大拇指畜牧机械制造有限公司和湖南金拇指环保设备有限公司，专业生产销售规模化猪场养殖设备、降温设备、保暖设备、人工授精设备和环保设备。公司位于浏阳市镇头镇环保科技示范园香樟大道，生产厂区占地面积40余亩，公司固定资产在6000万元以上，现有员工60余人，是全国畜牧行业优秀设备五强企业，长沙科技创新小巨人企业，其中半球墨铸铁板半塑料板母猪产床获得湖南省农业畜牧博览会金奖。

广西大学
兽医专业学位教育总结报告

广西大学兽医专业建于1938年，由著名传染病专家、留美细菌学博士郑庚教授创建，经过近80年的努力，教学科研队伍不断壮大，取得了可喜的教学科研成果。1978年由施万球、张毅强教授招收首批研究生，2003年获得兽医学一级学科硕士学位授权点，2005年获得预防兽医学二级学科博士点，2010年获得兽医学一级学科博士点，目前在读博士生35名、硕士生275名。2004年获得兽医硕士专业学位授权点，15年来招收兽医硕士专业学位研究生586人。兽医学科现有教授16名，其中博士生导师11人，副教授18名，形成了老中青相结合、学术梯队结构合理、以学术造诣较深的博导为核心的稳定的师资队伍。

广西位于祖国南疆，与东南亚国家毗邻，常受到相邻国家传染病的入侵，随着中国—东盟自由贸易区的建立以及"一带一路"战略的实施，广西与相关国家的跨国畜产品贸易量将不断扩大，动物进出口检疫有着十分重要的地位。广西畜牧水产业产值于2008年超过千亿元，2016年达到1 800亿元，随着产业化步伐的加快，对生态健康养殖、重大动物疫病防控、高效优质低残留兽药研发、畜产品质量监控等综合技术的需求不断提高，高端应用型兽医人才的需求大大增加，兽医硕士专业学位点肩负培养高层次的专业人才的重任。

广西大学为国家"211工程"建设学校，世界一流学科建设高校，教育部和广西壮族自治区人民政府部区合建高校。2012年入选教育部"中西部高校综合实力提升建设计划"，2015—2019年建设期间，兽医学科获得1 000万元的建设经费。多年来兽医硕士专业学位点对广西多发性动物疾病如狂犬病、猪瘟、猪蓝耳病、猪圆环病毒病、伪狂犬病、鸡马立克氏病、禽白血病、新城疫、传染性支气管炎、牛肝片吸虫病等的流行病学、快速诊断方法、致病机制和防控策略进行的研究，解决了困扰广西畜牧业生产的重大畜禽疫病问题，形成了本专业的特色；在广西水牛、巴马小型猪解剖学和组织学研究、奶牛和水牛生殖形态学研究、广西特色中草药药理学及制剂研究方面形成明显的优势，在中药多糖、黄酮类免疫增强剂及其作用机理研究方面处于国内前列；针对畜禽的营养代谢疾病、生殖及繁殖疾病，通过探索干细胞防病技术，研究其致病机理和防治措施，为解决本学科目前面临的重要疑难疾病的诊断与防治提供科学理论依据。

一、培养目标

以培养新时代有社会责任、创新精神、实践能力、法治意识、国际视野的"五有"领军型人才为目标。研究生应有坚定政治立场，以马克思列宁主义、毛泽东思想、邓小平理论、"三个代表"重要思想、科学发展观、习近平新时代中国特色社会主义思想作为行动指南，拥护党的基本路线、方针、政策，热爱祖国，遵纪守法，有较强的事业心和责任感；应树立四个自信，遵循社会主义核心价值观，具备实事求是的科学精神和严谨的治学态度，自觉维护学术尊严，尊崇学术道德规范。以外，还应培养研究生具备如下能力：应较为系统掌握本专业基础理论，掌握发现实际问题的方法，能利用已有知识解决实际问题，能产生对社会生产实践有一定影响的结果。具有良好的科学素养和从事科学研究的能力；至少掌握一门外语，能阅读本学科的外文资料。身心健康。

二、培养方向和特色

本专业学位硕士点涵盖基础兽医学、预防兽医学和临床兽医学3个二级学科硕士授权点，共有6个培养方向：①基础兽医学；②动物疫病防治；③禽病诊断与防治；④动物寄生虫病防治；⑤临床兽医学。

优势与特色：①在免疫药理学、广西特色中草药药理学、中兽药新制剂的研究，广西水牛、巴马小型猪大体解剖和组织学研究，奶牛和水牛生殖形态学和神经解剖学研究方面形成明显的特色和优势；②在动物传染病防治与分子病毒学、畜禽寄生虫病防治与免疫、家禽疾病诊断技术及致病机理3个领域优势明显；对广西多发性动物疾病如狂犬病、猪瘟、鸡马立克氏病、牛肝片吸虫病等进行了流行病学、病原学等研究，结合广西畜牧生产，解决了畜禽疾病困扰的重要问题；③针对奶牛、奶水牛、猪、鸡等主要畜禽以及宠物的营养代谢疾病，动物生殖及繁殖疾病，探索其致病机理和防治措施；开展干细胞技术与疾病治疗研究，为研究和解决本学科目前面临的重要疑难疾病的诊断与防治提供科学资料。

三、招生和培养情况

兽医硕士专业学位在职研究生于2004年开始招生，全日制兽医硕士于2009年开始招生。自2004年至今，共招收兽医硕士专业研究生586人。近5年来，全日制和在职硕士招生人数均呈上升趋势，2015—2019年兽医硕士招生人数分别为26、17、34、70、81人，特别是从2017年起，兽医硕士招生人数显著增加。自招生以来，已经有12届在职兽医硕士和9届全日制兽医硕士毕业并授予学位；2015—2019年毕业并授予学位的人数分别为17、23、22、22、24人。特别是在职兽医硕士获得兽医硕士专业学位研究生回到自己原来的工作单位后，充分发挥出其骨干力量，跟踪调查结果反映良好。

在课程教学方面，我校兽医硕士专业学位点根据培养方案要求开设了一系列课程，力争做到基础性与实用性结合，其中核心课程授课教师全部具有副高级以上专业职称和硕士研究生指导教师资格，教学和实践经历丰富。教学方法上教师们根据自身的特点灵活多样，多采用教师讲授、学生研讨相结合的方式，理论知识和案例教学相结合，教学效果和学生反响都优良。校外导师指导研究生完成毕业论文、全日制兽医硕士的兽医实践。本专业学位硕士研究生应修课程总学分不低于41学分，其中学位课程25学分、非学位课8学分、文献阅读与专题报告2学分、兽医实践6学分。

本学位点教学改革项目：广西学位与研究生教育改革专项课题——兽医硕士专业学位研究生联合培养基地建设研究（广西壮族自治区教育厅、自治区学位办，2016年）；本学位点课程建设项目：广西大学优质研究生课程建设——基础兽医学专题（广西大学，2016年）；国家级精品资源共享课——兽医寄生虫学（教育部，2013）；国家级精品视频公开课——动物寄生虫与公共健康卫生（教育部，2013）。

四、导师队伍建设

根据国务院学位委员会文件和全国兽医专业学位研究生教育指导委员会有关兽医专业学位研究生培养方案指导意见的要求，结合我校兽医硕士专业学位研究生教育的实际情况，制定了兽医硕士指导教师遴选细则及其指导教师职责，确保兽医专业硕士研究生的培养质量。遴选了一批专业理论水平高、实践能力和责任心较强的任课教师担任兽医硕士专业学位研究生的任课教师。对现有师资进行培训和提高，更新知识结构，转变教学观念情况。聘请校外一批具有实践经验的专家来校讲课。在教学组织及管理过程中探索新的教学模式，如交互式教学、专题讲座式教学等；探讨提高研究生英语水平和计算机能力的方法；建立了一套切实可行的既符合专业学位研究生的特点，又满足专业学位研究生学习需要的教学质量保障体系。自2004年开始招生以来，先后遴选出70位兽医专业硕士研究生指导教师，其中校内导师39人、校外导师31人，共同指导兽医硕士专业研究生586人。

校外导师大多来自研究、生产一线的专业技术人员，如兽医研究所、兽药厂、养殖场厂等学科相关的科研院所、企业，通过校内、校外导师的联合培养，使专业硕士的培养更注重于生产实践培养环节。聘请了高福院士（中国科学院）、金宁一院士（中国工程院）、刘文军研究员（中国科学院）、童光志研究员（中国农业科学院上海兽医研究所所长）、丁铲（中国农业科学院上海兽医研究所副所长）、刘棋研究员（广西水产畜牧兽医局总兽医师）、谢芝勋研究员（广西兽医研究所副所长）和吴健敏研究员（广西兽医研究所副所长）等知名专家为本学科兼职教授和研究生导师。

五、学术训练和社会实践

在校期间参加8次以上本学科的学术讨论会，对研究课题的进展及遇到的问题进行讨论，对本学科的最新进展进行发言、讨论；每学期听4次以上专家学术报告；每年在学科内做1～2次学术报告。全日制兽医硕士从事不少于1学年的推广实践，采取校内实践和校外实践相结合的方式进行。校内实践基地：广西大学动物医院，每年20人次；校外实践基地：2010年9月以来，根据全日制兽医硕士专业研究生校内课程学习和校外实践研究相结合的学习方式，与相关畜牧兽医单位联系，建立了20个适合本领域专业特征的校外实践基地。除参加校内的各项学术训练及学术活动外，还充分集中各方资源，利用国家留学基金委及各级横向、纵向项目保障在读研究生赴海外研修、参加相关学术研讨会及社会实践。由我院组织的广西大学赴国家级贫困县"精准科技帮扶"硕博士实践服务团荣获国家级"2016全国大学生志愿者暑期社会实践优秀服务团队"。

六、科学研究

本学位点近5年来承担科研项目107项，项目合同经费4 062万元。承担国家级项目35项，项目合同经费1 665万元；承担省部级项目52项，项目合同经费1 764万元；承担厅局级项目4项，合同经费115万元、到校经费100万元；承担横向项目12项，合同经费198万元、到校经费198万元。师均61.78万元。近5年来本学位点教师在该类学术期刊发表论文269篇，其中在SCI收录期刊发表学术论文71篇，在全国中文核心期刊发表论文198篇；参与编写著作、教材和译著共8项；获得国家发明专利17项（已授权）；获得广西科技进步奖二等奖2项、三等奖1项；获国家兽药新产品2个。在上述科研项目和经费的支持下，学位点建设、培养研究生取得明显成效。本学位点招收专业学位研究生，在读期间均通过参与科研项目的研究工作，进行学位论文研究。科研项目资助研究生参加全国性学术会议、地区性学术会议90人次。

七、教学科研支撑

本学位点所在兽医学一级学科为自治区级重点学科，预防兽医学二级学科为自治区级重点学科；本学位点依托的重点实验室有亚热带农业资源保护与利用国家重点实验室下设实验室——亚热带家畜重要动物疫病致病机理与防治实验室，自治区高校重点实验室——广西高校动物疫病预防与控制重点实验室；本学位点共建的广西兽药制剂工程技术研究中心为省部级工程研究中心；本学位点参与广西医学协同创新中心的建设工作，校内有教学科研实习基地1个、动物医院1个，校外联合培养研究生实践基地20个，为研究生创新研究、科研实践、实践教学、专业能力训练、发表高水平论文和取得科研成果、培养高质量研究生提供了重要支撑。学校图书馆订购有与兽医学科相关的中文纸质期刊和主要外文纸质期刊。学校图书馆的外文数据库、中文数据库等文献信息资源完全满足本学位点研究生获取文献资料的需要。

八、奖助体系

本学位点研究生的奖助体系主要有研究生国家助学金、研究生国家奖学金、研究生学业奖学金、研究生三助一辅补助津贴（劳务费）、校长奖学金、导师科研资助全日制博士生基金、优质研究生生源选培计划基金等奖励等。其中研究生国家助学金实行100%覆盖的方式资助，硕士研究生每人每年6 000元。硕士研究生学业奖学金按照80%覆盖的方式择优奖励，分别为一等奖学金每人8 000元/年，占在校生数的20%，二等奖学金每人6 000元/年，占在校生数的20%，三等奖学金每人3 000元/年，占在校生数的40%。2012—2016年兽医学科80%的硕士研究生获得了研究生学业奖学金。2013级兽医硕士赵虹，获得2015年广西大学校长奖学金。兽医硕士研究生陈思宇获得2016年优质研究生生源选培计划基金海外研修项目资助，赴美国学习3个月，已经完成学习回国。

上述资助体系建设实施对兽医学研究生培养、促进研究生积极学习和科研、帮助经济困难研究生顺利完成学业等方面起到了非常重要的作用。

总之，广西大学兽医硕士学位点培养目标符合国家经济社会发展需求，符合兽医学科发展实际，办学理念和发展思路明确；授予硕士学位的标准明确，内容完整，体现本学位点的人才培养目标和学位授予质量。本学位点科研成果显著，承担省部级以上科研课题、科研经费比较充足，培养硕士研究生成绩显著；师资力量充足、学术思想活跃，导师队伍的年龄、学历、学位、职称、学缘结构及比例合理、学术水平较高、科研教学和培养研究生成绩显著；依托省部级以上重点学科、工程技术研究中心，利用校内外教学科研实践基地（单位）、联合培养实践基地开展教学科研实践工作；研究生奖助体系的制度建设完善、奖助水平较高、覆盖面较广；导师队伍的选聘、培训、考核情况规范，开设的核心课程符合本学位点培养目标的要求。导师指导研究生的制度完善和执行情况符合规定。支持研究生参加创新计划、学术训练、学术论坛、实践训练、学科竞赛、专业实践等活动，特别是研究生参加国内外学术交流、学术/技术会议、报告会等相关活动活跃。定期开展研究生科研诚信和学术道德教育。在学研究生学习满意度高，用人单位对兽医学学位点毕业生满意度高。本学位点毕业生就业方向广泛，就业质量相对较高，且具有较好的发展前景。

贵州大学
兽医专业学位教育总结报告

2000年开始，我国设置了兽医专业学位研究生教育，补充了我国兽医研究生教育模式和体系，实现了人才培养的多元化、实践化。经过多年的发展，兽医专业人才培养规模迅速壮大，提高了兽医行业的整体发展水平，为行业发展和地方经济发展提供了大量的专业技术人才。贵州大学动物科学学院自2004年获得兽医专业学位授权资格，2005年开展招收兽医专业硕士研究生，目前已先后招收278名学生，且毕业学生广泛服务于行业主管部门、事业单位、大型养殖企业等，特别是对贵州省社会经济发展输送了大量专业人才，且实现了人才的持续补充。

一、发展历程

1999年国务院学位委员会第17次会议批准设立兽医硕士专业学位，2004年，贵州大学获批兽医硕士专业学位授权点，2005年至2010年期间主要招收在职兽医专业硕士研究生，2010年开始，同时招收在职和全日制兽医专业硕士研究生，至2020年贵州大学动物科学学院先后招收培养兽医硕士研究生278人，目前在读52人。授权点现有研究生指导教师20人，校外导师25人，主要来自研究生联合培养基地、企事业研究生工作站和相关企业具有高级职称的技术人员。

贵州大学兽医学一级学科是贵州省唯一具有培养兽医专业硕士研究生的学科，有明显的区域优势：一是人才团队优势，即拥有贵州省动物疫病防控与兽医公共卫生保障科技创新人才团队24人，其中具有博士学位18人，包括省管专家2人、省百层次创新型人才2人和省优秀青年科技人才2人；二是实验平台条件优势，即拥有贵州省动物疫病与兽医公共卫生重点实验室（培育）、贵州省动物生物制品工程技术研究中心，具备开展生理学、病理学、药理学、病毒学、细菌学及分子生物学等方面的实验设备；三是山区区位优势，即贵州省为独具喀斯特特色的省份，以发展山地生态畜牧业为主要目标，而贵州大学作为贵州省唯一的"211工程"大学，与贵州的经济和社会发展息息相关兽医学科紧密结合贵州山地生态畜牧业发展和兽医公共卫生安全保障问题，开展地方特色畜禽品种生理、地道中药材兽医药理、地方流行性动物疫病病原与病理、动物性食品污染物痕量检测技术等方面研究，先后取得贵州省科学技术进步一等奖1项、二等奖5项和三等奖20项，形成了特色明显的学科方向。

近年来贵州省大力发展农业生态科技园区，为兽医学科发展和人才培养提供了更大的空间和舞台。同时，兽医专业硕士的培养为贵州省畜牧业发展实现了人才的持续输送，为贵州省脱贫攻坚、乡村振兴事业发展贡献了积极的力量。

二、办学成果

1. 人才培养　贵州大学是贵州省内唯一的具有招收兽医硕士专业学位研究生资格的高等院校，经过多年发展，已经为国家和地区的经济建设培养了大量的创新型、应用型高级兽医专门人才。贵州大学兽医专业硕士自2005年正式招生以来，先后招收在职学生139名；全日制学生139名。学生来源主要有事业单位、企业和高校，从统计数字可以看出，招生前期以在职兽医专业硕士为主，这体现了兽医基层部门、企业人才技能提升的社会需求；2010年后一段时间，在职兽医专业硕士研究生和全日制兽医专业硕士研究生同时招生，培养人数相当；而近两年来，在职兽医硕士研究生社会需求有所下降，而全日制兽医硕士研究生不断上升。兽医专业硕士研究生的培养，目标为培养经济社会发展的应用型人才，招生来源、招生数量的发展，也体现出我国对人才需要性质的改变。

贵州大学兽医专业硕士培养方式与生源统计表

	培养方式		生源		
	在职	全日制	行业主管部门	企业	高校
招生人数	139	139	121	62	95

2. 人才输送 在执业兽医制度下，兽医专业硕士研究生更多进入到管理部门、服务部门、企业等机构，发挥了高层次人才的中坚力量。如贵州大学为贵州省农业厅输送5名管理人才，为贵州省动物疫病预防控制中心输送6名专业技术人员，为贵州省动物卫生监督所输送4名专业技术人员，为贵州省各地农业局、动物疫病预防控制中心、农业服务中心等机构输送100余名人才，为企业（动物医院等）输送60余名人才，占全省引进兽医专业硕士人才总量的50%以上，这充分体现了贵州大学兽医专业硕士人才培养在贵州省畜牧业发展过程中发挥的人才支撑作用。

3. 培养制度建设 15余年培养过程，不断优化培养制度，形成了一整套的兽医硕士研究生培养体系，包括了培养方案、兽医硕士研究生管理制度、奖学金制度、助学金制度、就业指导制度、开题报告、中期考核和毕业答辩制度等。在上述制度的不断规范下，保障了学生的培养质量，实现为社会发展提供合格人才的目标。

 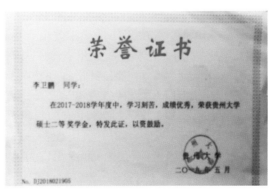

奖学金制度奖励面达80%以上

4. 平台与课程建设 在贵州省教育厅、贵州大学的支持下，先后建立贵州省兽医专业硕士研究生工作站，为兽医专业硕士研究生培养提供了良好的平台。先后建设有《分子免疫学》重点课程、兽医专业硕士研究生教学案例库等，提高了课程教学水平，实现了教学方式的案例化、多元化。

三、教育特色

学校制定明确的培养理念、培养目标，着力于培养当地急需的应用型兽医类人才，培养过程中体现当地社会需求和兽医的职业需求。如动物疫病预防、临床诊断方向需求量大，学生多集中于此方向进行培养，满足社会经济发展需求。重视师资队伍建设，师资队伍结构合理，中青年教师所占的比例协调，博士学位和高级职称人数高。重视双导师制建设，加强校内外导师对兽医专业学位研究生的联合培养，为专业学位研究生培养质量提升提供了强有力的保障。贵州大学兽医专业硕士研究生的培养周期基本保持3年，不同于部分高校2年制，这有效延长了学生实践时间，提高了应用型人才的培养质量。

四、典型经验

兽医专业硕士具有职业性强、专业性强的特点，学生培养不同于学术型硕士研究生，我校在教学方式上重视案例教学和实践教学，通过不断加强校内外实践基地建设，满足专业学位研究生实践能力培养要求。

研究生培养方向选择，根据学生学习兴趣，进行导师、学生互选，根据导师研究方向，结合生产实践，开展科学研究和实践活动，研究内容既体现一定的创新性，又紧密结合实践需求，体现科学研究的现实价值。

兽医专业硕士原计划学制2年，但学校对此评价考核后，认为兽医专业硕士在2年内很难达到要求，因此修改为学制2~3年，以2年为主，延长了学生实践学习时间，显著提高了学生的培养质量，得到用人单位的好评。

实践教学内容丰富，实践教学环节与校外导师单位、实践基地互动频繁，邀请校外导师、实践基地人才参与学生培养方案制定、科研课题开题、毕业论文答辩等环节，全教学环节体现社会需求。

五、师生风采

师生在教学、科研、实践活动中，互动频繁，创造良好的学习、工作氛围，通过对用人单位回访，用人单位对学生满意度很高；第三方对毕业学生回访，毕业学生对学校教学方式、教学效果和培养过程高度认可。如毕业学生已担任贵州省动物疫病预防控制中心副主任（张华）、贵州省动物卫生监督所副所长（孙龙伟）、贵阳市动物疫病预防控制中心主任（方英）、六盘水市动物疫病预防控制中心主任（肖昆）等等，对地方经济发展做出突出贡献。

指导教师带领学生进行实践教学

校内外导师的定期报告交流

中国农业科学院研究生院
兽医专业学位教育总结报告

一、发展历程

中国农业科学院研究生院成立于1979年，1981年经国务院批准，成为我国首批博士学位与硕士学位授予单位之一。我院于2004年获得兽医硕士专业学位授权点，2005年春季首批16名非全日制兽医专业学位硕士研究生入校学习。2005—2019年共招收非全日制兽医专业学位硕士研究生410人，授予学位126人。我院自2009年开始招收全日制兽医专业学位硕士研究生，截至2019年累计招收587人，授予学位393人。2019年6月，获批兽医博士专业学位授权点，2020年开始招生工作。

中国农业科学院兽医学科研究生培养单位有哈尔滨兽医研究所、上海兽医研究所等8个研究所；拥有我国农业领域唯一的高等级生物安全实验室，兽医领域2个国家重点实验室、4个国家参考实验室和6个OIE/FAO参考实验室与参考中心，非洲猪瘟专业实验室和区域实验室，包虫病国家专业实验室，兽用药物与诊断技术实验室学科群等省部级重点实验室；建有校外实践基地15个，其中省部级1个，单位自建动物卫生检测中心、兽药评价中心、动物用生物制品国家工程研究中心等14个实践基地；仪器设备总值5.07亿元，百万元以上设备超过50台套；实验室总面积7.6万平方米；现有研究生导师319人，其中博士生导师114人，45岁以下中青年导师284人，占比89%，高级职称315人，占比98.7%。

2016年依托中国农业科学院哈尔滨兽医研究所（以下简称"哈兽研"），成立了中国农业科学院研究生院兽医学院（以下简称"兽医学院"）。学院依托全院资源办学，优良的科研设施设备、大量的科研项目、充足的科研经费、丰富的图书文献资源，一流的导师队伍及广泛的国际合作交流，为专业学位研究生开展实践、参与研究、锻炼实践创新能力提供了强大的支持。

二、办学成果

我院重点围绕动物疫病防控与检疫、兽医公共卫生、兽药创制、动物疫病诊疗与中兽医临床的人才需求，开展流行病学、新型疫苗和诊断制剂创制、疫病诊疗方法等研究。形成了院士、杰青领衔的导师团队，近五年组织实施500余项国家级科研项目，创制出禽流感、口蹄疫、喹烯酮等新型疫苗和兽药，获得发明专利授权100余项，转让技术成果200余项，获得转让收入超过17亿元，为我国健康养殖、公共卫生安全和生物安全提供重要支撑。

在教育部和全国兽医专业学位教指委的指导下，我院兽医专业学位研究生教育稳步发展，经过多年的探索和实践，积累了办学经验，为国家培养了一批高层次应用型人才。近5年整体就业率平均在97.5%，经用人单位反馈，本院兽医硕士毕业生业务素质高，专业基础知识扎实，独立从事科研能力强，已有部分毕业生晋升成为用人单位科研、技术和管理骨干，发展质量良好。2018年，1篇硕士学位论文获第七届全国兽医专业学位优秀硕士学位论文奖。

1. 多措并举保证生源质量　一是多方参与，多种渠道加大招生宣传力度，吸引优秀生源。充分利用中国教育在线、微信、院所网站宣传招生政策和资源优势；充分发挥研究所、导师在宣传中的重要作用，组织导师开展学术式招生宣讲，扩大本学科领域的学术影响力和知名度；加强与高校合作，举办优秀大学生夏令营，设立推免生奖学金等吸引优秀生源。二是多措并举，加大推免生招生比例，加大国际合作和交流，加强复试考核与督导力度，执行严格、规范的招生选拔流程，优化生源类型，保障选拔质量。

2. 课程体系不断优化　先后修订《在职攻读兽医硕士专业学位研究生培养方案》《全日制兽医硕士专业学位研究生培养方案》，突出兽医学科特色，推进分类培养。开设兽医硕士案例教学、兽医学研究进展2门案例教学类课程。共开设实践类课程4门，其中独立开设3门，与企业联合开设1门。根据全日制兽医硕士培养目标和定位，优化课程体系，拓宽基础，强化应用，增加研究方法类、研讨类和实践类课程，培养优良学风和从事科学研究和实践应用的能力。在职兽医硕士的课程设置以兽医

职业需求为导向，注重于强化专业技能，拓宽知识面、优化知识结构、培养应用能力和综合能力。兽医学院聘请密西西比州立大学两位资深教授主讲"兽医流行病学"，提升研究生国际化视野。通过课程评估，学生对教学的整体满意度超过85%。

3. 学科建设卓有成效　先后制订《中国农业科学院兽医硕士专业学位授予标准》《中国农业科学院兽医博士专业学位授予标准》，完善科学评价体系。2012年教育部第三轮学科评估中兽医学排名全国第一，2017年教育部第四轮学科评估中兽医学获得A+的优异成绩。顺利通过2019年学位授权点合格评估随机抽评，针对教育部反馈意见，调整预防兽医和基础兽医学科布局，推进学科进一步均衡发展。2019年获得兽医博士专业学位授权类别，为更高层次专业学位研究生培养奠定良好基础。

4. 师德师风不断强化　出台《中国农科院研究生院兽医学院研究生导师师德师风建设方案》，完善考核程序，严格考核过程，对问题导师实行一票否决。对新增导师进行岗前培训。将师德师风作为首要内容重点培训，设置新增导师集体谈话环节，增设研究生思政工作专题，强化导师是研究生培养的第一责任人，通报师德失范案例，加强警示教育、严明工作纪律。开通监督举报电话和邮箱，接受反映问题。采取导师自查、研究生评价、研究所学位会审查等形式，对全院导师立德树人职责落实情况进行全面考核，积极引导导师履行教书育人义务、落实立德树人职责。

5. 构建德育工作新格局　围绕培养德智体美劳全面发展的合格建设者与可靠接班人的核心目标，在理想信念、能力提升、成长服务三个维度科学设计了课程育人、组织育人、网络育人、科研育人、实践育人、文化育人、管理育人、心理育人、资助育人等九个提升农科研究生思政工作质量的途径，系统推进、凝聚合力，创新构建提升新时代农科研究生思政工作的新格局。开设"乡村振兴理论与实践"公共课，由中国农业科学院党组书记以及农业经济与发展研究所等单位专家担任主讲教师，为打赢脱贫攻坚战、推进乡村全面振兴培养更多知农爱农新型人才。

6. 加强学术和实践训练管理　坚持以"研"为导向培养学生，通过查阅文献、撰写学术论文、参加学术会议等方式，加强学术训练。一般每周进行一次seminar汇报交流，每两周进行一次学术报告，汇报科研前沿技术、实验进展和结果，导师或指导小组针对实验内容和进展进行指导、讨论和总结。学生通过参与重大项目研究和学术交流，学术素养得到提升，从事科学研究的能力进一步加强。

通过实践训练方式培养学生的问题解决能力。主要以我院自建实践基地为主，采取分散与集中相结合的方式，专门组织或针对研究问题实施。研究生在导师的指导下，进行专业技能培训、职业岗位轮训和实践问题研究，培养良好的职业道德和专业技能。记录工作日志，结束后撰写1篇实践报告，并结合实践进行论文研究工作，以实践训练促进科研工作的开展。

7. 发挥三级管理体系作用，确保论文质量　制（修）订《学位授予工作实施细则》和《在职攻读专业学位研究生学位授予工作实施细则》等学位授予、论文撰写、学术规范规章制度，采取了相应的管理措施保障论文质量。实施学位论文双盲制评阅，严把学位论文评阅环节。硕士生盲评比例30%。发挥三级学位管理体系作用，实施学位论文所学位会初审、院学科评议组（专业学位分委会）复审、院学位评定委员会终审的三级学位管理体系审查和责任追究制度。评选优秀硕士学位论文，发挥引领示范作用，带动整体论文质量提升。

三、教育特色

在教育部和全国兽医专业学位教指委的指导下，我院兽医专业学位研究生教育稳步发展，经过多年的探索和实践，初步形成了契合科研机构需求、满足学生学习需要的兽医硕士专业学位培养模式和办学特色。根据人才培养、科学研究、社会服务及文化传承创新的功能定位，紧紧围绕研究生培养目标，以"院所结合、两段式培养"为特色，发挥中国农业科学院国家级科研平台优势、科教融合优势和精细化管理优势，不断改革创新，建立了规范、科学的符合现代科研院所发展的管理体系和高层次农业人才培养质量保障体系。本学科整体处于国际先进水平，在禽流感等领域达国际领先水平。

四、典型经验

我院坚持以服务需求、提高质量为主线，不断深化研究生教育综合改革，建立符合国情、院情的现代办学模式以确保中国农业科学院研究生教育又好又快发展。近年来，大胆开拓、锐意进取，积极探索符合国家战略需要和发展实际的学院制改革。整合8个相关研究所的资源，探索成立兽医学院，将兽医学科领域研究生统一在学院进行课程教学和培养管理，实现了科研实践与科学教育的"无缝式"衔接，课程学习与科研工作同步开展，理论与实际相结合，以研促学，增强动手能力，加深对专业知识的理解和掌握。同时，有效整合和利用优秀的科研资源，优化"产学研"全链条培养模式，提升研究生创新和创业能力和国际视野，培养农业科研精英、产业精英和行业精英。针对兽医专业学位的培养目标，不断拓宽学生的论文选题范围：养殖场或研发企业的问题就是自己论文的来源，突出应用性，注重与生产实践的结合。加强实践基地建设，进一步与温氏、牧原、中牧、瑞普等公司合作，开展校外实践基地建设。与勃林格英格翰动物

保健有限公司共同搭建"产学研"平台，开展项目合作，试行定点培养研究生。

五、师生风采

（一）导师风采

中国农业科学院兽医领域的各位导师秉承农科精神，切实履行国家队使命担当，以提升研究生教育质量为核心，立德树人，教书育人，推动内涵式发展，瞄准农业科技前沿和关键领域，积极培养德才兼备的高层次人才。多年来，涌现了一大批优秀导师，现以三位老师为代表作简单介绍。

崔尚金：男，研究员，博士生导师。现任国家自然基金委同行评议专家，兽药评审委员会委员，标准化委员会委员，全国动物防疫专家委员会委员，宠物疫病防控科技创新团队首席科学家、北京市产业技术体系家禽创新团队疫病控制岗位专家、中国农业科学院第九届学位评定委员会专业学位分委会委员。先后承担"八五"、"九五"、"十五"、科技部重点课题、农业部专项、863、973、省、市等课题30余项；先后获得国家科技进步奖、省市级科技进步奖、中国农业科学院科学技术成果奖等奖励十余项。主要从事动物病原与分子流行病学、动物新型疫苗研究工作。所研发的犬瘟热与细小病毒疫苗等打破了国产宠物疫苗的市场空白，相关成果经农学会成果鉴定为国际领先。近5年，第一作者或通讯作者发表科研论文53篇（其中SCI31篇，累计影响因子87.8），获得发明专利1项（第1）；出版著作2部（第2）。获新兽药注册证书3件（一件第2，2件第3），临床批件4件（2件第1，2件第3）；推广生产厂家9家，技术转让2 000余万元。作为研究生导师，先后培养博士、硕士20余名，其中专业学位硕士9名。多名学生获得中国农业科学院各类奖学金。

朱传刚副研究员

朱传刚：男，副研究员，硕士生导师。血吸虫学及血吸虫病研究团队骨干。研究领域：从事血吸虫生物学、血吸虫病防治等多方面研究，特别关注血吸虫的生理生化、血吸虫基因功能、血吸虫病的致病机理、血吸虫病的防治药物和诊断方法等方面的研究。承担中央级公益性科研院所基本科研业务费、国家重点研发计划项目等课题，发表文章百余篇，培养研究生近10名。指导2013级兽医硕士许瑞同学的学位论文《诊断家畜日本血吸虫病胶体金免疫层析试纸条的研制》荣获第七届全国兽医专业学位优秀硕士学位论文奖。

蔡雪辉：男，研究员，博士生导师，团队首席科学家。国务院特贴专家，"百千万人才工程"入选者，国家"有突出贡献中青年科学家"，黑龙江省领军人才带头人。主要集中于猪重要疫病的病原流行病学研究，侧重于PRRS、PRV的分子流行病学研究、病原与宿主互作机制和分子致病机制的研究，以及相关疫苗的研发。作为第1、2发明人获得国家发明专利5项，获新兽药注册证书2个。以第一完成人获得国家科技进步2等奖1项、黑龙江省科技进步一等奖2项，神农中华农业科技奖一、二等奖各1项。发表SCI论文80余篇。

蔡雪辉研究员

（二）学生风采

我院兽医硕士始终秉承"明德格物，博学笃行"的院训，传承发扬孜孜不倦、严谨踏实的学风，在农科沃土上印刻下自己坚实的足迹。现以三位同学为代表，作以简单介绍。

许瑞：女，2016年7月获得兽医硕士学位，现于美国圣路易斯华盛顿大学分子微生物学系

L. David Sibley实验室开展博士后的研究工作。硕士在读期间成功表达了重组链球菌蛋白G（rSPG），研制了诊断家畜日本血吸虫病胶体金免疫层析试纸条（GICA）及建立了相应的检测方法。硕士在读期间发表文章5篇，其中SCI两篇，第三完成人申请专利一项日本血吸虫重组抗原rSjMRP1及其应用。2016年9月进入华东理工大学开展博士研究生学习，主要研究方向为人兽共患性原虫微小隐孢子虫入侵相关蛋白的研究。2018年，其撰写的硕士学位论文荣获第七届全国兽医专业学位优秀硕士学位论文奖。

在国家留学基金委的资助下，2018年进入圣路易斯华盛顿大学进行交流学习，发表SCI论文1篇，于2020年7月顺利毕业。

吕闯：男，助理研究员，2012年7月获得兽医硕士学位，现就职于中国农业科学院哈尔滨兽医研究所。2012年在哈尔滨工业大学生命科学与技术学院攻读博士，并于2016年7月获得理学博士学位。自2016年以来，一直从事猪伪狂犬病病毒（PRV）的基础研究工作。目前，已在国际期刊以第一作者身份发表SCI论文8篇，主持省部级课题两项。

姚学军：男，研究员，2010年1月获得兽医硕士学位，现就职于北京市昌平区动物疫病预防控制中心。长期在昌平区动物防疫一线工作，曾任原区畜牧兽医工作站副站长、站长，区动物疫病预防控制中心中心主任。主持开展或参与的实验项目共70多项。有17项获得区级以上科技奖，其中13项获得市级以上科技奖，4项获得农业部农牧渔业丰收奖。此外，还主持或参与发明动物防疫专利产品5项，主持制定本区动物防疫规范5个，主编业务资料15本，参与编写出版专业著作11部，在全国专业刊物发表论文112篇，累计培训动物防疫人员3 000余人次。23次获得区级以上行政奖励，11次获得市级以上行政奖励，其中两次被评选为全国动物防疫工作先进个人，6次荣获北京市动物防疫工作先进个人。2011年，因为出色的工作业绩，荣获首都五一劳动奖章。2019年，荣获中国兽医协会"勃林格殷格翰杯"全国杰出兽医提名奖。

黑龙江八一农垦大学
兽医专业学位教育总结报告

黑龙江八一农垦大学动物科技学院（前身为畜牧兽医系）成立于1958年，现已具备培养学士、硕士、博士三级学位的完整教育体系和兽医学博士后科研流动站。学院2007年获批非全日制兽医硕士专业学位授权点，2010年获批全日制兽医硕士专业学位授权点，2018年学位授权点专项评估结果为合格。学院历来注重兽医专业硕士实践能力培养，经过13年的发展建设，办学实力显著增强，培养了一批思想品德好、专业知识精、实践能力强和创新意识浓的高层次兽医人才。

一、办学成果

1．**助推学科发展，实力显著增强**　兽医专业硕士培养体系依托我院兽医学学科建设，同时也强有力助推了兽医学学科整体的发展和建设。兽医学学科于2011年获批兽医学一级学科博士学位授权点，于2014年获批兽医学博士后流动站，教育部第四轮学科评估结果为C+，2019软科中国最好学科排名为第16名（前38%），2019软科世界大学一流学科排名为201～300名，综合办学实力和国内外影响力明显提升。

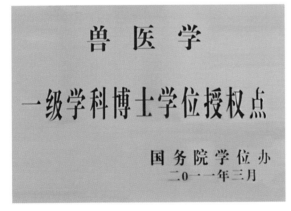 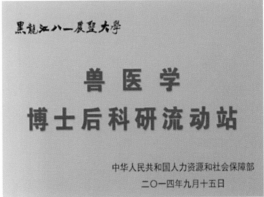

2．**教师双向挂职，建设成绩斐然**　学位点共有导师131名，其中校内导师37名，校外兼职导师10名，外聘校外第二导师84人。通过选派青年教师参加生产一线实践学习班，遴选奶牛、生猪、宠物、兽药产业导师特设岗位，建立了学科教师与行业产业人员双向挂职机制，提升了导师实践指导能力。打造了一支以国家"万人计划"科技创新领军人才徐闯、龙江学者特聘教授杨焕民和孙东波、中国杰出兽医提名奖获得者王福军、黑龙江省劳动模范武瑞、全国兽医专业学位优秀学位论文指导教师朱战波和侯喜林为代表的高水平、强实践、重道德、讲信念的导师队伍。获批了兽医学省级领军人才梯队、兽医学省级优秀研究生导师团队、省高校师德先进集体等集体荣誉。

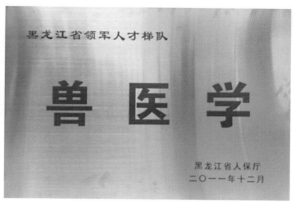

3. 产教深度融合，多元协同投入 学位点与黑龙江省农业科学院、黑龙江省农垦科学院、北大荒农垦集团、北京生泰尔科技股份有限公司、哈尔滨国生生物科技股份有限公司等省内外知名企业、研究所共建了17个研究生创新培养基地和实践教育基地。与黑龙江省农业科学院共建的畜牧兽医研究生培养创新基地入选了黑龙江省研究生培养创新基地，显著提高了兽医专业硕士的创新能力和实践能力。学位点积极争取企业设立奖学金和素质教育基金，所设立高全利研究生奖学金、大北农励志奖学金、研究生创新人才企业奖（助）学金均面向兽医专业硕士，获资助范围实现100%覆盖，人均资助额度不低于14 000元。

4. 传承红色基因，筑牢思想根基 学位点自觉将北大荒精神融入办学育人的全过程，逐步形成了"用北大荒精神教育人、用北大荒文艺作品感染人、用北大荒文化熏陶人、用科技创新提升人"的系统化北大荒精神育人体系。依托牛疫病防治团队、猪病防治团队和冷应激团队成立了由教师党员和研究生党员组成的师生联合党支部，切实发挥了基层党组织的战斗堡垒作用。黑龙江省省委书记、省委主题教育领导小组组长张庆伟在大庆调研指导高校主题教育时，与牛疫病防治团队党支部与师生亲切交流，并勉励同学们在畜禽疫病预防和控制方面潜心科研攻关，提高学科建设水平和科研创新能力。

5. 注重内涵建设，助力成长成才 专业硕士研究生教育内涵建设的关键是抓好师资队伍、实践基地和课程建设。学位点坚持教师双向挂职，提升了教师实践指导能力；通过产教深度融合，建设了8个高质量实践教育基地，组建了黑龙江省牛病重点实验室和黑龙江省牛病防控工程技术研究中心，保障了生产实践和创新实践质量；深度参与兽医专业硕士案例库编写工作，依托奶牛、生猪、宠物、兽药产业导师打造现场案例教学体系，持续提升了案例教学质量。13年来，学位点累计培养全日制、非全日制兽医硕士147人，优秀论文占比12%，2人获得全国兽医专业学位优秀学位论文。执业兽医师、执业助理兽医师资格通过率25%，博士生考取率达到13%。就业单位满意度连创新高，多数毕业生实现了成长成才（表1）。

表1　黑龙江八一农垦大学兽医专业硕士优秀毕业生代表情况简表

序号	姓名	毕业时间	简介
1	王福军	2010	2016年4月荣获"全国百佳宠物医师TOP10"称号； 2019年度"勃林格殷格翰杯"中国杰出兽医提名奖获得者
2	呼怀武	2011	第五届全国兽医专业学位优秀硕士学位论文获得者，现任正大集团吉林区预混料技术总监
3	马迪杨	2012	哈尔滨维科生物技术有限公司猪苗事业部部长
4	李凤华	2013	第六届全国兽医专业学位优秀硕士学位论文获得者，辽宁省百千万人才工程千层次人才入选者，硕士论文推进了国家一类新兽药重组鸡白细胞介素-2注射液的成功研发
5	祝东彬	2014	西藏自治区林芝市农业农村局党组成员、副局长，乡村产业局局长
6	连帅	2015	黑龙江八一农垦大学动物科技学院讲师，2018年中国畜牧兽医学会优秀论文获得者，首届黑龙江省优秀青年基金项目获得者
7	张雷	2016	新希望六和饲料股份有限公司大庆六和饲料有限公司总经理
8	王瑛琪	2017	2019年第五届"雄鹰杯"小动物医师技能大赛中国优秀小动物临床兽医师奖获得者（仅2人）
9	邢宇昕	2018	共青农场政研室主任兼发改委主任，共青团第十七次全国代表大会黑龙江省代表
10	邵立宇	2019	哈尔滨国生生物科技股份有限公司动物用生物制品安全及有效性评价专员

二、教育特色

授权点教育特色主要表现为：

（1）注重实践能力培养，坚持产学研深度融合。论文选题直接来源于一线实践中存在的关键性问题，保障了研究成果具有较高的实际应用价值。

（2）坚持立德树人导向，坚持扎根垦区理念。逐步形成了系统化的北大荒精神育人体系，培养了一大批具有北大荒精神烙印的高层次兽医人才。

（3）坚持服务地方产业，坚持寒区地域特色。在寒区牛病防控、玉鹅种养模式、寒冷应激防控等方向培养了一批创新能力较强、实践能力突出的专门人才。

三、典型经验

1. 兽医专业硕士研究生实践教育经验 通过选派青年教师参加生产一线实践学习班，遴选奶牛、生猪、宠物、兽药产业导师特设岗位，建立了学科教师与行业产业人员双向挂职机制，提升了教师队伍实践指导能力；合作共建禾丰牧业实

朴范泽教授为学生上案例教学课

践教育基地、九三奶牛实践教育基地、贝因美奶牛实践教育基地、北京生泰尔兽药实践教育基地等高质量实践教育基地，近3年有23名专业硕士常驻上述基地接受实践教育和开展科研创新活动，保障了实践教育质量；深度参与兽医专业硕士案例库编写工作，打造现场案例教学体系（新冠疫情期间邀请多位产业导师开展线上案例教学），持续提升了案例教学质量。

2.兽医专业硕士研究生创新教育经验　学位点与黑龙江省农业科学院、黑龙江省农垦科学院、哈尔滨国生生物科技股份有限公司共建了多个研究生创新培养基地，组建了黑龙江省牛病重点实验室和黑龙江省牛病防控工程技术研究中心，为兽医专业硕士研究生创新教育提供了平台保障。近年邀请40余名国内外知名学者参加学位点组织的开题、答辩活动；聘请业界学界专家来校讲座；主办、承办中国畜牧兽医学会兽医内科与临床诊疗学分会学术年会、动物群发普通病防控高级学术交流会等学术会议，动物营养与健康研究生学术论坛；同时学位点积极鼓励并资助研究生参加各类国内国际学术会议等，来拓宽兽医专业硕士研究生视野，提升研究生实践创新能力。

康奈尔大学 Yung-Fu Zhang 教授为研究生做牛副结核疫苗研制报告

未来，学位点将继续多措并举、注重实效，积极推进校企合作协同育人，扩大对外交流与合作，坚持走内涵式发展道路，努力将学位授权点建成特色突出、优势明显的高层次专业人才培养基地，力争获批兽医博士专业学位授权点。

西南民族大学
兽医专业学位教育总结报告

西南民族大学兽医专业学位硕士授权点依托兽医硕士一级学科而设置，于2007年获得兽医硕士学位授予权，2008年开始招收非全日制（在职）兽医专业学位研究生，2009年开始招收全日制兽医专业学位研究生。多年来，我校立足西部面向全国，坚持立德树人，践行"为少数民族和民族地区服务、为国家发展战略服务"的"二为"办学宗旨，不忘初心、牢记使命，努力培养高层次、应用型兽医硕士专门人才，取得了较大成绩，现总结如下。

一、办学基本情况

（一）办学条件

兽医专业学位硕士点依托兽医一级学科而建设。目前我校兽医一级学科涵盖基础兽医学、预防兽医学和临床兽医学3个硕士点，各学科点导师具有长期指导研究生的经历。依托青藏高原动物遗传资源保护与利用教育部和四川省重点实验室、动物医学四川省高校重点实验室等基础条件，实验室面积超过2 000m²，拥有一批与教学、研究相配套的国内外先进的仪器设备，总值1 000万以上。依托上述3个二级学科硕士点，并充分利用教学动物医院、禽病研究所、青藏高原生态保护与畜牧业高科技研发基地等校内外教学、实践及科研基地，为该专业研究生的培养奠定了坚实的基础和良好的条件。同时与校外的一批动物诊疗机构、企事业单位建立了长期、良好的合作关系，成为兽医专业学位研究生校外实践基地。

（二）导师队伍

目前该专业的研究生导师由上述3个硕士点的导师组成，现有导师24人，其中教授12人，副教授10人，讲师2人；具有博士学位20人，硕士学位1人。学科涵盖临床兽医学、预防兽医学、兽药研究等相关领域。导师组学历层次高、年龄及学缘结构合理，具有丰富的指导研究生的经历。该专业同时配备近30名校外导师，为研究生的学习和科研提供了极大的便利。自建点以来，本学科教师出版学术专著、教材15部，在国内、外重要学术期刊上发表论文380余篇，获四川省科技进步一、二、三等奖共9项。目前承担各级科研课题20多项，其中主持国家级和省部级项目10余项，包括自然科学基金项目、国家科技支撑项目、国家质检公益项目等，可支配科研经费近2 000万元。

二、招生及培养情况

（一）招生情况

我校坚决贯彻执行国家研究生培养的中长期发展规划，大力将强专业学位研究生的培养。自

2015年以来，我校招收的全日制和非全日制专业学位研究生的比例基本达到1：1。我校兽医硕士专业学位研究生的招生人数自2015年后，已全面超过兽医一级学科招收的学术型研究生人数（表1）。从表1中可以看出，自2018年开始，兽医专硕招生人数出现了大幅度增加。近年来通过考前宣传和指导，全日制兽医专硕（我校已于2017年并轨取消了非全日制指标）第一志愿考生明显增加，极大地保证了生源质量。

表1　近5年兽医专业学位研究生招生人数及与学术型研究生人数的比较

类型	年份				
	2015	2016	2017	2018	2019
全日制专硕	13	16	25	38	44
非全日制专硕	8	6	0	0	0
学术型研究生	16	18	19	25	26

（二）培养情况

在全国兽医专业学位教指委的指导下，结合我校的学科优势及特色，以立德树人为本，践行"二为"办学宗旨，根据专业学位研究生的定位，制定和完善了培养方案，并严格执行。紧紧围绕兽医专业学位的培养目标，抓好课程教学环节、选题及开题环节、实践环节以及毕业答辩等环节，培养高层次的应用型兽医人才。依托教学动物医院、禽病研究所和青藏高原基地（阿坝红原）等校内实践基地，以及签约的近30家校外实践基地，充分发挥校内外指导教师的作用，加强研究生的实践教学，努力探索以用人单位和生产实际需求为导向的订单式培养模式。已毕业的10届共138名兽医硕士研究生（其中全日制113名、非全日制25名）均已在动物诊疗机构、养殖企业、民族地区动物疫控机构等单位就业并成为骨干力量，深受用人单位欢迎，少量兽医硕士毕业生考取了博士研究生继续深造。2014级全日制专硕研究生计慧姝在读研期间多次进入川西北高原（阿坝州、甘孜州），克服高原反应等困难，进行牦牛寄生虫病调查研究，毕业后毅然选择服务民族地区，就职甘孜州动物疫控中心，在各级兽医系统实验室检测技能大赛中屡创佳绩，曾获2019年四川省口蹄疫病毒核酸检测项目竞赛第三名，已成为该单位的技术中坚力量，为民族地区动物疫病及人畜共患病防控做出了较大贡献。2011级非全日制专硕研究生牟登育在四川省农业厅兽医兽药处副处长和四川省兽医卫生监督所所长的工作

岳华教授正在指导专硕研究生

四川省兽药监察所校外导师唐棣（右一）指导2017级专硕研究生陈明同学

岗位上对本省动物重大疫病防控、动物卫生监督、食品安全等工作中做了大量工作，曾于2016年援藏挂职甘孜藏族自治州农业畜牧局副局长，为民族地区的脱贫攻坚做出了巨大贡献。

李键教授带领专硕研究生在川西北草原进行调研

2016届兽医硕士研究生论文答辩

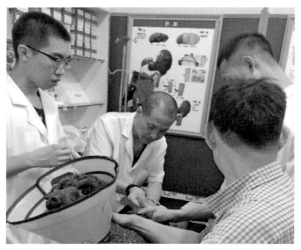

2019级专硕研究生庞博（左一）在教学动物医院实习

2019年4月，2011级非全日制专硕研究生，四省动物卫生监督所所长牟登育（左一）到海拔4 500米石渠县呷依乡扎绒村走基层送温暖

2014级全日制专硕研究生计慧姝（前右二）在工作现场

2012级全日制专硕研究生张诚民在工作中

三、培养特色及亮点

（一）学科特色

我校在动物医学领域的人才培养方面具有鲜明的特色和明显的优势。该学科长期进行集约化养殖的畜禽（猪、羊、家禽）疾病、青藏高原特有动物（牦牛、藏山羊、藏绵羊等）疾病以及小动物（犬、猫等）疾病的研究，取得了丰硕的成果及良好的经济、社会效益。我校动物医学专业长期重视社会服务，与四川省及国内很多大型养殖企业、各级畜牧兽医相关职能部门的技术人员有着广泛的交流与合作，目前动物医学专业"双证""双师"型教师占本专业专职教师总人数的约80%。以上特色和优势为该专业研究生选题，科研创新，培养具备动物疫病防控、动物疾病诊疗及兽药研制等专门知识的高质量应用型兽医专业硕士提供了良好的学术和社会基础。

（二）平行管理模式

该硕士点依托兽医一级学科，在一级学科的管理模式下，实行统一、平行管理，专硕研究生指标不提前分割到3个二级学科，依据学生意愿双向选择动态配备导师。统一开题，统一进行中期检查等，保障研究内容的实施及评价的一致性，最大限度的避免了培养标准不统一、论文选题脱离生产实际、专硕按科硕模式培养等问题。采取导师指导小组集体指导，学校与用人单位联合培养方式。论文选题必须结合生产和临床实际，解决实际工作中存在的关键问题。注重实践环节的学习，充分利用校内实践基地（动物医院、禽病研究所等），以及校外实践基地，训练和培养学生的技能，以达到培养高层次、应用型兽医人才的目的。

四、小结

在全国兽医专业学位教指委的指导下，我校兽医专硕研究生培养紧紧围绕立德树人的根本，践行我校"二为"办学宗旨，彰显办学特色，遵循专硕研究生培养规律，探索出了一套有效的培养、管理模式，保证了研究生的培养质量，为民族地区和国家战略培养出了一批高层次、应用型兽医人才。我们将继续以临床应用和生产需求为导向，不断探索订单式培养模式、完善培养方案、加强实践教学和案例教学，培养更多的高级技术人才。

石河子大学
兽医专业学位教育总结报告

石河子大学是国家"211工程""国家一流学科"和国家西部重点建设高校，也是"中西部高校综合实力提升工程"入选高校。学校坚持"立足兵团、服务新疆、面向全国、辐射中亚"的办学定位，走产学研一体化道路，发挥大综合、强应用学科优势，已成为屯垦戍边、建设边疆的重要力量。兽医学是石河子大学的前身石河子农学院最早设立的学科之一，自20世纪50年代开始建设，兽医学一级学科学位点的建设也经历了从无到有、逐步壮大发展的历程。1998年预防兽医学科获得了硕士学位授予权，2001年预防兽医学科获批兵团重点学科；随后临床兽医学、基础兽医学、兽医专业硕士和兽医学一级学科学位点分别于2003年、2006年和2010年获得硕士学位授予权。2010年预防兽医学科获批新疆维吾尔自治区重点学科，2011年兽医学科与本院畜牧学一级学科博士点联合自主设置"动物健康养殖与安全生产"研究方向，开始招收博士研究生；2015年新疆维吾尔自治区重点学科预防兽医学科验收优秀；2016年兽医学学科成功入选新疆维吾尔自治区重点学科——高原学科；2018年兽医硕士专业学位点通过国家专业学位进行的合格评估，同年入选大学部省合建学科群学科。

新疆地域辽阔，资源禀赋独特，广袤的草原和绿洲为新疆畜牧业发展提供了物质基础；石河子大学兽医硕士专业学位点坚持"以兵团精神育人，为屯垦戍边服务"的人才培养理念，紧密结合新疆及兵团畜牧业发展的重大需求，围绕区域畜牧业经济发展开展动物疾病诊疗、动物疫病防控与检疫、兽医公共卫生三个方向开展技能训练与研究，尤其是针对"一带一路"经济发展框架下新疆重要动物疫病病源研究与防控，牛羊主要传染病与重点高发高害疾病的诊断与防控等开展科学训练与研究、人才培养和技术服务，培养具有较强的运用现代兽医技术和理论知识解决实际问题的能力的高层次应用型人才。

石河子大学兽医硕士专业学位授予权于2007年获批，招收在职研究生，2010年开始招收全日制兽医硕士研究生。主要设置了4个培养方向：人兽共患病诊断与防控技术，动物高发临床疾病诊断与防控技术，兽药创制与动物疾病诊断监测技术和兽医卫生检验检疫技术。动物高发临床疾病诊断与防控技术方向以新疆特色中草药为基础，围绕牛羊高发疑难临床疾病，研制开发抗菌剂、抗病毒剂、免疫增强剂等中兽药新制剂；根据区域奶牛子宫内膜炎、乳腺炎等高发临床疾病特点开展研究，构建繁殖调控、环境控制、饲养管理、兽医卫生保健、药物防治"五位一体"的防控体系。研发出用于防治牛羊疾病的纯中草药制剂促孕散、理囊散、衣滞康散等，显著提高反刍动物繁殖率；开展牛羊群发普通病早期预警及防控关键技术研究，研究成果的应用产生明显经济效益并形成特色与优势。动物疫病诊断与防控技术以新疆反刍动物重要疫病为研究对象，针对牛常发支原体病、牛病毒性腹泻-黏膜病、绵羊传染性胸膜肺炎和牛羊消化道线虫病诊断及防控技术等开展研究，在牛支原体灭活疫苗的免疫机理研究、牛病毒性腹泻-黏膜病诊断技术研究和捕食线虫性真菌生物防控制剂的研发等方面形成特色与优势。开展主要畜产品兽药残留的检测与分析研究，开展主要致病菌耐药表型与基因型检测，探索耐药传递机制。开展动物布鲁氏菌病原致病和免疫机制研究，研发的布鲁氏菌快速诊断渗滤卡试剂盒成功转化，研制的布鲁氏菌新型疫苗，为牛羊布鲁氏菌病的防控提供支撑。

兽医硕士学位点重视教学质量的提高，授课多采用案例教学、实验操作、专题讲座和主题研讨相结合的方法来实施教学。在教学内容方面，更加重视畜牧兽医案例分析、实验室病原学诊断技术及兽医临床操作技能训练，通过典型病例的分析与研讨，培养和提高研究生分析与解决实际问题的能力。如兽医临床病例分析与讨论课程组教师收集典型案例进行教学并申请到大学《动物临床疾病案例库建设》课题，授课形式采用走出去请进来的方式进行，在讲授奶牛乳房炎病例分析时，指导学生进入实验站牛舍现场开展隐性乳腺炎检查，邀请八师兽医站研究员讲授动物检疫关键点操作与实施，通过学校研究生教学督导组老师听课意见反馈，任课教师授课情况良好。目前兽医临床病例分析与讨论、临床兽医学专题、预防兽医学专题均已建立了教学案例库。课程的考核根据授课内容特点采用笔试、PPT汇报、课程论文等多种形式相结合进行。

强化实践环节管理，为保障实践教学开展，学院先后与新疆畜牧科学院、新疆农垦科学院、兵团畜牧兽医总站、新疆西部牧业建立了4个研究生联合培养基地，为兽医学人才培养提供了强有力的实践教学保障；实践教学环节采用双导师制，学位点聘请基地实践经验丰富的老师作为研究生实践技能培养导师，基地导师在研究生实践与论文研究中发挥重要作用。在兽医硕士专业学位研究生培养环节上，根据培养方向，由研究生本人与导师共同商议制定个人培养计划，培养过程则有导师组完成，一般由3～5名本专业副高以上职称专家组成的导师组负责研究生培养过程的所有环节。兽医硕士专业学位论文选题均应来源于应用课题或临床实践问题。2010—2020年间，通过答辩的兽医专业硕士论文159篇，其中涉及临床病例分析与研究论文87篇，涉及流行病学调查报告论文35篇，涉及兽药生物制剂及诊断技术改进27篇，涉及畜牧兽医生产关于动物繁殖领域论文10篇。

兽医硕士学位点始终坚持"专业知识扎实，实践技能过硬"的教育理念，连续获得第三届、第四届全国"生泰尔杯"大学生动物医学专业技能大赛一等奖，全国创新创业大赛银奖1项，自治区教学成果奖3项。5年来，培养毕业动物医学专业本科生485人，平均年终就业率89.5%，培养兽医专业学位研究生90名，平均年终就业率90%，其中有25人获得执业兽医师资格证书、有27人获得执业助理兽医师资格证书；有70%毕业生留疆工作。通过走访天康公司人力资源部、玛纳斯县人事局等用人单位，对本学科培养的硕士研究生在综合素质、理论基础、专业水平、创新能力和实践能力方面均有较高的认可，用人单位对本学科培养的研究生满意度较高。目前拥有"动物健康养殖"国家级国际联合研究中心，"动物遗传改良与疾病控制"自治区重点实验室，"动物疾病防控"兵团重点实验室，"绵羊育种与疾病控制"兵团国际科技合作基地，新疆畜牧兽医科技服务生产力促进中心等5个实验平台，校外产学研教学实习基地39个。先后承担了国家、教育部、兵团及各类横向项目等200余项，科研经费达5 000余万元，为研究生培养提供了物质平台。

我校兽医专业硕士研究生培养从起步摸索阶段逐步进入稳步发展与创新阶段，专业学位研究生培养质量进一步的提高，社会服务能力不断提升，学位点已成为西北地区兽医学高级人才的重要培育基地。今后学位点建设必将紧密结合新疆动物疫病流行规律，重点研究制约区域畜牧业发展重大疾病防控的关键技术和瓶颈，构建符合产业发展和高质量人才培养需求的创新型、技能型人才培养体系，打造高层次的产学研合作平台，全面提升人才培养质量，提升社会服务能力和水平。

河南科技大学
兽医专业学位教育总结报告

河南科技大学是一所工科优势突出，文、理、农、医特色明显，多学科协调发展的综合性大学。学校目前拥有31个学院，97个本科专业；拥有4个博士学位授权一级学科，3个博士后流动站；有38个硕士学位授权一级学科，12个专业学位研究生招生类别。

兽医学是河南科技大学的传统优势学科之一。本学科积淀深厚，始建于1975年岳滩农学院，2002年学校与洛阳工学院、洛阳医学高等专科学校合并组建为河南科技大学。我校是中国畜牧兽医学会兽医病理学分会创办单位之一和副理事长单位。2005年基础兽医学获批二级学科硕士授权点，是河南省第七批重点学科。2009年获批兽医专业学位硕士授权点；2011年获批兽医学一级学科硕士授权点。2012年兽医学科被评为第八批河南省重点学科。2014年与扬州大学联合招生兽医专业学位博士研究生。2015年兽医专业学位授权点被教育部评估为优秀。2016年兽医学第八批河南省重点学科验收为优秀。现有动物医学、动植物检疫、动物药学三个本科专业支撑，其中动物医学为河南省特色专业、河南省综合改革试点专业，2014年获批第一批国家卓越农林人才教育培养计划改革试点项目。2014年与美国Langston大学实行"2+2"联合培养本科生和硕士研究生，2019年开始与日本东北大学和韩国全北大学联合培养研究生。

学校2009年获得兽医硕士专业学位授权点，2010年开始招收全日制和非全日制硕士研究生。截至2019年总授予学位人数为167人，其中全日制兽医专业硕士研究生70名，非全日制硕士研究生97名。招生规模稳定，毕业生深受社会欢迎。

一、强化学位管理各环节

1. 招生管理 学校研究生招生制度健全，先后制定了相关文件，严格按文件要求组织招生考试和录取工作。学校和学院成立招生工作领导小组、研究生入学考试命题工作领导小组，加强领导，全面负责研究生招生考试工作，确保招生工作规范、严谨、公正、透明。学校实行院、校两级考生资格审查，学院成立主管院长为组长的考生资格审查小组，学院审核后，报学校研招办审核把关，杜绝考生资格出现问题。2015年起对考试和面试全程录制声像。完整保存复试的笔试试卷、答卷、面试材料。2010年以来，全日制研究生考录比平均230%，非全日制研究生考录比278%。平均每年师生比为1：2，招生规模适宜。全日制硕士生源中，第一学历兽医相关专业占98%以上，非全日制硕士兽医相关专业占80%以上。

2. 教学培养管理

（1）严把导师管理与指导：导师是研究生培养的第一责任人，在导师的选聘、培训、考核及指导研究生等方面，学校制定了《河南科技大学研究生指导教师聘用管理办法（试行）》《河南科技大学研究生指导教师管理办法》和《河南科技大学研究生优秀学位论文及优秀指导教师评选办法》等文件，对导师的师德、学术水平、科研经费、科研成果和培养质量等进行了严格要求。要求具有副高及以上职称，且科研经费经费充足。每年组织新聘导师培训，规定新聘导师第一年只能指导1名研究生。严格遴选校外导师，从学历、职称、业绩、单位科研条件等方面综合筛选把关。加强校外导师管理，学院对校外导师定期集中培训，并通过研究生开题、中检、毕业论文答辩、专业实践考核等环节组织校内外导师相互交流。每位研究生必须有一名校外导师。对校内外导师实行聘期考核，综合考核不合格者，予以解聘。学院还出台了《关于研究生指导教师选聘办法的补充规定》，规定新聘导师必须先协助其他导师指导硕士生1届以上，有力地保障了研究生培养质量。

（2）强化实践教学的重要性：在《河南科技大学全日制硕士专业学位研究生专业实践教学工作暂行规定》中，对专业学位研究生实践教学环节做了明确的管理规定和要求，每位兽医硕士研究生接受6～12个月的专业实践训练，实践教学目标明确。为满足研究生的实践教学培养需求，本学位点建立了12个校外专业实践基地及较为系统的实践能力考核机制，实践环节结束后，由考核组严格考核；为每个研究生聘请有校外指导教师，实行双导师指导。学院共聘请校外导师25个，分别来自河南省动物疫病防控中心、河南省农科院、洛阳市畜牧局及后羿集团等单位，所聘校外导师均具有高级技术职称和丰富的动物医学社会实践经验。

（3）深抓开题和中期考核二环节：开题报告和中期考核组织严格，落实到位。各个环节均成立有考核小组，由校内外相关领域专家5～7人组成。开题报告评审小组对报告的选题、研究内容、研究方法等做出评价，提出是否通过开题或进一步修改的意见；中期考核评审小组 对论文工作进展情况、课题阶段性成果、研究与实践能力等做出评价。开题和中期考核时必须填写《河南科技大学研究生学位论文开题报告成绩评定表》和《河南科技大学研究生学位论文中期考核成绩评定表》。开题未通过者须填写《河南科技大学硕士研究生学位论文重新开题申请表》，重新申请开题。2010年以来，学院兽医硕士全日制研究生和非全日制研究生共有9名学生进行了二次开题。

（4）从严要求紧密结合兽医实践应用：学位论文选题紧密结合兽医实践，注重创新性和实用性。要求论文选题应来源于应用课题或现实问题，必须要有明确的兽医职业背景和应用价值。在学生论文选题中，学校尤其重视论文题目及其研究内容与兽医实践的结合度，特别强调论文研究要与河南省的动物生产、动物疫病防治、兽医管理、动物性食品安全等方面的实际相结合。

（5）实行全面双盲评制度：学校制定了研究生论文规范，学位论文撰写要求明确、规范严谨。论文评审、答辩、学位授予制度健全。学校先后出台了《关于研究生学位论文重复比的处理规定》等相关文件。学位论文通过重复率检查合格后方能进行双盲评审。校外双盲评审有一个意见不通过者，不能进入答辩程序。外审论文先后送往南京农业大学、扬州大学、甘肃农业大学等多所高等院校进行外审。

二、所取得的成绩

1.学位论文质量 导师高度重视学生论文的质量和水平，根据教指委的要求，严格控制学位论文的研究方向。学位论文写作规范，内容充实，工作量饱满。2010年以来，兽医硕士学位论文外审优良率占70%以上。历次在河南省学位办学位论文抽检中合格率为100%。获得校优秀硕士论文6篇，省优硕士论文8篇。全日制兽医硕士毕业生人均发表一级学报、中文核心期刊论文12篇。

2.学术训练 为开阔学术视野，营造敢于探索，勇于创新的学术氛围，平均每年邀请校内外名师作学术报告30次以上。通过"学术讲座""学者的学术人生"和"导师有约"等多种形式，为研究生传授学术道德、前沿知识和创新意识等。另外，学校还设立研究生科研创新基金，鼓励研究生自主开展科研创新。张聪同学的作品"肽康生物制品有限公司"在第二届全国大学生生命科学创新创业大赛中荣获优秀奖；周江飞和张聪参与的"重组法氏囊TBP免疫融合肽免疫佐剂特性研究"在2017年全国大学生生命科学竞赛中荣获一等奖；先后有宋超、赵静、田二杰、黄丛富、田文静、赵文鹏、张聪和谭攀攀等多位同学荣获校学术科技节学术征文一等奖或二等奖。黄丛富在2017年河南科技大学第一届十佳学术之星评选活动中被评为"十佳学术之星"；赵文鹏和张聪两位同学2018年在第二届评选活动中被评为校"十佳学术之星"。

3.学术交流 学位点重视研究生学术交流活动，学院要求研究生在培养期内至少参加1次学术会议。学校还设立国际交流生项目，为研究生提供国际学术交流的机会。近5年，先后有尚珂、张俊峰、赵静和杨亚东4名同学在读期间赴韩国全北大学交流学习1年。近5年，研究生累计参加国内外学术会议82次，生均1.36次，平均约2 500元/（人·次）。17名学生在大会上作学术报告，12位学生获会议优秀论文奖。

4.满意度及社会服务 对兽医硕士在校生满意度进行了调查，调查内容包括：对学校课程教学、参与科研训练、指导教师、研究生管理服务、学校研究生教育、课程体系等，学生总体评价表示比较或非常满意，说明学校对现行兽医硕士的培养教育较为全面和具有针对性，基本达到了兽医硕士培养的总体要求。毕业生总体就业质量较高，就业率高达100%。用人单位调查的结果显示，用人单位对我校兽医硕士毕业生的综合素质、基础理论、专业水平、创新能力和实践能力较认可。往届兽医硕士毕业生社会认可度较高，收入水平高，职业吻合度高，离职率低，工作稳定性较强。

5.就业发展 本学位点硕士研究生就业率达100%，毕业生社会认可度高，收入水平高，就业满意度高。多数毕业生进入单位后很快成为单位的技术骨干，发展良好。如在上市公司河南牧原食品股份有限公司、雏鹰农牧集团股份有限公司工作的毕业生已经成为公司的中层技术管理人员；在天津瑞普生物技术股份有限公司、洛阳普莱柯生物技术有限公司等生物技术企业，毕业生成为企业的主要技术人员。部分学生进入动物疫病预防控制中心和动物卫生监督所等事业单位，成为单位的业务骨干。用人单位普遍认为毕业学生专业基础扎实，技能良好，具有较强的创新能力。用人单位认可学位点研究生的培养质量和能力。毕业生在促进区域社会与经济发展方面做出了一定的贡献。

锦州医科大学
兽医专业学位教育总结报告

一、发展历程

锦州医科大学创建于1946年，其前身为辽吉军区卫生学校，1958年成立锦州医学院，2006年更名为辽宁医学院，2007年以优秀通过教育部本科教学工作水平评估，2016年更名为锦州医科大学。经过70余年的发展，学校已成为以医学为主，多门类、多层次、多种办学形式的省属普通高等院校。现有医学、理学、工学、农学、管理学、教育学、经济学7个学科门类，21个本科专业。

学校于1984年成为硕士学位授予权单位，现有8个一级学科硕士学位授权点，59个二级学科硕士学位授权点，5个硕士专业学位授权点。在校研究生2 246人。现有辽宁省高等学校重大科技平台2个、省重点实验室和研究中心16个、省重点学科4个和省临床重点专科11个。有"长江学者奖励计划"特聘教授2人，国家教学名师1人，教育部高等学校教学指导委员会任职3人，新世纪百千万人才工程国家级人选1人，国务院政府特殊津贴23人，卫生部有突出贡献中青年专家1人。学校有直属附属医院3所，在辽西地区的医疗卫生事业发展中发挥了重要作用。有直属附属动物医院1所，为辽西地区唯一一所高校所属现代大型动物医院。

畜牧兽医学院前身为辽宁省锦州畜牧兽医学校，有着69年的办学经验。2002年并入锦州医科大学并于2003年开始招收全日制本科生，现有动物医学、动植物检疫和动物科学三个专业，已经培养本科人才3 658名。2014年获批兽医硕士专业学位授予权，并于2015年开始招收全日制兽医硕士专业学位研究生。学院有辽宁省重点实验室1个，中央与地方共建优势学科实验室2个，省级示范性实践教学中心和科普基地1个；动物医学专业为辽宁省示范性专业和创新创业试点专业。学位点目前已招生研究生40名，已毕业16名；在辽宁本省就业10名，北京和外省4名，其中6.3%升学深造，12.5%进入事业单位从事业务管理，81.2%进入企业或自主创业成为技术骨干。用人单位对毕业生均表示满意，该专业毕业生在各自工作岗位，取得长足进步，表现出较高的综合素质，过硬的基础理论，优良的专业水平，突出的创新能力和实践能力。

二、师资队伍建设

本学位点有专职教师41名，其中硕士生导师16名。导师中有国务院政府特殊津贴获得者1名；辽宁省教学名师1名，辽宁省特聘教授1名，辽宁省高等学校优秀人才2名，辽宁省"百千万人才工程计划"入选者3名；中国畜牧兽医学会兽医病理学分会常务理事1名，中国动物福利与健康养殖学会常务理事1名，东北区兽医病理学会副理事长1名，辽宁省畜牧兽医学会常务理事3名，分会理事长2名，辽宁省兽医协会副会长2名，辽宁省畜牧兽医学会常务理事6名，理事3名；辽宁省动物卫生标准化委员会秘书长1名、委员2名；辽宁省宠物诊疗鉴定委员会主任1名、委员11名；中央电视台农业频道《农广天地　畜禽疾病防治》栏目科学技术顾问1名；此外，还有多名教师创办兽药企业、宠物医院、担任大型畜牧兽医企业技术顾问。学校和学院制定有多种切实可行的培养培训制度。通过不断培训、进修学习、学术及技术交流，提高教师培养研究生的能力和水平。通过学术讲座交流、青年拔尖人才和领军人才项目、科研项目申报、产学研对接和成果转化、临床教学能力考核、选派优秀教师去高水平科研院所交流学习等，提升兽医硕士专业学位研究生培养的教学理念和能力。近5年来，承担国家级科研项目5项，省级及横向课题39项，获得科研经费634万元。获得辽宁省科技进步奖一等奖1项，二等奖2项，三等奖3项，全国农牧渔业丰收奖二等奖2项；辽宁省畜牧兽医科技贡献奖一等奖13项，获得授权发明专利6项，制定地方技术标准13项和技术规程25项。教师中有执业兽医师资格证书的33名，均具有丰富的临床实践经验，占比80.5%。学位点有校内导师16名，在校生17人，导师与研究生比例为0.94 ：1。目前，已形成了一支以二级教授为学术带头人、年龄结构与学缘结构合理、学术特色鲜明和实践经验丰富的师资队伍。

三、培养特色

1.确立了三个重点培养方向 学位点形成了动物疫病防控、经济动物疾病诊疗和中兽药研制与应用三个方向。动物疫病防控主要以畜禽常发疫病的诊断和防控技术为研究方向，有导师7人；经济动物疾病诊疗以宠物、蜜蜂疾病防治为主要研究方向，有导师4人；中兽药研制与应用以抗感染植物提取物中药研制开发为主要研究方向，有导师5人。

2.建立了适应重点培养方向的模块化课程体系 课程体系根据全国兽医专业学位研究生教育指导委员会指导意见设置，具有模块化特征，分为公共课程、基础课程、专业基础和专业课程、选修课、兽医实践五大类，总学分满足34学分。专业必修课开设兽医临床诊疗技术、动物疫病防控等5门，强调学生实践与技术应用培养；选修课设置了疫病病原检验技术、宠物疾病防治、新兽药研发等9门，以适应三个重点培养方向要求，同时体现医学和兽医学科交叉特色，开设了人兽共患病等课程。

3.创新教学模式，加强案例教学、模拟训练等教学方法 教学方式采用讲授、研讨、现场、模拟和案例等多种方法结合，科学、合理地选择教学方法，增加教学魅力，提高教学效率，激发学生学习热情，从多种角度学习课程内容。开展案例库建设并不断更新，目前有教学案例23个，案例课程9门。

4.建设实践就业一体化基地，实施兽医综合能力实践训练 学位点有直属附属动物医院1所；另与校外10家高水平实践基地签订了联合培养协议，依托校内和联合培养基地的6个国家级、省级重点实验室等科技平台，保证了研究生科研训练和实践技能训练。实践基地种类齐全，数量充足，能够满足研究生在各个专业领域的实践培养需求。实践教学管理体制及教学大纲完善，实践目标和要求明确，兽医实践教学大纲主要规定了4个教学目标，即掌握兽医实验诊断技术、动物防疫检疫技术、动物疾病诊疗技术和动物药品生产与研发技术。要求以"行业方向为引导，综合能力为目标"实施兽医实践能力训练。制定了《锦州医科大学兽医硕士专业学位研究生实践技能训练考核方案》和《锦州医科大学兽医硕士专业学位研究生兽医实践教学纪律和要求》等文件，规定了实践能力考核标准和方案。

5.规范论文管理，强化学风教育 论文选题紧紧围绕兽医领域方向需要解决的实际问题，包括应用研究报告、案例诊治分析、流行病学调查等。论文开题答辩程序规范，学位论文全部进行CNKI系统查重，同时校外专家"双盲"方式进行评审通过方可参加答辩。学风教育从新生抓起，把学术道德教育和学术规范训练贯穿于研究生培养的全过程。学校成立科学道德和学风建设领导小组，出台了《锦州医科大学科学道德和学风建设宣讲教育工作实施方案》《锦州医科大学关于学术不端行为的认定和处理规定》，明确规定学术不端行为的处理方式，对于违反本规定的在校学生，追究相关责任。

四、深入开展产学研用活动，积极服务地方经济社会建设

畜牧兽医学院是辽宁省畜牧兽医学会动物遗传育种与繁殖学、小动物疾病学、人兽共患病学三个分会理事长单位，省兽医协会副会长单位，辽宁省宠物医疗鉴定单位。近年来，学位点与各级动物疫病预防控制中心、兽医卫生监督所以及辽宁省涉农养殖企业、动物诊疗机构、兽药生产厂家等兽医行业主管部门和企事业单位建立并保持着密切的合作关系。通过制定行业标准、技术咨询服务、技术开发、成果转化和人才培养几个方面为社会及经济发展提供了服务。同时，与部分企业和机构形成了"产学研用实践就业一体化"的就业和创业基地。深入开展产学研用合作，建立大学和企业联合实验室，制定联合人才培养方案，开展教师互聘、联合研发、成果转化等多种方式合作，并形成稳定的合作关系和机制。

通过加强建设和管理，学位点不断探索和发展自身培养特色，以医科大学良好的医学背景和资源为依托，在"动物疾病诊疗""动物疫病防控""动物药品开发"三个主要培养方向的基础上，大力发展人兽共患病的防控；并逐步实现三证合一（取得毕业证、学位证、执业兽医师资格证）为发展目标的兽医硕士专业学位研究生培养。使我校的兽医硕士专业学位研究生培养实现生源质量显著提高，导师队伍整体力量显著增强，实践就业一体化培养基地提质增量，人才培养职业特色更加鲜明，在适应现代兽医和公共卫生事业发展中发挥重要作用。

河北科技师范学院
兽医专业学位教育总结报告

河北科技师范学院"兽医硕士"专业学位授权点设立于2014年，2015年开始招收首届硕士研究生。该学科自设立以来，培养目标以适应国家执业兽医和官方兽医的要求，面向省内畜牧业发展的人才需求，走产学研相融合的办学道路，提高兽医硕士培养质量以及与社会需求的符合度。目前，该学科导师队伍33人，包括17位校内导师和16位校外导师，校内导师积极与企业开展校企合作，完成了多项企业攻关项目，具有丰富的实践经验。2015年以来，累计招收49名全日制研究生，7名在职研究生，7名非全日制研究生，目前已毕业16人。依托校外企业建立研究生基地或工作站12个，其中大北农集团被确立为省级专业学位研究生实践教学基地。注重课程建设，采用案例教学和课堂讨论等多种授课方式，教学效果良好。我校兽医专业从无到有，一路走来，成绩来之不易，现将近5年的办学经验总结如下。

（一）目标与标准

1.培养目标　我校兽医硕士专业学位培养目标始终坚持：适应国家执业兽医和官方兽医的要求，面向动物诊疗机构、动物养殖生产企业、兽药生产与营销企业以及动物疫病预防控制、兽医卫生监督执法、兽医行政管理等部门，走产学研相融合的办学道路，创建基于兽医硕士研究生工作站的管理运行新机制，增强学生的理论水平、专业能力和创新能力，提高兽医硕士培养质量以及与社会需求的符合度。培养从事动物诊疗、动物疫病检疫、技术监督、行政管理以及市场开发与管理等工作的应用型高水平人才。培养目标明确，定位准确，与国家兽医硕士学位要求保持一致。

2.学位授予标准　根据国家专业学位基本要求和学校实际情况，制定了科学合理、切实可行的学位授予标准。在规定学习年限内，修满34学分，通过学位论文答辩，经校学位评定委员会审核，授予兽医硕士学位。

具体标准：①获得兽医硕士专业学位应具备的基本学术道德，良好的专业素养与职业精神素质。②掌握兽医领域的理论基础知识以及动物诊疗、动物检疫、兽药使用等方面的专业知识，熟悉国家相关政策法规。具有开展兽医科学研究的能力、实践应用能力和学术交流能力等，具有创新意识和团队协作精神，能够独立从事动物诊疗工作和正确使用兽药，或具备动物疫病、人畜共患病防控以及动物及动物产品检疫等实践能力。③具备熟练阅读本领域外文资料的能力。

（二）师资队伍

1.师资结构　学校具有一支与兽医硕士应用型人才培养相适应的校内、外相结合的教师队伍，共同指导研究生的课程学习和学位论文工作。

本学位点具有校内导师17人，均具有高学历或副高职称，且一定的兽医行业实践经验。承担的国家和省部级以上科研项目48项，在国内外学术刊物上发表论文352篇，其中SCI收录16篇。鉴定科研成果23项，制定行业标准12项，出版著作和教材9部。导师中包括全国优秀教师1人，河北省特殊津贴专家或河北省有突出贡献的中青年专家3人，河北省现代农业产业体系岗位专家3人，河北省"三三三"人才4人。其中马增军教授获得省科技进步二等奖1项，李佩国教授获得省山区创业二等奖1项，史秋梅教授获得省山区创业三等奖1项。校外合作企业导师16人，均具有副高以上职称和5年以上从业工作经验。

2.导师管理与指导　我校导师遴选规范、导师培训及时有效、导师考核制度健全，导师指导研究生制度的建立和执行情况规范。导师能较好地满足兽医硕士对课程教学、论文指导、实践训练的培养需求。导师认真负责，关心学生，能及时指导和解决研究生试验过程中问题，同学们能够顺利完成毕业论文。目前有1名兽医硕士被评为省级优秀毕业生，25%校级优秀毕业生，25%学生获得国家奖学金。总之，导师教书育人责任心强，认真负责地履行指导职责。

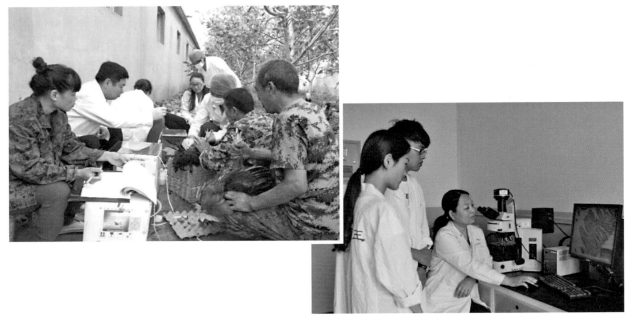

我校优秀导师李佩国教授、史秋梅教授对研究生进行实践和科研上的指导

（三）教学培养

1.课程教学　全日制兽医硕士专业学位的课程设置以兽医职业需求为导向，选修课按模块设置，包括官方兽医方向、农场兽医方向、兽医服务方向、临床兽医方向，强化专业技能，注重体现整体性、综合性、实用性，拓宽知识面、优化知识结构、培养应用能力和综合能力。列入培养方案的课程，均有较为系统的教学大纲。任课教师根据教学大纲制定了授课计划和教案，并根据课表安排按时上课，学生到课率100%。任课教师具有丰富的科研和临床实践经验，81.25%（13/16）课程采用案例教学及课堂讨论等多种方式授课，提高了教学效果。为了开拓学生视野5年组织了32场次学科前沿讲座和学术报告。

课程和教学建设方面，"兽医学研究进展"课程紧密结合当地区域特色经济发展需求，不断更新教学内容，开设了毛皮动物疾病研究进展、水生动物疾病进展、奶牛疾病防控研究进展等体现服务区域特色经济的培养理念。为满足河北省主要产业发展需求，结合教师资源优势（河北省猪病、鸡病、牛病岗位专家），开设了鸡病防控研究进展、猪病防控研究进展等内容。

2018年12月1日，第六届京津冀畜牧兽医科技创新研讨会暨"新思想、新方法、新观点"论坛在天津召开，我院兽医硕士张召兴、朱丽霞获得优秀论文奖。张召兴做了"*E. tenella*河北株SO7基因生物信息学分析及毕赤酵母菌系统中表达"学术报告。我院兽医硕士导师李佩国教授做了题为"河北株*E. tenella*免疫调节型DNA疫苗的构建及免疫原性研究"的大会主旨报告

2018年10月23日，我院硕士生导师马增军教授在河北省畜牧科技大会上，作了题为"非洲猪瘟的流行与防控"的学术报告

国务院政府特殊津贴专家、河北省省管优秀专家、河北省"巨人计划"第三批创新创业团队及领军人才史秋梅老师，对学生认真负责，带领兽医专硕研究生参加2017年全国毛皮动物专业学术研讨会第十六届毛皮动物产业发展大会

2. **实践教学**　我校高度重视研究生实践教学，根据国家相关规定先后出台了《研究生实践教学课程暂行规定》《研究生校外实践基地管理办法（试行）》以及《专业学位研究生实践教学大纲指导意见》等文件，对实践教学过程起到了规范和指导作用。

目前，兽医硕士专业建立培养实践基地12个，其中省级专业学位研究生培养实践基地1个，校级实践基地11个，与实践基地均签署了合作协议，保障了研究生培养的稳定性，能够同时满足30名专业学位研究生实践需要。为保证研究生的实践教学质量，学校为每个研究生校外实践基地（研究生工作站）提供0.8万元经费支持，用于改善研究生的学习和生活条件。我校为规范和方便研究生的实践教学，我校定制了《专业学位研究生实践教学考核记录》，研究生的实践教学实行课程化管理，为必修课，经综合考核合格可获得相应学分。5年来，每届兽医专业硕士研究生均能很好地完成实践教学内容，经综合考核合格均获得相应学分，实践教学效果良好。

2016年我校与大北农基地建立合作关系，成立研究生工作站；2019年我校与北京大北农科技集团股份有限公司共建的研究生培养实践基地通过检查验收，并获评省级示范性专业学位研究生培养实践基地

3. 培养环节 按照教指委对学位授予的基本要求和指导性培养方案，课程学习包括公共课、领域主干课、选修课和实践研究四部分；必修环节包括研究计划、开题报告、中期考核、论文中期报告、实践报告等。根据学校两地办学的实际情况，课程学习集中一学期完成，课程考试方式多样，符合教学大纲的要求，课程考试合格后，回到昌黎校区开始实践研究，并按照培养方案要求定期严格组织中期考核和开题报告。此外，每学期末组织学生对所学课程进行教学评价，评价结果进行公示并反馈。2015—2019年，学生对所学课程评价的总平均分为97.89±0.58，表明5年来该专业研究生课程教学效果良好。

（四）学位授予

学位论文严格按照我校《硕士研究生培养工作实施细则》《硕士学位授予工作实施细则》、兽医硕士培养方案要求，并出台了《学术不端行为检测暂行办法》和《对学位授予工作中舞弊作伪行为及相关人员的处理办法》等文件，严格执行，无违规行为。

学校通过对过程的严格管理，基本保证了学位论文写作规范、内容充实、工作量饱满。87.5%（7篇/8篇）论文的选题来源于兽医生产实践，包括生产实践问题、应用研究课题、诊断技术的开发项目，以及中兽药产品开发等，具有一定的创新性和实用性。论文研究成果对兽医生产、经营和管理具有一定的指导意义，应用价值明显。

（五）培养工作条件与管理服务

1. 教学平台 近5年（2015—2019）本学科共计获得6项国家级课题，8项省部级课题，16项市厅级项目；兽医硕士主要依托河北省预防兽医学重点学科和河北省预防兽医学重点实验室，科研平台完善。上述科研项目和平台能够为兽医硕士论文的顺利完成提供保障。兽医硕士专业具有条件较好的产学研联合培养基地，其中与石家庄九鼎动物药业有限公司合作，建立药物研发平台；与河北华夏新农科技股份公司合作，建立具有区域特色的毛皮动物疾病防控平台；与河北省动物疫病预防控制中心、秦皇岛市动物疫病预防控制中心、秦皇岛市农产品质量安全监督检验中心等单位合作，建立官方兽医培养平台；与北京大北农科技集团股份有限公司、抚宁县宏都养殖有限公司、张家口绿色田园禽业科技有限公司、河北滦平华都肉鸡公司等单位合作，建立养殖管理及技能提升平台；与河北省三河市第三中学合作，建立职教师资提升平台。

2.教学设施　学校拥有可供兽医硕士使用的网络数据库25个（CNKI、北大同方、Springer等）。可供兽医硕士借阅的图书12.1万册，报刊215种。学校有配备电脑的2个研究生专用的大型工作室，有线和无线网络配备齐全，使用方便。拥有与兽医硕士研究生规模相适应的多媒体教室6个；拥有设备齐全的兽医专业学位案例教室和学习讨论室各1个；拥有足够数量的兽医专业图书资料和阅览室；提供了便捷的校园网络服务，从多角度多方位的满足研究生教学需要。

3.奖助体系及管理制度　学校奖助贷体系完善，共有各类奖助贷项目等7项（新生奖学金、国家奖学金、国家助学金、国家助学贷款、学业奖学金、科技论文奖励、三助奖学金），奖学金覆盖率达100%，奖助水平与学术型研究生相同；在管理制度方面，学校建立健全了与兽医硕士专业学位相关的管理文件，并严格执行。在研究生培养过程中主要围绕学生素质和能力的提升，旨在培养适应现代兽医领域的高水平高素质应用型人才。

（六）学风教育

按照教育部和中国科学技术协会联合开展的科学道德与学风建设宣讲教育活动要求，我校每年均有具体活动计划，通过组织观看宣讲教育视频录像、集中学习宣传读本等方式，结合开设与科学道德相关的研究生第二课堂，使之意识到遵守学术道德、维护学术规范的重要性。截至目前，本学科尚未发生因学术道德问题受到处理的情况。

（七）满意度及社会服务

1.学生满意度　学校按照全国专业学位研究生教育指导委员会的要求，在学科教学、导师指导、科研训练、管理与服务等各方面做到规范有序，办学过程和办学质量得到学生和社会的认可，在校生对研究生培养各项工作满意度高；毕业生就业率高，对培养过程及导师指导满意度高。

本学位授权点培养体系合理，导师素质高，研究生权益保障制度健全，研究生对培养过程满意度高，但在管理服务体系及专业实践基地建设方面还需要进一步完善和提高。

2.用人单位满意度　近3年，我校兽医硕士研究生在实践基地参加科研实践和专业实践，部分学生在基地就业。从反馈的信息来看，大多数研究生能够吃苦耐劳，坚守一线并发挥作用，受到实习单位的好评。

用人单位普遍反映，已毕业的全日制兽医硕士研究生，专业技能过关，具有较好的团队合作意识，适应能力和学习能力强，能够在工作岗位发挥骨干作用。比如，我院2017届兽医硕士毕业生刘荣生，在唐山大北农猪育种科技有限公司工作仅半年，就由实验室主管提升至兽医总监，而且被评为2017年度唐山大北农公司优秀干部而获得嘉奖。

3.社会服务　学校在开展兽医硕士学位研究生教育过程中，注重与社会保持紧密联系，通过与政府部门、兽医企事业单位联合，解决生产实际问题、共同搭建科研平台，开展合作研究，培养应用型人才。如大北农长期接受学生实习，并有毕业生留大北农工作。

近年来，地方政府和企业还依托我校建立了一批具有产学研合作性质的社会合作机构。例如，河北省燕山毛皮产业研究院、秦皇岛皮毛产业信息网、昌黎县皮毛动物疫病（远程）诊断中心、秦皇岛市农业科学研究院等，解决生产实际问题。

至今，有2名研究生导师受聘为河北省动物疫病预防与控制专家组成员；有3名研究生导师受聘为河北省农业产业技术体系—生猪体系猪病岗位专家（马增军）、蛋鸡肉鸡体系蛋鸡疫病防控岗位专家（李佩国）、肉牛产业体系牛病岗位专家（史秋梅）的动物疫病防控专家，他们带领研究生，进行科学研究、取得科研成果3项，其中河北省科技进步奖一等奖1项；河北省山区创业奖1项；合作取得专利3项；转让专利5项；另外，还解决了生产中出现的许多问题，所做的事迹被中央电视台、秦皇岛电视台等新闻媒体多次报道。

二、持续改进计划

（一）存在问题

（1）第一志愿生源相对较少，调剂比例较高。由于我院兽医专业学位研究生教育起步晚（2015年开始招生），社会影响力需要有一个发展过程。对此，我们十分重视招生宣传工作，同时积极鼓励本校生源第一志愿报考，取得了一定成效。

（2）课程设置中，实践教学的地位还不够突出；案例库建设还相对薄弱；实践基地在专业学位研究生培养中的作用还没有得到充分发挥。如基地的积极性，选题的针对性，基地导师的实质性指导等均有待加强。跨校区办学，研究生培养相对不便，学生不能较早地接触校内实验平台以及与导师的教学科研工作对接。对此，我们将课程进行了时间和空间上的调整，理论授课时间压缩到半年。

（3）在职研究生培养难度较大，延期答辩普遍。在职研究生大多数来源于京津冀地区的职业中学或企业，工作较忙，使得学生对课题研究的投入时间严重不足，导师的指导也不够充分，完成论文困难。为保证研究生培养质量，本学位点在职研究生均延期答辩，根据实际情况暂停招生。

（二）改进计划

（1）进一步扩大专业学位研究生招生规模。我们将继续扩大招生宣传，进一步凝练特色和发展方向，强化内涵建设，不断加强研究生培养质量，以自身发展实力吸引生源。

（2）进一步加强导师队伍建设。一是继续加强对导师的培养培训，提高导师的业务素质和指导兽医硕士研究生的能力。二是通过对年轻导师6～12个月全脱产的企业实践，提高实践技能；三是进一步遴选数量更多、层次更高的校外兽医技术人才充实到导师队伍，并进一步密切校内、外导师的联系，落实"双导师"制，实现真正意义上的校企联合培养。

（3）优化课程设置，突出技能、技术和实践教学在整个培养中的地位。一是统一论证培养方案，论证专家由畜牧生产、兽医实践与管理、兽医研究、兽医教学等多方面人员组成；二是在开展精品课建设的基础上，设立专项经费按领域开展案例库建设，以规范案例教学；三是改革教学方式和方法，根据课程需要具体考虑。

（4）进一步加强实践基地的建设、监督与管理。对新建立的研究生工作站，完善相应的配套政策，明确学校和实践单位的责、权、利，通过建立有效实用的机制。充分发挥实践基地在专业学位研究生培养过程中的重要作用。

西藏农牧学院
兽医专业学位教育总结报告

西藏农牧学院兽医学科始建于1957年，一直是我校优势学科，也是迄今为止西藏自治区唯一的一个兽医专业学位点。本学科是西藏高水平兽医专业人才培养基地，全区80%以上的兽医本科专业技术人员均毕业于我校兽医学科。2004年预防兽医学获得硕士学位（二级）授权点，动物医学专业是全国首批卓越农林人才教育培养计划改革试点专业。为适应西藏牧区经济社会发展，2014年成功申报并获批兽医专业硕士学位授权点并于2018年通过审核评估。在兽医专业学位的办学过程中，学院以立德树人为根本，强农兴农为己任，立足高原、面向西藏、服务"三农"，为新时代西藏畜牧兽医业培养高素质人才，具体工作情况总结如下。

一、坚持特色，完善体系，明确人才培养目标和标准

西藏是全国五大牧区之一。畜牧业源远流长，是藏族人民世代经营的传统产业，亦是藏族人民赖以生存和发展的最重要的基础产业。家畜主要有牦牛、藏绵羊、藏山羊、藏香猪等，此外西藏的野生动物种类丰富。西藏畜牧业经济占西藏国民经济的40%以上。西藏高原牧区独特的自然地理环境和气候条件下，各种疾病多发，动物疾病危害一直是畜牧业健康发展和公共卫生的主要风险。在"一带一路"战略不断深入的今天，外来动物疫病与人兽共患病风险日益加大，防控任务重，基层兽医专业技术人员拥有硕士学位的比例不足5‰，明显低于全国平均数，且高层次人才引进难度大，这些因素严重制约我区动物疫病防控技术水平提升。为此，本专业兽医专业学位教育的办学目的就是扎根西藏大地，坚持特色，培养了解西藏特殊动物疫病、留的下来、沉的下去能服务于西藏畜牧兽医科技的高级专业人才。

为此，在办学过程中着重构建以下体系和机制。一是在人才培养方案中，着重加强地方特色物种特性和疾病的教育，让人才培养更聚焦，如开设了《藏猪低氧适应研究》《牦牛疾病诊断与治疗》《牦牛传染病防控》《藏猪疫病防控》《藏鸡传染病防治》等多门地方特色课程。二是课题选择紧紧围绕西藏地方特色，重点解决西藏动物疾病防控、公共卫生和畜产品安全

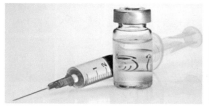

领域中的重大科技问题，以便更好的服务地方经济。如西藏牦牛病毒性腹泻病、牦牛大肠杆菌病、牦牛结核分枝杆菌病、牦牛布氏杆菌病、藏鸡新城疫、藏猪流感、藏猪寄生虫病、藏猪沙门氏菌病诊断与防控（治）技术研发与应用等。特别是牦牛动物疾病防控以及高原地区畜产品安全和人畜共患病研究领域区位特色突出、全国领先。三是在招生中，突出选拔西藏本地区兽医相关科技工作者，以便他们学成后更好的服务于当地经济社会发展。截至目前，兽医专业学位留藏工作学生比例超过了40%。

二、内外结合，专兼结合，提升培养能力和培养条件

　　西藏地处边陲，师资力量和办学条件相对薄弱，为克服困难，学院通过内部培养和外部引进等方式，积极加强师资队伍建设，形成了"内外结合，结构合理"的师资队伍现状。学院现有教职工51人（含援藏干部1人、柔性引进人才3人、志愿者1人），其中教授10人，副教授19人，讲师11人。具有博士学位的11人，硕士学位的24人，硕士生导师15人，博士生导师5人。有西藏自治区创新团队1个，国务院特殊津贴获得者2人，全国优秀科技工作者1人，全国农业推广标兵1人，国家肉牛牦牛产业技术体系岗位专家2人，西藏自治区学术带头人3人，西藏自治区先进工作者1人，西藏自治区教育厅优秀教师3人，西藏自治区草业科技先进工作者1人，西藏自治区教育厅巾帼标兵1人，西藏自治区教学能手2人，西藏自治区"五四"青年奖章3人。合理的师资队伍结构，为在高原地区开展教育教学工作提供了坚实的保障。

此外，学院在兽医专业学位教育中，与江苏省农科院、华中农业大学、西藏动物疫病预防控制中心建立了联合培养机制，聘请具有正高职称专家12人担任校外第一导师，根据每年生源情况，派学生到对方单位从事毕业课题研究工作，共享共用江苏省农科院兽医研究所、动物免疫工程研究所等省级和国家级科研平台。其中，与江苏省农科院签订了校级研究生培养协议，与西藏动物疫病控制中心签订了院级人才培养和科研全方位合作协议。4年来，共计派出20多位研究生到合作单位从事课题研究工作。

学院也积极完善人才培养条件，截至目前学院拥有动物遗传育种与繁殖实验室、高原动物疫病检测实验室和临床兽医学实验室3个自治区级重点实验室，藏猪协同中心与高原动物饲料研究与加工自治区级研究中心2个，拥有教学实习动物医院1个，家畜解剖学实验室、动物生理与药理学实验室、动物微生物与传染病学实验室等13个校级教学实验室以及1个校内实习牧场；教学、科研、生产基础设施完善，确保让硬件条件能逐渐支撑高水平人才培养目标。

三、因地制宜，立足实际，创新教育教学和管理模式

学院紧紧抓住人才培养中心任务不动摇，做好顶层设计，创新教育教学和管理模式，提高人才培养质量。西藏研究生招生指标少，学院根据实际，突出精英培养，倡导师徒制，强化师生的亲情纽带。首先明确招生指标，每位导师每年招生数量原则上控制在两人以内，确保导师充分指导；针对学生数量少，截至目前每年兽医专硕招生名额不超过10人，选修课学生选课分散等特点，学院突出学生兴趣导向和职业发展目标，即便一位学生选课也开课；针对环境封闭，办学条件等限制，学院常年聘请3～4名柔性引进专家，通过网络授课、短期集中授课等方式，介绍行业前沿及研究热点，拓展学生视野；突出学生实践培养环节，6个学分的兽医实践课程，要求学生到各地区和县动物疫病控制中心、兽医院或其他实践培养单位进行锻炼时间不低于半年；此外，每年根据自治区选派农科科技专

家要求，选派专家不定期到基层指导生产一线工作，在此过程中学生担任助手全程参与，提高实践认知和动手能力。与此同时学院还承担自治区大量培训、检测工作以及校地扶贫项目，在此过程中学生作为生力军，边学边干，提升了实践运用能力。

 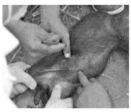  

此外，针对西藏边疆特殊地理位置，学院高度重视课程思政和第二课堂的思政教育。一是加强党团建设，通过主题活动、典型选树、精品报告、网络思政等，培养学生爱国主义，树立中国情怀；二是通过校园文化熏陶、社会实践锻炼、"老西藏精神"塑造等培养学生校训精神和高尚的边疆情怀。

四、取得成绩，面临问题和需要改进的地方

4年来，学院承担国家级科研项目17项，承担省部级科研项目62项，承担地市级项目3项，纵向经费共计4 123.7万元，横向经费共计2 287.37万元，总计经费6 411.07万元。获得省部级以上科研成果奖励共7项，其中"教育部科学技术进步奖一等奖"1项，"西藏自治区科学技术奖一等奖"2项，"西藏自治区科学技术奖二等奖"2项，"西藏自治区科学技术奖三等奖"1项，"西藏自治区哲学社会科学优秀成果奖三等奖"1项。全院教师以第一作者身份或通讯作者发表核心以上的论文共142篇，其中核心期刊67篇，一级学报48篇，有分区且被SCI收录27篇。全院教师共计获得专利10项，其中发明专利2项，实用新型专利8项。藏猪协同研究中心荣获脱贫攻坚优秀集体。这些成绩的取得与兽医专业学位研究生的培养和他们的工作是密不可分的。截至目前，学院共计招收兽医专硕20人，毕业9人，研究生毕业率、就业率和学位授予率均为100%。2015年以来，兽医专业学位毕业生发表学术论文30篇，其中SCI 1篇，核心期刊（北核）19篇，省级刊物10篇；获得国家奖学金1名，中华农业科教基金奖学金1名，优秀毕业生2名，目前已有9人获得了职业兽医资格证；毕业论文答辩通过率100%，到目前为止毕业生学位论文抽检过程中未发现学术不端情况。

但在取得成绩的同时，我们的人才培养工作也面临问题和挑战。一是特色课程多，但自主的教材数量少，未能有效的凝练为办学成果；二是学生招生指标少，人数少，尤其是少数民族同学少，进一步服务西藏经济社会发展的能力还需要提升；三是受边疆地区影响，生源质量还需要进一步提升；四是学生的国际视野和能力还需要进一步加强；五是缺乏高水平的科研支撑平台，目前只有针对兽医专业研究生服务的自治区重点实验室2个，还不具备P3、P4这样高水平的实验室。

河北工程大学
兽医专业学位教育总结报告

河北工程大学兽医硕士专业于2018年3月获批学位授权点，2019年9月第一次招生。目前本校兽医硕士专业领域设立三个方向：动物疾病诊疗、动物疫病防控与检疫和动物源食品安全，均属兽医硕士核心领域。在这一年的时间里，兽医硕士学位点各项管理制度和工作流程完善，制度执行效果好。并在以下几方面进行了相关工作并形成特色。

一、注重研究生招生措施

1.增强招生人员服务意识 积极参加学校召开的招生工作会议，及时传达国家、省研究生招生政策，制定本院的招生工作办法；同时对招生工作人员进行专项培训，提高业务素质、修养和工作能力，提升服务水平。

2.加强宣传力度 积极响应学校的政策，设立了优秀生源奖学金，奖励推免硕士研究生和一志愿考生；组织院内考研动员会，动员本系学生报考；各位老师通过建立QQ研招群、利用微信、印发招生宣传册、组织人员到兄弟院校及企事业单位宣讲等多种形式进行招生宣传，确保招生数量并提高生源质量。

3.把好招生入口关 由学院院长、学科办主任、学科带头人、导师代表组成招生复试小组，制定招生管理工作细则，全程监控招生流程，复试过程重点考察学生的综合素质、专业基础知识和创新潜能，保证优秀生源。

二、加强研究生培养措施

1.党性教育 为推进"不忘初心，牢记使命"学习教育常态化制度化，组织师生集中开展理论学习。进行《推动社会主义文化繁荣兴盛兼论文化自信》入学第一课教育，收看2019年全国科学道德和学风建设宣讲教育报告会，同时开展了"弘扬社会主义核心价值观，争做新时代栋梁"主题班会，促进研究生思想政治教育、科学道德教育和学风教育。

在进行入学教育时，生命学院各级教学领导，系主任及博士教师代表对学生今后的学习、生活提出了指导性建议，要求学生首先要树立远大的理想，为自己的人生规划好方向；其次要把学习、科研及实践三者结合起来，既要学习动脑更要学会动手，要知其然更应知其所以然。再次要学会处理好与同学及导师间的关系，学会沟通。研究生群体思想稳定，学风端正，无违纪违规现象，无学术不端现象发生。

2.专业教育 为提高兽医硕士的各方面能力，利用河北省禽病工程中心等平台，搭建由兽医硕士研究生担任组长的中兽医专题小组，组织热爱中兽医的本科生一起每周进行专业学习与训练。专题学习小组采用理论与实践两头抓，中兽医专业知识与科研训练并重的方式，小组成员在参与中兽医药相关科研课题的同时，还可以学习中兽医相关理论知识与探讨中兽医临床病例，并且全部活动由硕士来安排。旨在提高中兽医相关理论与实践能力的同时，增加硕士的组织管理、沟通表达等各方面的能力。

三、探索研究生培养模式

（1）各位研究生导师及授课教师通过聆听"研究生人才培养模式改革中的课程建设"和"专业硕士教学案例开发与案例教学的实践"讲座，学习了课程教学改革方式及案例教学的方法。

（2）修订兽医专业硕士研究生人才培养方案及教学大纲。培养方案设置以兽医职业需求为导向，培养学生基础人文、科学素质的同时，增强应用研究的训练，强化专业技能，培养具有扎实的基础理论知识和实践技能，动手能力强、综合素质好的应用型、复合型高水平现代化兽医人才。

通过修改教学大纲，制定了相关课程的教学内容，并增加相关实验教学及案例教学课程的比例，如现代兽医微生物与免疫学教师新开发了案例教学"疑似猪传染性胸膜肺炎与链球菌病混合感染之探讨"，兽医临床诊疗专题教师开发了"猫肾衰的中西诊疗方法对比举例"等新案例，为案例教学拓展了新内容。

（3）组织学院相关管理人员和教学督导组检查专业硕士理论和实践课程的开展，以促进教师的教学，提高教学质量。

（4）促进新校区教学动物医院建设。考虑到结合新农科建设中关于实践基地建设的要求，以及动物医学专业本科专业认证和兽医专业硕士点评估，教学动物医院在兽医学科长远发展中的重要性可见

动物医学系主任刘冠慧为兽医硕士研究生做入学教育

邀请河北省农学研究生教指委高宝嘉教授做《研究生人才培养模式改革中的课程建设》报告

学院领导及学科教师与建筑设计研究院人员商讨教学动物医院建设与规划

动物医学系教师商讨兽医硕士学位点迎评工作

学院副院长石玉祥向学校汇报兽医硕士学位点迎评工作

一斑。从教学动物医院实施方案的提出，实地考察，建设规划，到学校论证并批准建设，学科及学院高度重视并亲力亲为，为学生的学习实践基地建设增加了重要的一项。

（5）做好兽医硕士点迎评工作。学科通过对标新增学位授权点申请条件、学科评议组和教指委评估指标等，查找兽医硕士点现有的问题，提出建设措施，制定迎评计划。并在动医系、学院及学校进行汇报，以期通过3年的建设，确保各项指标达到和超过国家规定的学位点申请基本条件。

兽医专业硕士专业只有半年的教学经验，以后会结合专业建设与学科建设，不断凝练专业特色，结合现有平台及新建动物医院在行业及地区形成一定影响力。

佛山科学技术学院
兽医专业学位教育总结报告

佛山科学技术学院兽医专业硕士研究生的培养始于2019年，起步较晚，目前仅招生了一届，第二届的招生工作正在进行中，目前还谈不上总结我们专硕培养的经验。值此我国兽医专业学位教育开展20周年之际，为更好地学习全国其他高校兽医专业学位教育发展经验，推动我校兽医专业学位点的建设上水平、上层次，在此将我校兽医专硕培养工作回顾和总结。

一、学校对专硕点建设支持力度大

佛山科学技术学院兽医学学科（专业）创建于1958年，原为华南农学院佛山分院，先后更名为佛山兽医专科学校（1963年）、佛山农牧高等专科学校（1992年）。1995年佛山农牧高等专科学校与佛山大学合并为佛山科学技术学院，升格为本科。自1998年起，学科与华南农业大学等高校联合培养硕士研究生95人。2010年学科被国务院学位委员会列为硕士点建设学科，2013年获批硕士学位授权点，2014年至今共招收学术型硕士研究生50人。2016年开始与华南农业大学等高校联合培养博士研究生。

兽医专业学位的建设适逢学校高速发展阶段，学校在2015年被列为广东省高水平理工科大学，省市投入经费60亿，兽医学科获得4 000万元建设经费，科研条件得到极大改善。学科现有4 000m²左右实验室、2 200m²现代化动物医院和500m²左右的标准实验动物房。

教师队伍建设力度大，到目前为止兽医学科共有全职专任教师74人，其中教授20人、副教授18人。其中近几年新引进的全职教师达32人，专硕点各培养方向均配备了有相应专长的、学术功底较为深厚的带头人。

二、兽医专硕招生起步晚、进步快

省教育厅为配合我校建设大幅度增加了研究生的招生指标。2019年为我校兽医专硕点第一次招生，作为一个新建的专硕学位点，对能不能完成招生任务心里没有底，招生压力大。学校和学科加大了宣传力度，制定了吸引优秀学生报考的政策，在全体教职员工的共同努力下，顺利地完成了省里分配的招生指标，目前63位兽医专硕的培养也加入了有序的轨道。

2020年的招生工作正在进行，预估招生人数应该不低于去年。经过两届招生，在校兽医专硕人数将达到100人以上，给导师们提出了更高的要求，也增加了学科发展的动力和后劲。从学科的研究培养来说，由于历史短，积淀少，需要做很多开创性工作，更好地完成专硕的培养工作。

三、专硕培养工作管理到位

学校设立了研究生院、生命科学与工程学院和兽医学位点三级管理机构，管理人员齐全、责任明确。学校出台了《研究生新生奖学金实施办法（暂行）》《佛山科学技术学院研究生国家奖学金管理实施办法（暂行）》和《佛山科学技术学院研究生国家助学金管理暂行办法》等文件。目前除国家奖学金与助学金外，学校还设置了助学金、新生奖学金、学业奖学金（覆盖率100%）、邓佑才奖学金、三助一辅岗位补助等，奖助体系较为完善。

我们深深体会到，专硕培养有别于学硕，按照学校的专硕培养管理体系和国家对专业学位点的要求，与专硕培养配套的校外导师和实训基地建设在不断地补充和丰富。

四、建立和完善以服务粤港澳大湾区经济发展为目标培养体系

学校地处珠三角核心区。广东省毗邻港澳，该区域高温高湿、水体丰富，媒介动物常年活跃，动物养殖以猪、禽养殖为主，致使人与动物疫病种类繁多，新病频发。而且很多疾病是人兽共患病，事关人类生命健康与安全，这些迫切要求高水平的兽医人才培养和科学研究。

我们的兽医硕士专业学位设4个研究方向：①动物生物药物研发与应用；②动物疫病防控；③人兽共患病；④小动物临床诊疗。为促进全日制兽医硕士专业学位研究生培养的规范化管理，确保人才培养质量，依据教育部《全日制兽医硕士专业学位研究生指导性培养方案》，根据华南地区的动物结构和疫病特点，制定了以服务粤港澳大湾区经济发展为目标培养方案。

我们将不折不扣的执行专硕的人才培养方案，并在执行的过程中不断完善。采取全日制脱产学习方式，学制3年。在3年期间完成课程学习、实践环节、学位论文研究三个环节。加强兽医实践能力的培养，保证硕士专业学位研究生到企事业生产单位实习，进行不少于半年的实践教学。

从管理上，督导老师不断地丰富培养任务的内涵，加强研究生示范课程和精品课程的建设，提高课堂教学的质量。目前，专硕4个研究方向的导师和研究生，在课余时间都增设了研究生文献资料、研究课题和兽医实践环节的研讨和交流，对理论、实践和各种技能方面遇到的问题深入的交流和探讨，提高了学生对文献的阅读能力、理解能力，也增强了学生对生产实践环节遇到问题的分析和解决能力，收到了很好的效果。

总之，我们学校的兽医专硕培养正处于扬帆起航阶段，在前期的人才培养方案的制订和课程体系的建设中，得到了兄弟院校和老大哥单位的大力支持，学到了许多宝贵的经验。我们将一如既往地努力，为服务粤港澳大湾区经济发展培养出高素质应用型的兽医专业人才。

回顾与思考

ZHONGGUO SHOUYI ZHUANYE XUEWEI JIAOYU 20 NIAN

良辰盛会　砥砺前行

——回顾兽医专业学位2006年南京会议

陆承平

（南京农业大学）

2000年6月国务院学位委员会批准设立全国兽医专业学位研究生教育指导委员会，2004年及2011年两次换届，本人分别担任第一届秘书长、第二届主任委员、第三届副主任委员，直至2016年6月第三次换届离位，参加过许多有关兽医专业学位的会议，其中印象深刻的有，2006年5月15至16日在南京农业大学召开的兽医专业学位教育第三次研究生培养工作会议暨全国兽医学院院长联席会第四次会议。

学界峰会

会前，董维春（时任南京农业大学研究生院副院长兼全国兽医专业学位研究生教育指导委员会秘书处办公室主任）与欧百钢（时任国务院学位办工农学科处副处长）及兽医专业学位教指委秘书长邹思湘和本人做了认真的准备，商定开会的时间及地点、邀请人员、报告人选及题目等。2006年5月15日这天，全国兽医专业学位教育指导委员会委员、国务院学位委员会兽医学科评议组部分成员、全国35所高校的兽医学院或动物科技学院和研究生院（处）负责人共94名代表参会。此外，南京农业大学动物医学院的师生近百人列席会议。南京农大图书馆报告厅济济一堂。中国工程院院士夏咸柱、刘秀梵以及两位外宾到会，后者是德国慕尼黑大学原副校长Werner Leidl教授和美国俄勒冈州立大学兽医学院院长Howard Gelberg教授。此会只有极少数领导或官员礼节性出场，用欧百钢的话来说："从规模和层次上讲，都是一次兽医学界的峰会，具有广泛性和权威性。"

Prof.Dr.Howard Gelberg   Prof.Dr.Werner Leidl

欧百钢

　　到会的兽医界同行几乎都很熟悉，老友重逢，不亦乐乎。首当其冲的是汪明，汪时任中国农业大学动物医学院院长、兽医专业学位教指委副主任委员、全国兽医学院院长联席会召集人等职。说起这个"召集人"，完全是因为那个"危急存亡之秋"，当时中国农大的领导奇思妙想，提出要把动物医学院与动物科技学院合并。这种违背学科发展趋势的决策，理所当然遭到汪院长的坚决反对，"黑云压城城欲摧"，汪求救于全国同行。2002年9月16日，汪请来一些兄弟院校的院长及业内人士，在北京颐泉山庄紧急召开首届兽医学院院长联席会，达成共识，形成一个反对合并的决议，我也到会，当天下午又因事赶回南京，未参加会议的合影。与此同时，中国农大的老教授等也发挥作用，终于力挽狂澜，保住了中国农大的动物医学院，从而也为全国农业院校兽医学院（动物医学院）留下发展的空间。汪从1999年至2012年任院长，在这不短的时间内，可圈可点的"政绩"洋洋洒洒，保全动物医学院可谓首屈一指。扬州大学兽医学院的秦爱建时任兽医专业学位教指委委员，从2000年任兽医学院院长，直至2013年调任，任期13年，也属于比较稀有的"长程"院长。其实这种学术行政职务并不是什么"官"，任期太短做事难，汪、秦二位因势利导，抓住机遇，十多年学科建设蒸蒸日上。当然，任何事都不是绝对的，学科发展也不仅仅是一人之力。

　　王洪斌是1958年生的青年才俊，资历却不浅。1986年博士研究生毕业留在东北农大任教，1992年起指导研究生。兢兢业业，任劳任怨，获龙江学者、国家级教学名师、全国模范教师等荣誉称号。曾任东北农大动物医学院院长。从第一届开始，王就是全国兽医专业学位教指委委员，一直到如今第四届还是，可谓最资深的委员，无愧为这段历史的见证人。王本来还是国务院学位委员会兽医学科评议组成员，2016年换届时，制定的政策是，二者不能兼任，要么当学科评议组成员，要么当教指委委员，王毅然决定选择后者。

汪明

王洪斌

秦爱建

2006年时，参会的各位兽医学院院长基本都有博士学位，刚任南农动物医学院院长的李祥瑞博士还有国内外博士后经历。一些院长在国外获得学位，比如张家骅、方维焕、罗廷荣及薛立群。

张家骅与我是同代人，1968年大学毕业，兽医专业背景，1986年留学美国，在美国伊利诺伊大学兽医学院专攻动物生理学，1990年获博士学位后回国任教。曾任西南农业大学副校长，时任西南大学动物科技学院院长。张是国家自然科学基金委聘请的评审专家中的佼佼者，国家"973"项目农业领域咨询专家组组长，业界广为人知。1996年6月底我与他同在哈尔滨东北农大参加兽医学教学改革的会议，恰巧同住一房间。夜幕降临，张倒头酣睡，休息效率之高不亚于工作效率，令我羡慕不已。辗转反侧，次日换房。多年后见面，两人拿到各自的房间钥匙，相视一笑。

方维焕1996年在芬兰赫尔辛基大学兽医学院取得博士学位，而后在美国哈佛大学医学院完成博士后研究回国任教，时任浙江大学动物科学学院主管兽医学科的副院长。方勤奋异常，精力过人，专业及英语双精。2005年10月，方在杭州主持浙江大学与美国艾奥瓦州立大学猪病国际研讨会，他现场口译大会的中文报告，译意准确，语言流畅，听者陶然，鸦雀无声。在我报告时，用了古诗词"风

张家骅

方维焕

CERTIFICATE OF COMPLETION

IS HEREBY GRANTED TO

陆承平

TO CERTIFY THAT THEY HAVE COMPLETED TO SATISFACTION THE

INTERNATIONAL ENSMINGER AG-TECH SCHOOL

OCTOBER 10-14, 2005

WEIHUAN FANG, PROFESSOR
ZHEJIANG UNIVERSITY
HANGZHOU, P. R. CHINA

DENNIS N. MARPLE, PROFESSOR EMERITUS
IOWA STATE UNIVERSITY
AMES, IOWA USA

乍起，吹皱一池春水"形容猪链球菌病突然暴发的情景，方稍微一愣，立刻压低声音说，这是陆老师用的中国古诗，还是请他自己解释吧。全场大笑。

罗廷荣1998年获日本岐阜大学兽医学博士，2001至2002年在美国芝加哥大学分子遗传与细胞生物学实验室做博士后，时任广西大学动物科技学院院长，后来升任广西大学副校长。广西大学首任校长马君武与蔡元培齐名，都是孙中山组建的同盟会的革命元老。广西大学农学院人才辈出，比如何康和李崇道，抗日战争时期农学院在桂林办学，两人住同一学生宿舍的上下铺。四年同窗，1946年毕业，何投身革命，之后出任中华人民共和国农业部部长。李崇道是诺贝尔奖得主李政道的哥哥，美国康奈尔大学兽医学院获博士学位，之后任台湾的农复会会长。三十多年后，当年广西大学的同班同学分别成为两岸农业的领导人，母校与有荣焉。

薛立群曾任湖南农大动物医学院院长，与会时任学院书记。薛1993年10月在奥地利维也纳兽医大学获兽医学博士学位，2010年我与课题组同事去维也纳参加学术会议，临时决定去拜访薛的母校。校长是一位年轻的女士，用德语热情交流，同意我们到该校图书馆查看博士论文，通过姓名的汉语拼音，很快查到薛立群关于牛产科病研究的博士论文原本，宾主不胜欣喜。尤其值得称道的是，薛女承父业，学业有成，也当了临床兽医。子女的未来父母固然不能左右，但是影响毋庸讳言。

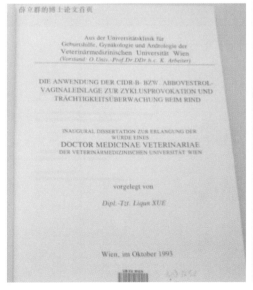

是不是校长并非是否值得尊敬的指标，但是在农业院校学兽医的能够当上校领导，确实不易。到会的文心田时任四川农业大学副校长，董常生时任山西农业大学校长。王哲（当届兽医专业学位教指委委员）、侯先志、焦新安当时分别任吉林大学农学部、内蒙古农业大学、扬州大学的副校长。焦新安于2012年7月出任扬州大学校长，学兽医的当上综合性大学的一把手，历史开启新篇。在此之前，东北农大刘文周及李庆章、新疆农大雒秋江、河南农大王艳玲等都曾当过校长。

文心田不仅是校长，还任兽医专业学位教指委的副主任委员。我1985年从慕尼黑回国，文将作为访问学者公派赴德，与我联系，建议他去了汉诺威兽医学院，1987年成行，1990年回国，都是留德同行。他后来太忙，没有机会同去德国，但在我去雅安之时大尽地主之谊，让我领略了四川农大的宏图大业以及雅雨、雅鱼、雅茶"三雅"风情，流连忘返。董常生也是当届兽医专业学位教指委委员，他领导的山西农大，前身为1907年创办的铭贤学院，校园老建筑古色古香，深深镌刻历史印记，大多保存完好，观者赞叹不已，认为是国内文化氛围最浓的大学校园。

他山之石

15日下午，德国慕尼黑大学原副校长 Werner Leidl（以下简称赖德）教授和美国俄勒冈州立大学兽医学院院长 Howard Gelberg（以下简称盖贝格）教授分别作报告，这两位兽医界的资深专家用多媒体介绍了他们熟知的欧美兽医教育现状和未来发展趋势，清晰明快，赋予启迪。

赖德报告题为"欧洲兽医专业学位及学术学位概况"（Professional and academic degrees respectively titles in veterinary medicine in Europe），介绍了欧洲兽医的主要职能，欧洲兽医学位的名称，欧盟25国的兽医联盟"同一职业、同一理想、同一声音"的纲领，欧盟互认学历的兽医专业本科生课程，德国兽医专业本科毕业生与兽医师的数量及男女比例，欧盟兽医人才培养的目标和课程设置，欧洲兽医教育机构的评价体系，欧洲的兽医研究生教育和专家资格，德国兽医的继续教育，欧洲全科兽医与专科兽医，欧洲兽医学术学位，德国慕尼黑大学的兽医研究生教育等。报告涉及的一些问题，现在看也还有现实意义。有意思的是，赖德的多媒体报告图表显示，慕尼黑大学兽医学院的男女学生比例为女生逐年上升。他会后对我说，慕尼黑兽医学院的卫生间要改建，男厕位多于女厕位的现状要改变。没想到，我们现在也出现同样情况，至少南农如此，女生超过男生，女孩子用功，成绩好，录取率高，从这个意义上讲，社会进步的程度中国与德国一样。但是还有不一样的，1992年5月，赖德介绍慕尼黑兽医学院的女大学生Dorothea Schelp来南农，到我的课题组作毕业实习三个月，此人会讲汉语，而且有个中文名叫"谢天赐"。原来小谢高中毕业的成绩当年不够慕尼黑大学兽医学院的录取线，要按分排队等一年才行，于是她去维也纳大学外国语学院先读了一年汉语，第二年才到慕尼黑读兽医。综合性大学的外语专业对学生的吸引力居然赶不上兽医专业，这在目前的中国仍然匪夷所思。赖德1925年出生于上巴伐利亚的美丽山村，1951年在慕尼黑大学取得兽医学博士学位，之后作为客座教授访问美国、埃及、日本等多个大学，精力充沛，思维敏捷，热心国际交流。我1985年在慕尼黑获博士学位时，他正担任兽医学院院长，之后不久便出任慕尼黑大学主管外事的副校长。1987年我陪同费旭书记率领的代表团访德、1988年刘大钧校长造访慕尼黑，都受到他和慕尼黑大学校长的热情款待。我每次到慕尼黑，都感受他的盛情，退休以后也是如此。大约三年前，祝贺新年时他不再回复电子邮件，算算已经年逾九旬，是不是应了他的话：年迈的老象离群独去，消失在远方，让生命悄然而逝。

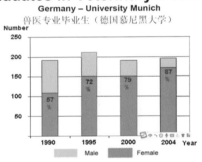

邹思湘从1999年至2006年担任南农动物医学院院长，深孚众望，人脉甚广，推荐了盖贝格来宁赴会。盖贝格2001年起出任美国俄勒冈州立大学兽医学院院长，之前曾在伊利诺伊大学香槟分校任教多年，邹老师曾是那里的访问学者，尽管当时未曾谋面。他的报告题为"美国的兽医教育"（Veterinary medicine in the United States）。介绍了美国兽医师的行业分布，美国兽医教育的趋势，美国兽医专业人员供不应求的情况，美国的兽医学院及其分布，美国兽医专业的学生录取及教学大纲，兽医从业资格，兽医行业条例，美国兽医协会，美国兽医学院的资格认证，兽医学院的未来，美国重点关注的动物疫病及兽医诊断实验室的目标等。特别是对动物疫病诊断实验室有较多的介绍，表明兽医公共卫生的重要地位。说起伊利诺伊大学香槟分校，不禁想起2018年的一次活动，某校举办校庆，来宾中有伊利诺伊大学香槟分校的副校长兼教务长，贺词中提到，一百多年前的中国驻美公使伍廷芳曾与该校的校长亲切会见，这位天才外交家推动两国建立了学术交流。在此之后，1910年竺可桢考取庚款公费留美，首先到伊大农学院学农，之后进哈佛大学，回国后任浙江大学校长等职。没想到美国人竟然翻出伍廷芳的历史说事，校庆的翻译准备不足，显示的中文字幕"吴廷芳"赫然在目，姓伍改姓吴，当然美国客人以及在场的绝大多数中国人都没有觉察。一向以悠久历史为荣的民族，如今自家的名人也不经意，无语。

上下求索

如何为社会培养兽医行业所需要的专业人才？说起来并不简单，做起来更不简单，几代人上下求索，一步一个脚印，砥砺前行。本人作为专业学位教指委主任委员作《我国兽医研究生教育的发展》的专题报告。国外的兽医学院只有一个兽医专业，理所当然，但是在中国一个专业"太苗条"，难以支撑一个学院。兽医专业面向的动物对象与时俱进，过去在中国主要是农畜，马牛羊鸡犬豕等六畜。改革开放以来，兽医面向的动物范围扩大，包括食品动物、伴侣动物、水生动物、野生动物等。伴侣动物又称为宠物或者家庭动物，与人类生活日益密切，已成为兽医的重要服务对象之一，认为需要动物作为伴侣是腐朽意识的陈旧观念已被摒弃。

1978年恢复学位研究生招生以来，兽医学一级学科设立15个二级学科：动物解剖学、动物组织学与胚胎学，动物生理学、动物生物化学，兽医药理学与毒理学，兽医病理学，兽医微生物学与免疫学，传染病学与预防兽医学，兽医寄生虫学与寄生虫病学，兽医公共卫生学，禽病学，兽医内科学，兽医外科学，兽医产科学，中兽医学，实验动物学，兽医临床诊断学。到1996年，现状及发展已经难以维持这15个二级学科，于是将这15个归并调整，成为基础兽医学、预防兽医学及临床兽医学三个二级学科。2000年以后，研究生教育大发展，三个二级学科不能跟上兽医学发展的时代步伐。建议具有兽医一级学科授予权的单位，抓住可以自主设立二级学科的机遇，将兽医学二级学科"嬗变"，把3个扩充为10个左右。审视兽医教育质量的核心内容，离不开培养的人才，人才是最终产品，社会作无证检验，论文只是近期指标。如何判定研究生培养的优劣？发表SCI论文、影响因子高或应用了高新技术就行？似不尽然，对兽医行业而言，关键是能否解决我国乃至全球兽医学的重要问题。兽医专业学位作为应用型学位更应强调其应用价值。论文选题大大突破学术型学位论文的范围，具有广泛性、交叉性、应用性和创新性等特点，专业学位论文的类别可分理科型、文科型和文理双兼型，论文评判的标准更明晰，要看是不是"真实、真用和真行"。在与国际接轨的大背景下，兽医教育的根本出路在于取得实事求是的业绩和长远的社会认可，而非片面追求急功近利的浮华光环。严格把关，杜绝滥招粗制，打造专业学位品牌，则是当务之急。报告中提及的兽医二级学科的设置是当时的热点，经过多次研讨，兽医学科评议组在2012年确定了"九段线"，写入兽医学一级学科简介中，建议的九个二级学科是：基础兽医学、预防兽医学、临床兽医学、兽医药学、中兽医学、兽医公共卫生学、兽医病理学、比较医学与实验动物学以及兽医生物工程。这段文字郑重载入高等教育出版社2013年9月出版的《学位授予和人才培养一级学科简介》中，书的编者是国务院学位委员会第六届学科评议组。

与其他专业学位相比，因为行业自身的特点，兽医专业学位不可能以规模取胜，只能做高质量精品，才有立足之地。教指委深知，质量控制的重中之重是兽医博士的培养。录取、开题及答辩，这三部曲严格把关。2004年4月18日及5月14日分别迎来中国农大4位及南京农大3位首批兽医博士答辩，在北京和南京的两场答辩，居然破天荒都有一位答辩未通过，动了真格，业界震动，方知兽医专业学位论文答辩不可掉以轻心，多年后记忆犹新。答辩委员会评委的意见高度一致，并不是哪个想当"杀手"，并非与谁过不去，把握质量是共同的目标。后来，教指委强调加强预答辩的把关，防患于未然，尽量避免最后答辩时"挥泪斩马谡"。

兽医学二级学科的归并（1995，兰州会议）
Mergence of the Veterinary Medicine Secondary Disciplinary (1995, Lanzhou conference)

- 基础兽医学
  动物解剖学、组织学与胚胎学 动物生理学、动物生物化学
  兽医药理学与毒理学 兽医病理学
- 预防兽医学
  兽医微生物学与免疫学 传染病学与预防兽医学 兽医寄生虫学
  与寄生虫病学 兽医公共卫生学 禽病学
- 临床兽医学
  兽医内科学 兽医外科学 兽医产科学 中兽医学 实验动物学
  兽医临床诊断学

归并的理由：师资少无法多搭班子

　　中国工程院院士刘秀梵教授作了题为《我国兽医学科研究生学位论文选题分析》的学术报告。他分析了从2000至2005年6年内兽医学科的349篇博士论文和1 447篇硕士论文,以预防兽医学为例,指出研究生论文选题分布有五个失衡。失衡之一是人兽共患病选题少、食品安全方面的选题少;失衡之二是禽和猪的选题比例高,牛羊和宠物的选题比例低,病毒性疾病选题比例高,细菌和寄生虫病选题的比例低。失衡之三是单纯用分子生物学研究方法的选题比例高,用常规或常规和分子生物学方法相结合的选题比例低。失衡之四是单纯研究病原体的选题比例高,研究病原体和宿主相互作用的选题比例低,研制疫苗的选题比例高,诊断、机理、流行病学方面的选题比例低;基因工程苗前期的跟踪研究的选题比例高,新型常规疫苗或进入临床试验的基因工程疫苗选题比例低。失衡之五是偏重微观的选题,缺乏宏观的选题。建议要处理好跟踪研究和创新的关系,研究水平和疾病控制水平的关系,分子生物学和经典学科的关系。分子水平的选题不一定就是高水平,要明确选题的目的意义与疾病防控的关系,加强培养真正懂得动物疫病防控原则和方法的高素质人才。时至今日,刘院士的分析仍不无现实意义。

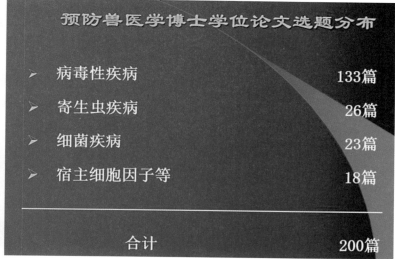

　　汪明以兽医专业学位教指委会副主任委员及兽医学院院长联席会议召集人的双重身份两次讲话,他回顾了全国兽医学院院长联席会成立的历史及近年兽医事业的新发展和新变化,希望兽医学院的院长们深入思考,使人才培养的目标与我国兽医体制的改革和社会的发展相适应,并与国际接轨。在他的《机遇与挑战》的专题报告中,分析了兽医事业面临的新的机遇,他认为,随着危及国家公共安全和卫生事件的发生,兽医的职责范围扩大,现有的兽医管理体制不能适应改革发展的需要。国家对兽医基础设施建设的投资力度加大,兽医事业适逢难得的发展机遇。在激烈的竞争中,各高校要加强联合,形成团队,瞄准国家需求,在改革调整中争取一席之地。

　　董维春代表兽医专业学位教指委秘书处,向会议代表汇报了秘书处近期内已完成和将要开展的工作。会议还进行了活跃的分组讨论及大会发言。在完成规定的议程后,最后宣读了兽医专业学位优秀论文获得者名单,优秀论文获得者包括张苏华等5位兽医博士及杨德才等12位兽医硕士。这是兽医专业学位教指委第一次评选优秀论文,之所以有此举,是为那些对写专业学位论文心中无数者,提供具体的参照。相对于学术论文而言,评选专业学位优秀论文已经形成比较客观的若干标准,并不是简单的数字量化指标。

岁月如流，兽医专业学位2006南京会议已经过去14年，当年以在职人员为主攻读兽医专业学位的格局已经变化，新风扑面，大浪淘沙。在难以胜数的会议中，此会能留下什么？除了会议纪要，也许还有一些值得回味的东西，但愿如此。

金陵盛会聚群贤，桃李春风十四年。
地北天南长相忆，浩歌遥望尽陶然。

2020年5月 南京

强化兽医临床实践教学，
不断推进专业学位研究生教育改革

贾幼陵

（第三届全国兽医专业学位研究生教育指导委员会主任委员）

在国务院学位委员会和教育部的领导下，特别是在教指委副主任委员陆承平先生以及教指委秘书处的直接操持和协助下，本届教指委全体同仁共同努力，进一步提高了兽医专业学位教育质量，积极开展了各项工作，圆满完成了本届教指委的工作任务，履行了职责。

兽医专业学位是我国根据自己的国情新设立的学位种类，其根本任务是为我国兽医行业培养大批高水平应用型人才。兽医专业学位研究生人才培养质量的高低，与我国兽医队伍人才水平直接相关，更与我国动物疫病防控、动物源食品安全、兽医公共卫生以及生态环境安全等等密不可分。

2010年第三届兽医专业学位研究生教育指导委员会成立。为了进一步强化专业学位研究生教育为行业服务的能力，国务院学位委员会、教育部与人力资源和社会保障部要求专业学位研究生教育指导委员会主任委员由国家行政主管部门负责人担任。作为当时农业部兽医局的主要领导，本人有幸担任了兽医专业学位研究生教育指导委员会主任委员这一职务。

本人在国家兽医行政主管部门工作多年，深深感受到中国兽医教育与西方发达国家的差距。尽管改革开放以来，我国兽医科研和动物疫病防控水平不断提高，但多数兽医本科仍是4年制，兽医临床教育与国外ＤＶＭ相距很远，而ＤＶＭ是一个国家兽医水平的基础，无论是执业兽医还是官方兽医。

基于这一认识，本届教指委在完成指导、协调全国兽医专业学位研究生教育活动，监督兽医专业学位研究生教育质量，推动兽医专业学位研究生培养单位和兽医、动物检疫系统及相关管理部门的联系与协作，指导和开展兽医专业学位研究生教育的学术交流活动，促进我国兽医专业学位教育的不断完善和发展这一基本职能的基础上，特别在兽医实践教育方面做了一些工作。

一、进一步强化兽医临床实践教学和评价的重要性

兽医专业学位教育是培养兽医应用型人才，根据这个培养宗旨，本届教指委进一步突出了对临床实践、动手能力的要求。

教指委于2013年启动修订《全日制兽医硕士专业学位研究生教育指导性培养方案》，经过1年多的修订，形成了《关于修订<全日制兽医硕士专业学位研究生培养方案>的指导意见》。《指导意见》更加突出国家执业兽医与官方兽医对高层次人才的需要，更加强调全日制兽医硕士应用能力培养的要求，更加突出学位论文的实践形式和实践操作意义，人才培养目标体现国家执业兽医和官方兽医的要求。

教指委于2013—2014年制定了《兽医博士、硕士专业学位基本要求》，对兽医博士、硕士专业学位研究生的培养目标、应具备的基本素质、应掌握的基本知识、应接受的实践训练、应具备的基本能力和学位论文基本要求等方面进行了规定，强化了形成了符合兽医职业需求的人才培养标准。

为了进一步强化实践教学在人才培养中的作用，教指委在培养单位合格评估和新增培养单位申请审核条件中，均对临床实践教学和案例教学提出明确要求，突出了临床实践教学在评价中的作用。推动了兽医专业学位研究生实践能力的提高。

二、拓展教学方法，加强案例库建设与推广

案例教学是提高实践能力的有效手段。通过对具体疾病或疫病案例的分析，可以把多种理论知识转化为直观现实的病例处置手段，进而提高临床实践能力。

教指委与教育部学位中心合作，在学位中心案例库建设平台，建立了兽医专业学位研究生教学案例库。结合建设项目，组织有关专家编写了"马属动物疾病""牛羊疾病""宠物疾病""猪病""禽病"等5个案例子库，收集整理不同种类、不同用途、不同年龄马匹临床病例18例，牛羊临床案例31例，宠物临床经典病例52例，禽病案例28例，猪病案例30例。以上案例遵循询证医学的原则规范，制定了临床病例模板，素材翔实、完整，分别结合临床实际，从病因、症状、诊断、治疗及讨论等方面进行分析。经过一期建设，已经完成近180个案例的编撰工作。

为了解决教学用书不足的问题，教指委组织多家单位专家编写《兽医临床病例分析（宠物疾病）》《兽医临床病例分析（食品动物疾病）》和《兽医临床诊疗新技术》等教学用书，使兽医教材和教学内容更加偏重实践操作、更加体现行业前沿。

与此同时，教指委积极推进案例教学，改革教学方法。在案例库建设的基础上，先后两次组织案例教学培训，共有41家培养单位的130余名教师参加培训。经过培训，提高了教学一线教师案例教学水平和案例库建设热情。

三、进一步强化校内外实践基地建设

实践基地建设是开展实践教学的基础工作。2013年以来，教指委积极组织中国农业大学、南京农业大学等培养单位，先后开展了"实践教学规范化试点（校内基地）""实践教学规范化试点（校外基地）""兽医专业学位研究生教育实践基地建设"等实践基地建设项目的研究和探索，为实践教学和校内外实践基地建设提供了新的思路和新的平台。

校内基地项目从我国兽医专业学位研究生培养实际出发，通过试点，建立了校内外实践基地教学大纲和实践教学课程，对实践教学的具体内容、实施方法、实施地点、考核形式、授课教师资质等提出了相关要求，同时提出，对于从事临床诊疗方向的研究生的实践教学课程，应突出学生开业能力的培养，对于从事动物疫病防控方向的研究生的实践教学课程，应突出学生流行病控制能力的培养。校外基地实践教学规范化试点项目，明确了校外实践基地的遴选条件、种类以及对指导教师的要求，编写了教学大纲，规定了实践教学内容、实施方案、考核形式，制定了校外实践教学规范。

四、积极进行以提高临床实践能力为核心的培养模式改革

2013年，教指委承担了《2013年专业学位研究生教育指导委员会建设项目》，围绕着培养方案修订、核心课程设置和教学大纲制定、案例库建设和案例教学推广、新增专业学位授权点教学巡查和指导等，开展了卓有成效的研究工作，进一步促进了案例库建设和案例教学推广，完成了实践教学规范化试点校内基地和校外基地建设项目。

2014年，教指委承担了《2014年全国兽医专业学位研究生教育指导委员会专业学位研究生培养模式改革项目》，共设立8个子项目，由不同单位分别开展先行先试研究。最终，《兽医专业学位研究生教育实践基地建设》《全日制兽医专业学位硕士研究生"三位一体"培养模式的探索》《兽医专业学位研究生实践能力培养体系的构建与实践》《与生产紧密结合的兽医专业学位人才培养模式》《马兽医（方向）专业学位研究生培养模式的改革探索》和《兽医专业学位核心课程师资培训和案例教学推广》等8个子项目都顺利完成了预期研究目标，并形成了明显的标志性研究成果。

五、进一步密切与行业部门的关系，推动与执业兽医资格考试接轨

在教指委承担的《2014年全国兽医专业学位研究生教育指导委员会专业学位研究生培养模式改革项目》中，专门设置了2个子项目，开展兽医专业学位研究生培养过程与培养质量调查。教指委秘书处先后组织部分教指委委员分赴15个兽医专业学位研究生培养单位和用人单位等开展实地调研，对我国目前兽医专业学位教育培养的问题进行了全面的了解，并形成了《2014年全国兽医专业学位研究生培养模式改革实地调研总结报告》。

与此同时，为全面了解目前全国兽医专业学位研究生培养单位、研究生指导教师、在读研究生、毕业研究生和用人单位5类群体的基本情况及他们对兽医专业学位研究生教育的认识和评价，发现问题、提出解决的方案，教指委秘书处2015年制定下发了调查问卷，累计回收培养单位和用人单位调查问卷1 380份。秘书处对以上所有回收的各类调查问卷进行了分类采集、统计和整理，形成了《2014年全国兽医专业学位研究生培养模式改革问卷调查总结报告》。对我国当前兽医专业学位研究生教育现状有了新的认识，对用人单位对兽医专业学位研究生教育的认识和需求有了新的了解，为开展兽医专业学位研究生教育改革提供了新的支撑。

为了进一步推动兽医专业学位教育与我国执业兽医资格考试接轨，教指委还专门召开兽医专业学位与从业资格接轨研究小组会议，谋划执业兽医资格在兽医专业学位研究生教育中的作用及其相互接轨。

目前，由于工作的原因，我已经离开了兽医专业学位研究生教育工作岗位，但兽医专业学位研究生教育一直在我的心里。

今年7月，全国研究生教育大会召开。习近平总书记就研究生教育工作作出重要指示，强调中国特色社会主义进入新时代，党和国家事业发展迫切需要培养造就大批德才兼备的高层次人才。总书记的重要指示，为推动研究生教育改革发展指明了方向，开启了新时代研究生教育改革发展的新篇章。我相信，兽医专业学位研究生教育的同仁们一定会不忘初心，牢记使命，为党育才，为国育人，齐心协力共创更加美好的未来。

2020年9月

兽医专业学位与兽医从业资格接轨研究回顾

文心田

（第二届全国兽医专业学位研究生教育指导委员会副主任委员）

今年是我国兽医专业学位教育实施20周年。20年来，这一领域已培养大量专业学位硕、博士研究生。这一进程中，国务院学位委员会全国兽医专业学位研究生教育指导委员会（以下简称教指委）为提高我国兽医专业学位研究生培养质量做了大量工作，其中一项工作是兽医专业学位与从业资格接轨问题研究。值此，对这一我亲身经历的工作做一回顾，兴许对今后继续推动这项工作有所裨益。

一、兽医专业学位与从业资格接轨问题的提出

国务院学位委员会1999年批准设置了兽医专业学位并公布了培养方案。培养方案对兽医专业学位的学位定位、培养目标、培养要求、招生对象、学位论文、培养方式、学位授予、质量保障等都作出了具体明确规定。在培养方案中，兽医专业学位的学位定位是：兽医专业学位为具有特定职业背景的学位，与兽医任职资格相联系，与同一学科的农学硕士、博士学位处于同一层次。培养目标是面向动物诊疗、动物保健和畜牧生产、兽医执法与管理等领域及部门培养高层次应用型、复合型人才。此后，按照培养方案，全国部分农业高校开始招收兽医专业学位研究生，至2010年全国兽医专业学位硕士招生5 189人，博士招生636人，其中大部分已取得学位。因2008年以前，我国未出台兽医任职资格相关的管理办法，兽医专业学位与兽医任职资格相衔接这一问题一直未予研究。

2008年11月26日，农业部发布《执业兽医管理办法》（以下简称《办法》），从2009年1月1日起实施，其中规定我国境内从事动物保健和动物诊疗活动的兽医人员适用此办法。还规定国家实行执业兽医资格考试制度，明确具有兽医、畜牧兽医、中兽医（民族兽医）或者水产养殖专业大学专科以上学历的人员，可以参加执业兽医资格考试。考试成绩达到标准，可取得执业兽医师（或执业助理兽医师）资格证书。根据这些规定，我国执业兽医资格的取得与兽医专业学位不相衔接，没有关联。2009年5月，在甘肃农大召开第二届全国兽医专业学位研究生教育指导委员会第五次会议，提出兽医专业学位如何与兽医任职资格相关联这一问题。随后在教指委中成立了由我（担任组长）、中国农大汪明院长（副组长）的兽医专业学位与从业资格接轨研究小组（以下简称接轨研究小组），目的是在教指委领导下，启动对这一问题的实质性研究。

二、国内外学位与执业资格关联的情况

（一）国外

美国多数州立大学设有兽医学院，具有兽医学位授位资格。兽医学院的学生取得了兽医学位，并通过了北美兽医资格认证考试（NAVLE），被授予兽医资格证书，方可在美国从事兽医临床或有关动物诊疗工作。

多数西方发达国家、亚洲的日本和韩国以及我国台湾等地都实行了执业兽医管理制度，大多与美国的做法近似。

（二）国内

先举一例。根据我国2009执业药师资格考试的要求，具有下列条件之一，可申请参加执业药师资格考试：1.取得药学、中药学或相关专业大学本科学历，从事药学或中药学专业满三年；2.取得药学、中药学或相关专业的第二学士学位，研究生班毕业或取得硕士学位，从事药学或中药学专业工作满一年；3.取得药学、中药学或相关专业博士学位。这里执业药师资格的取得与相应的学位相关联。

经查阅，我国其他行业执业资格的取得有的与相应的学位有关联，有的暂没有关联。

三、兽医专业学位与从业资格接轨问题研究回顾

接轨研究小组成立后，在领会国家《执业兽医管理办法》基础上，回顾了我国兽医专业学位招生和教育发展，结合国内外专业学位与执业资格相关联的情况，至2010年接轨研究小组召开多次会议，对兽医专业学位与兽医任职资格相关联问题进行了专题深入研究。

第一次专题会于2009年9月18日在北京召开，国务院学位办欧百钢处长和教指委主任陆承平教授出席会议，农业部兽医局张弘副局长、吴晗处长应邀参加会议。这次会议的突出成果是：与农业部兽医局对接轨问题做了很好沟通，并提出教指委与农业部兽医局建立起常设的联系会议机制，以共同探讨并推动解决兽医专业学位与执业兽医资格相衔接的问题。

第二次专题会是在2009年12月在南京农大召开纪念中国兽医专业学位10周年大会期间短时举行，当时交换了一些研究进展，并提出做好准备，2010年一季度在北京再次召开接轨专题会议。

第三次专题会于2010年3月在北京召开，国务院学位办欧百钢处长和教指委主任陆承平教授、秘书长邹思湘教授出席，农业部兽医局医政处翁崇鹏副处长受局领导委托，应邀参加了会议。这次会议的成果是：大家深刻认识到，我国兽医专业学位人才培养已经10年，兽医专业学位与从业资格接轨势在必行，既可促进兽医专业学位教育的应用型导向，又可提高执业兽医队伍的整体水平。会议决定："将我国兽医专业学位与从业资格接轨的具体设想、我国兽医专业学位的招生及授予学位的情况形成书面材料，向农业部兽医局汇报，以期推进兽医专业学位与从业资格接轨目标的及早实现。"

这次会后我开始以教指委名义起草向农业部提交的报告。报告文字经反复修改，经陆承平主任委员最后审定定稿，于2010年4月22日上报农业部兽医局。报告中阐述了我国加入世贸组织（WTO）之后，兽医行业与畜牧经济开始融入世界，世界发达国家和地区（美、欧、日、韩等）建立的执业兽医管理制度，均实行兽医学位与执业兽医资格相关联。我国兽医专业学位设置10年来，人才培养已取得明显进展。随着《执业兽医管理办法》的出台与实施，完善两者之间关联的时机已较成熟。而且特别指出，按教育规划，今后将加快发展专业学位研究生教育，到2015年专业学位硕士生的招收规模将达到硕士招生总数的50%，到2020年将接近70%。紧迫认识到如不及时解决这个问题，既影响已经毕业的、在读的以及有攻读兽医专业学位意愿的人员的工作、学习积极性，又会影响兽医领域在职从业人员职业素质和业务水平的继续提高，建议农业部对《执业兽医管理办法》第二章（资格考试）出台补充规定，以体现兽医专业学位与取得执业兽医资格关联性，从而推动兽医专业学位教育的发展和促进执业兽医水平的提高。具体建议如下：具有兽医专科以上学历的人员，如取得兽医硕士以上专业学位，符合执业兽医报名资格者，参加全国执业兽医资格考试时，可免兽医基础知识、兽医临床知识和兽医预防知识三部分考试，只参加兽医综合应用部分考试。

以上报告上报后不久，农业部兽医局领导班子酝酿调整，全国兽医专业学位教育指导委员会酝酿换届，此事因而被暂时搁置下来。直到2011年3月18日，新一届（第三届）全国兽医专业学位研究生教育指导委员会成立，以上推动接轨的研究又再次启动起来。

新一届全国兽医专业学位研究生教育指导委员会组成与前两届有明显不同，一是不再仅由国务院学位委员会和教育部两家组建，而是拓展为国务院学位委员会、教育部、人力资源和社会保障部三家

组建；二是人员也不再单由高校专家组成，拓展为有较多行业领导参加（如主任委员由原国家首席兽医师、中国兽医协会贾幼陵会长担任，副主任委员中除上届主任委员陆承平教授外，增加当时国家首席兽医师于康震和农业部兽医局副局长李长友二位，委员中也增加了一些部门或地方行业领导）。这一变化有很重要的意义，使新一届教指委把握人才培养方向能更紧密贴近行业发展需要，更加符合我国学位教育的改革发展方向，推动学位教育加快与企业行业的融合，有利于进一步提高专业学位研究生作为应用型人才的能力和水平的提高。这一变化无疑也更有利于推进我国兽医专业学位与从业资格接轨目标的实现。

2011年3月18日，在北京召开的新一届全国各专业学位研究生教育指导委员会成立大会期间，兽医专业学位教指委召开了第一次工作会议。在这次会议上，讨论了教指委章程、工作规则等多项问题，并同时确定把"推动兽医专业学位与执业任职资格的衔接"作为重要任务之一。

2011年4月底，新一届兽医专业学位教指委在海口市召开第二次全体会议。这次会上，教指委再次讨论了接轨问题，并决定今年下半年适当的时候召开兽医专业学位与从业资格接轨研究专题会议。

2011年8月4日，专题会议在哈尔滨兽医研究所召开。兽医专业学位教指委主任委员贾幼陵，副主任委员陆承平、于康震等出席会议，动物疫病预防控制中心主任才鹏、农业部兽医局医政处翁崇鹏副处长、广西畜牧兽医局总兽医师刘棋、无锡派特宠物医院院长应邀参加了会议。五位专家从不同角度和不同层面做了专题报告，贾幼陵主任在会上指出，接轨是双向的，教育部门要主动适应行业的需求，不断完善培养方案，提高人才培养质量；行业部门提出人才培养导向，提供培养建议；教育部和农业部互相协作，共同探讨更高层次的接轨问题，这可视为大接轨；对接轨小组提出的接轨方案进行补充完善，以取得实质性的进展，可视为小接轨。

这次会上，经充分讨论形成了如下几点共识：1.兽医专业学位与从业资格接轨是大势所趋、势在必行；2.兽医专业学位与从业资格接轨的重点之一是兽医专业学位研究生教育与执业兽医资格考试的接轨；3.教育部门应积极开展兽医专业学位培养模式的改革，培养质量要更加符合中国国情和与国际接轨的执业兽医资格的需求；4.进一步提炼和总结接轨小组的方案，形成可行性报告，提交农业部，以促进兽医专业学位与执业兽医资格考试衔接迈出实质性步伐。

2011年10月接轨研究小组从小接轨上考虑，力图先迈出一小步，提出在2010年已上报农业部的报告中，针对具体建议作如下补充修改：具有兽医专科以上学历的人员，如取得兽医硕士以上专业学位，并具有两年以上从事动物诊疗和动物保健活动的工作经历，符合执业兽医报名资格者，参加全国执业兽医资格考试时，可免兽医基础知识、兽医临床知识和兽医预防知识三部分考试，只参加兽医综合应用部分考试。

对此建议，经教指委批准后，以全国兽医专业学位研究生教育指导委员会的名义于2012年2月上报农业部。之后到2012年5月农业部未予回复。2012年6月我和中国农大汪明院长走访农业部兽医局了解此事，得到的答复是，此事涉及全国，还需仔细研究调研，同时希望全国兽医高等教育深入教育教学改革，进一步明确兽医高等教育人才培养目标，结合学科水平提升和推动行业经济社会发展，进一步提高兽医人才培养质量，在此基础上推进兽医专业学位与从业资格的有机衔接。

最后想说的话：随着我国畜牧兽医事业不断向前发展，改革不断向纵深推进，推动兽医专业学位与从业资格的有机衔接仍然是我们必须要继续努力做好的一件重要工作。2018年来，国家不断公布高等学校本科专业建设标准、新的学制和人才培养目标，明确兽医本科学制不得少于5年，目标是培养合格的兽医师。许多学校都在积极按照国家标准建设兽医专业，相信这一领域的本科和专业学位人才培养的质量会越来越好，也相信兽医专业学位与从业资格的有机衔接终将迈出新的步伐，取得实质性进展。

从兽医专业学位研究生到教指委委员

叶俊华

（公安部南昌警犬基地）

在纪念我国实施兽医专业学位教育20周年之际，我受兽医专业学位秘书处之邀，撰写此文，谈谈个人的经历和感想，请各位专家同仁们指正。

一、成为一名大龄兽医专业学位研究生，实现梦想

2000年10月，我在南京参加一个公务活动，有幸见到我十分崇敬的陆承平教授。他告知我，国务院学位委员会已批准设立兽医专业学位，南京农业大学等几所高校已批准为首批兽医专业学位授予点，开始招生，并建议我报考。虽然从学校毕业已十七、八年了，但我一直梦想着有一天能重进大学继续学习。听到这个消息，我十分兴奋。然而，要去南农学习，对我来说，有两大障碍，一是要顺利通过考试，二是需要去南京脱产上课，不可避免地要影响工作，上级领导不一定会批准。我是恢复高考后首届高考生，毕业于江西农大牧医系兽医专业，被分配到公安机关从事警犬兽医专业工作，当时，单位专业力量薄弱，兽医专业人才少，每天要诊疗大量病例，加上担任行政领导，工作繁忙，要顺利通过专业学位入学考试并非易事。同时，同事也好心劝我别考了，说你年龄这么大，担任了领导，已有了高级专业技术职称，还去考，图个啥，如考不过，人家还笑话你。尽管困难重重，但我还是决定一试，向领导汇报自己想考南农兽医专业学位研究生的想法，不出所料，领导考虑到我的情况，没有批准我的请求，此事只好暂时作罢。

然而，我并不甘心，过了几年，时机来了，江西农业大学被批准为兽医专业学位硕士授予点，我向领导请求报考研究生的申请获批。经精心准备，2004年，我顺利通过考试被录取，这年我已是47岁了，是个名副其实的大龄学生。

我分外珍惜这来之不易的学习机会，在专业学位研究生学习期间，科学合理安排工作与学习，几乎没有拉过一节课，除完成规定的课程学习以外，我还结合学习和实际工作需要，查阅了大量科技文献资料，自己订阅了多种专业期刊，抓紧点滴时间认真学习，每门课程考试都顺利通过。开展论文课题研究，写好论文并通过答辩是完成专业学位学习的重要环节，在导师何后军教授的精心指导下，我结合警犬疾病防控工作实际需要，选择了当时警犬传染病防控工作中难度最大也最急迫要解决的课题——"犬瘟热病的流行病学调查与免疫研究"作为我的论文研究课题。在研究中，我还得到中国工程院院士、中国人民解放军军事医学科学院军事兽医研究所夏咸柱研究员等专家的大力支持和指导。研究中，做到一丝不苟，严谨科学，经过不懈努力，取得了重要成果，完成了学位论文撰写，毕业答辩中，获得专家们一致好评，并推荐参评全国兽医专业硕士学位优秀论文。经过严格评审，我所撰写的论文被评为2006年度全国兽医专业硕士优秀论文。受到表彰，我所完成的科研成果也荣获了江西省科技进步二等奖。这年12月，我获得了硕士学位，此时我已接近50岁了。

二、双重角色，一边做专业学位研究生，一边当导师

按照兽医专业学位研究生培养要求，需要校内校外双导师对研究生进行指导。江西农业大学聘任

我为校外研究生导师和兼职教授。对我来说，这既是一份莫大的荣誉，也是一份沉甸甸的责任，更是一个学习的好机会。我曾经的职业梦想就是有一天能当上一名大学教师，对此，我分外看重，倍加珍惜。我在认真完成自己学业的同时，积极承担起研究生导师的责任，对指导的每一位研究生，都认真对待，从科研论文的选题开题，到科研工作的全过程，论文的撰写、修改、答辩，都不遗余力地加以指导，在担任导师的过程中，不仅注重理论知识的学习，更注重实际工作能力的培养，综合素质的提升。不仅教学生如何做科研做学问，更注重学生的品德修养，教他们为人处世。在关心学生科研工作的同时，也关心他们的生活，为学生提供足够的科研和生活费用，让他们安心学习生活，无后顾之忧。在学校的重视关心下、通过研究生自身的努力，已有多名兽医专业学位研究生毕业，他们有的成为大专院校的教师，有的成为企事业单位骨干，当上了领导干部，有的奋战在兽医基层工作的第一线，还有的自己成功创业，看到他们的成长，我倍感欣慰。

在我作为兽医研究生专业学位研究生和导师的同时，直到如今，我几乎每年都被邀请作为兽医专业学位研究生毕业论文答辩专家委员会委员或主席，我十分珍惜每一次学习机会，会前认真阅读论文，答辩过程中，认真听取论文报告内容的陈述和专家们的意见，积极履行委员职责，提出质疑和意见，公正公平评价每一位研究生所做的工作，对学校研究生培养做了一些工作，受到学校领导专家及师生们的一致好评。

三、受聘全国兽医专业学位教指委委员，积极履责

2011年3月18日，国务院学位委员会、教育部、人力资源和社会保障部在京联合召开全国金融等29个专业学位研究生教育指导委员会成立大会。此次会上，全国兽医专业研究生教育指导委员会成立了第三届委员会，属于换届。经教指委秘书处推荐，我有幸光荣地出席了此次大会，并被聘任为第三届教指委委员，大会为我颁发了聘书。对此，我深感责任重大，使命光荣。公安部主管部门领导得知此消息，表示祝贺，并指示要积极工作，履行好职责。到目前为止，我已连续担任了两届教指委委员。10年来，我始终抱着虚心学习的态度，积极参加教指委安排的各种活动，把教指委安排的每次活动、每项工作当作一次向同行专家学习的好机会，每年的全体教指委委员年会和研究生培养工作会，无论工作多忙，我都科学安排好时间，几乎参加了每次会议，在会上按照会议要求，认真履行委员职责，完成工作任务。这些年来，我多次参与讨论研究全国兽医专业学位研究生培养计划，审议兽医专业硕士、博士授予点评审条件，参与有关院校申报硕士、博士培养单位的评审，审议专业学位教育指导委员会年度计划和工作报告、经费使用报告等。我还曾多次受邀到有关院校及全国性学术会议上作学术报告，充分利用各种机会，积极宣传推广兽医专业学位研究生培养政策和要求，参与并指导有关单位开展兽医专业学位研究生培养，受到有关单位和同行的好评。我鼓励动员我单位所有未获得研究生学历的兽医专业技术人员积极报考兽医专业学位研究生学习，并制定相关政策，保障学习时间，报销学费，由于政策到位，我单位绝大多数兽医专业人员都在原学历学位层次上进一步提升，经过专业培养，组建了一支高素质，业务能力较强的专业兽医队伍，并确保警犬健康，利用警犬技术打击预防犯罪，为维护社会稳定做出了贡献。对此，兽医专业学位功不可没。

四、收获满满，兽医专业学位助我实现人生梦想

从2000年到2020年，我国设立兽医专业学位至今，已整整20年了。从无到有，从最初在少数几所大学试点，到在全国大多数农业院校全面展开，从不完善到逐渐完善，为国家培养输送了一批批高层次高素质的兽医专业实用型高级人才，是我国兽医专业高等教育的一个十分重要的组成部分。兽医专业学位的设立为促进我国畜牧兽医事业的发展做出了不可磨灭的重大贡献。

回顾这20年，我有幸与兽医专业学位结缘，兽医专业学位陪伴着我一路走来，有努力，更有喜悦，可谓是收获满满，实现了我人生的一个个梦想，首先是能在已近半百之年成功考取兽医专业硕士

学位研究生，完成继续深造、提升学历学位的梦想。其次，能成为一名大学的兼职教授和研究生导师，实现了我做大学教师的梦想，更让我感到光荣无比的是，能被国务院学位委员会等机构联合聘任为全国兽医专业学位教指委委员，这是我做梦都不敢想的。这20年，我充分利用兽医专业学位这一平台，带领团队，攻克了一个个科技难关，解决了警犬繁育、疾病防控及诊疗中的一个个重大难题，有多项科研成果填补了国内空白。2016年1月8日，我作为项目第一完成人，完成的科研成果荣获国家科技进步二等奖，光荣出席了在人民大会堂举行的全国科技奖励大会，受到习近平总书记等党和国家领导人的亲切接见，习总书记还与我亲切握手，我感到无比荣光，终生难忘，这一年是我获得兽医专业学位的第10年。我还先后获得省部级科技一等奖1项，二、三等奖各3项。出版专著多部，发表论文多篇，主持撰写并获批颁布行业标准十余项，先后被公安部授予"全国优秀人民警察""全国公安科技先进个人""全国公安刑事科技先进个人"等荣誉称号，荣立集体一等功1次，三等功2次，被中国兽医协会评选为首届"中国十大杰出兽医"，担任了中国畜牧兽医学会犬学分会理事长、中国兽医协会宠物诊疗分会副会长等多项学术职务。2019年国庆期间，我被授予由中共中央、国务院、中央军委颁发的纪念中华人民共和国成立七十周年纪念章。

所有这一切，我要感恩于国家兽医专业学位的设立，感恩于陆承平教授的引路，感恩于夏咸柱院士、黄路生院士、我的导师何后军教授及江西农大兽医专业学位授予点所有指导老师的关怀和帮助；感恩于兽医专业学位教指委及秘书处各位领导专家们的指导；感恩于所有帮助支持我的老师和同行们。如今，我虽早已过了花甲之年，但仍然奋斗在科研教学岗位上，目前还担任了国家"十三五"重点研发科技项目课题主持人和省部级重点实验室主任，我将不遗余力，继续努力，为国家兽医科技及教育事业做出新的贡献。

我与兽医专业学位梦的实现与延续

刘洪斌

（东北农业大学）

"尔羊来思，其角濈濈；尔牛来思，其耳湿湿""鸡栖于埘，日之夕矣"。《诗经》中描绘了牛羊成群、鸟儿飞舞的景象，不难想象人与动物的亲密，离不开兽医的功劳，兽医专业是一个古老的学科，可以追溯到千年之前；也是一个年轻的行业，千年后依然跟随时代发展的步伐！

我怀揣着儿时的梦想，怀揣着报效家乡和人民的一腔热忱，南京农业大学毕业后回到了黑龙江这片沃土，选择哈药集团生物疫苗有限公司（原黑龙江省生物制品一厂）现有近六十年光荣历史、兽用制品行业全国知名的老企业作为梦开始的地方。我勤奋好学、踏实肯干，专业技术水平高，工作业绩突出，几年的时间我从一名技术员一步一个脚印的走上了领导岗位。但我心中一直鞭策自己"学术犹如逆水行舟，不进则退，尤其是我们搞专业技术的，跟不上市场需要，赶不上技术更新，那将意味着淘汰！"学习、提高、深造在我脑中时刻提醒我……

2010年我以优异的成绩考取东北农业大学兽医专业硕士，在这里开始实现我的梦想，三年的时间很短暂，虽然我们兽医专业学位为非全日制教学模式，也让我仿佛又回到了学生时代的校园生活，在校每一天都很充实、很快乐，受益匪浅。老师精心编排教学内容，理论与实践相结合，专家们的言传身教，悉心辅导，无不体现了学校对兽医专业的高度重视和亲切栽培，使我始终保持高度的热情和积极性投入到学习中来，端正态度、自觉学习，上课认真做好笔记，下课相互交流沟通，提高业务水平和能力，形成爱学习、想学习、拼学习的良好氛围。求学的过程中有试验时的挑灯夜战，在家思考时的辗转反侧、难以入睡，有过"山重水复疑无路"的困惑，有过"柳暗花明又一村"的激动，也有过"拨开乌云见日出"的喜悦。学习思考是一个痛苦的过程，而思考之后的收获又让人感到一种莫名的兴奋与欣慰，就在这种痛苦与兴奋交织之中，三年的兽医专业学位教育生活也将近尾声，回想论文撰写的那些日子，是我们每个学生必须经历的一段过程，也是我毕业前的一段宝贵的回忆。在思考和探索的过程中，难免也走一些弯路，我蓦然回首，论文的文献综述、开题、中期检查、预答辩各个环节还记忆犹新，深有体会。万事开头难，记得论文写作一开始，总觉得写论文对于没有经验、知识浅薄的我来说是那么困难的一件事，我的导师是东北农业大学学术造诣很深的博士生导师李继昌老师，老师对我总是默默的付出，细心指导和关怀，极富责任心和耐心，一路走来给我不少指引，告诉我选题时既要符合行业发展趋势，紧跟时代步伐，有一定的新意，有一定的学术价值，又要符合自身实际工作情况，量体裁衣。在导师的指导下，我选择的结合生产实际的题目《一株禽流感病毒的分离鉴定及其灭活疫苗制备和质量评价》。李老师告诉我要站在一定的高度，深入思考，提出新的思路、新的方法、新的举措，还告诉我应该怎么样修改论文，怎样按要求完成论文的相关工作。老师的审阅总是很仔细，可以认真的看到论文的每一个细小的格式要求，认真的读完论文的每一个标点，提出最中肯的意见。在李老师的精心指导和严格要求下，我的论文也就从最初的茫然，到慢慢地进入状态，思路由浑浊变得清晰，内容由空泛变得充实，语言由粗糙变得精炼，格式由业余变得规范，最后到整个论文的一气呵成，真是难以用语言来表达。我只想说："论文撰写没有捷径，只有一步一个脚印，认认真真地去完成，一分耕耘一份收获。"最终我的毕业论文获得了"优秀毕业论文"称号。我不仅仅学到的是知识，更是老师那种严谨认真、务实规范的治学之风，这是我兽医专业学位学习最为重要的一课。老师，谢谢您！感谢学校和老师的谆谆教导，使我成为兽医专业技能型、应用型、科学型相结合的现代兽医专业技术人才，使我的梦得以实现！

学习是为了更好地工作，深造是为了实现自我价值，实现梦的延续。几年的兽医专业学位学习使我拓展了思维、锻炼了意志、完善了自我，在思想上也有了新的飞跃，人生观、世界观有了深刻的变化，找到了自身的差距，明确努力的方向。在这个科技日新月异的新时代，动物疫病不断增加，病毒变异速度不断加快，我要把新知识、新技术、新信息、新观念带到我的工作中，我用自己学到的兽医专业知识解决工作中实际遇到的问题，从实践中来到实践中去，在实践中不断学习和提升。回到工作岗位我依然保持严谨的学术钻研精神，成为黑龙江兽医协会副理事长，哈尔滨市市级重点领军人才梯队预防兽医学学科带头人，获得第十一届哈尔滨市青年科技奖；成功繁殖了禽流感H9亚型JY株、HZ株和传染性支气管炎M41株毒种；实现猪传染性胃肠炎、流行性腹泻二联灭活疫苗产业化这一哈尔滨市高新技术产业专项资金项目；发表的论文《猪传染性胃肠炎基因工程疫苗的研究进展》，开拓了该类疫苗的发展思路；圆满完成鸡新城疫、传染性支气管炎、禽流感三联灭活疫苗等七个黑龙江省发展高新技术产业（非信息产业）专项资金项目；推进马立克双价、新流二联、新支流三联、蓝耳病等新产品转化生产以及禽流感系列产品、法氏囊系类产品和马立克产品稀释液等产品品质与工艺的升级试验工作，效果较好，形成了新品转化和工艺试验并行开展的新模式；顺利申报仔猪副伤寒活疫苗的制备方法及其产品的专利等项目。成绩的取得离不开老师和学校的栽培，离不开求学期间养成的敏锐的科研思维。

随着养殖业的快速发展，养殖模式、养殖理念、养殖环境都发生了巨大改变，在东北农业大学兽医专业学位的学习使我深刻的领会到知识的重要性，公司的持久发展和有序经营离不开知识的创新，我对技术人员提出"懂原理，熟操作，勇担当，敢叫准"的口号，时刻鞭策着员工不断学习，不断进步，都应是技能型多面手，做什么事情都必须抱着务实、谨慎、不怕苦难的态度，精益求精；并且我还深刻地体会到思想上同心、知识上互补、能力上增值，性格上互容的团队精神所产生的巨大凝聚力和战斗力。在这个竞争激烈社会环境下，大量的工作需要团队共同协作完成。在群体、群策、群力的共同努力下，才能高效的圆满完成任务，对内我组织车间技术骨干成立工艺小组，对生产流程进行研究改进；对外我推进产学研各项工作的推进，与各高校建立联合培养基地，顺利完成科技成果产业化。

用书籍滋养生命，用知识丰富人生，长路漫漫，奋蹄疾驰才能行稳致远；彼岸迢迢，劲风鼓荡才能扬帆直航，感谢东北农业大学兽医专业学位教育，让我得以实现自我，演绎精彩！

浅议全日制兽医硕士专业学位研究生培养的问题与对策

——以甘肃农业大学为例

杜晓华

（甘肃农业大学）

专业学位的设置，是我国学位制度改革的一项重要内容，它改变了我国学位类型、规格单一的状况，推动了复合型、应用型高层次专门人才的培养工作，丰富和发展了我国的学位制度。全日制兽医硕士专业学位研究生的学习年限一般为2年，面向各级畜牧兽医工作站、畜牧生产企业、国家动物卫生、兽医卫生监督、动物药品生产与管理、动物检疫等部门，培养从事兽医资源管理、技术监督、市场管理与开发、兽医临床工作和现代化兽医业务与管理的应用型、复合型高层次人才。自2009年起，全日制兽医硕士专业学位研究生面向应届本科毕业生进行招生，这是我国学位与研究生教育的一项重要改革。我校动物医学院自2010年起开始招收全日制兽医硕士专业学位研究生，截至2019年，共招收培养了196名该类型的研究生。在过去的几年里，我校全日制兽医硕士专业学位研究生的培养体系已经基本形成，具有明确的培养目标，在课程设置上体现了整体性、专业性和实践性。但是，根据当前高质量应用型、复合型人才的社会需求，现有的培养和教育体系仍然存在着诸多不足之处，主要体现在以下五个方面：

一是导师队伍建设跟不上形势发展的需要，尤其是"双师型"导师队伍的建设

专业学位研究生的培养目标不同于学术型研究生，主要是以应用型作为其培养的主要方向。因此，对于指导教师来说，不仅要求具有较高的学术创新能力，更要具备丰富的专业实践经验。但是，受长期以学术型研究生培养为主的影响，目前我校的全日制专业学位研究生导师大多为学术型的研究人员，理论基础知识扎实、学术创新能力强，但没有产业背景，专业实践经验和实践能力不足，距离全日制专业学位研究生培养要求的"双师型"导师还有比较大的差距。

二是课程体系建设不能满足应用型人才的培养需求

我校目前面向全日制兽医硕士专业学位研究生开设的课程尽管已经针对应用型人才培养目标进行了优化与调整，但受限于师资力量与结构、硬件条件以及经济因素等多方面的制约，很多课程还是不同程度地存在与学术型研究生课程设置重复的现象，课程内容也普遍存在偏基础理论、少应用实践的情况，尤其是面向专业学位研究生开设的课程缺少应有的职业指向性，与其培养目标定位相脱节。

三是校内、外教学实践基地建设水平远远不能满足专业学位研究生培养的需要

全日制兽医硕士专业学位研究生是以实践应用为指向的人才培养类型，在校研究生多数也是无职业背景、无工作经验的应届或往届毕业生。为了强化对专业学位研究生实践能力的培养，必须依托长期、稳定的校内、外实践基地，结合研究生实际工作和学位论文内容，利用基地提供的场所和硬件条件，培养出能够适应行业需求和市场需求的高层次应用型人才。但截至目前，我校尚没有能够满足全日制兽医硕士专业学位研究生培养需求的校内、外实践基地。

四是对于全日制兽医硕士专业学位研究生的社会认知度仍然偏低

社会上普遍存在"全日制专业学位研究生不如学术型研究生"的观念，考生对于全日制兽医硕士

专业学位研究生的认知度也不够高，这都需要经过相当长的时间和努力来加以宣传和改变。

针对上述问题，结合我校全日制兽医硕士专业学位研究生培养现状与实际，本人认为应当从以下几个方面进行改革与建设工作：

（一）以"双导师"和"双师型"导师队伍并举的形式，提升全日制专业学位研究生导师队伍建设水平与质量

与学术型硕士研究生培养目标明显的学术指向性不同，全日制兽医硕士专业学位研究生的培养目标是以应用性和实践性为指向，以培养应用型、复合型人才为目的。因此，对于全日制兽医硕士专业学位研究生导师来说，不仅要求具有较高的学术创新能力，更要有过硬的专业实践能力。近年来，在国家政策的导向下，全日制专业学位研究生招生规模迅速扩张，然而在短期内建立一支同时具备上述两种能力的专业化导师队伍却不太现实。因此，为了应对全日制专业学位的快速发展，许多高校采取"双导师制"，即由校内学术型研究生导师和校外高级技术人员组成双导师，以校内导师指导为主，校外导师参与指导实践过程、论文制作等环节，共同完成对全日制专业学位研究生的培养。在采取"双导师制"的同时，也要着力加强校内"双师型"导师队伍的建设工作，一方面引进具有行业、企业工作背景的"双师型"人才，为专业学位研究生教育储备师资力量；另一方面鼓励和支持现有教师到行业、企业进行生产实践锻炼，更新知识结构，积累专业实践经验，提高专业实践能力，逐步成长为"双师型"导师，改善师资结构。

（二）与全日制兽医硕士专业学位研究生培养定位相结合，科学合理地进行课程设置

全日制兽医硕士专业学位研究生教育侧重职业性、实践性和综合性，课程设置应当充分考虑其兽医职业的现实需求，以应用性、实践性为主体，同时兼顾理论基础，合理设置理论知识与实践知识的比重，在理论与实践之间找到一个科学的平衡点。具体来说，基础理论类课程要以够用为度，不刻意强调知识的精深性、前沿性和系统性，而是以宽广性、实用性、基础性为原则选择，让学生掌握一定量的用于理解实践过程的理论知识即可；专业类课程要以实用性和技术类知识为主，以促进学生实践能力的获得为原则选择，让学生掌握与职业紧密相关的实践知识和技能；选修类课程则要重点考虑综合性、可操作性、针对性，尽量体现真实的实践情境。

（三）建立稳定的校外实践基地，完善校内实践基地，强化全日制专业学位研究生实践创新能力的培养

在我校全日制兽医硕士专业学位研究生的培养过程中，需要考虑地域性或行业内人才需求的特点，服务地方经济发展。因此，可以通过与企业签订合作协议，建立研究生工作站等形式作为校外实践基地建设的重要途径。利用学校与企业不同的教育资源与教育环境，发挥各自优势，为研究生提供实践、承担项目、就业的机会，让学生深入企业，真正地在项目中提高专业素质，提高其发现问题、解决问题的能力。同时，也要加强对校内实践基地如动物医院的建设，增加临床病例数量，完善全日制专业学位研究生临床实践保障制度，使学生能够就近参与兽医临床实践工作，提高解决实际问题的能力。

（四）加强对我校全日制兽医硕士专业学位研究生招生与就业工作力度，提升其社会认知度

为了提升我校全日制兽医硕士专业学位研究生的社会认知度，一方面，要在招生宣传上下工夫，扩大我校全日制兽医硕士专业学位研究生的知名度和影响力；另一方面，要积极拓宽研究生的就业渠道，通过已就业研究生的现身说法，让用人单位对该类型研究生有更多的了解并产生一定的辐射效应，提升行业及单位对全日制兽医硕士专业学位研究生的认可度。

兽医专业和我的创新创业

张 梅

（张家港威胜生物医药有限公司）

2011年我非常荣幸地到甘肃农业大学动物医学院在职攻读博士学位，师从一导余四九教授，二导张继瑜研究员、梁剑平研究员。在学习期间我尽量把所学知识加以运用，在理论运用于实践的同时，也在实践中更加深刻理解了兽医兽药专业的知识精髓。经过3年的博士学位学习，完成博士的课程，并利用学校和我公司的实验条件完成了博士论文的实验研究和论文撰写。这几年的学习对我的职业生涯和公司发展也有非常大的帮助。

张家港威胜生物医药有限公司是2010年我与另三个合伙人共同创建的，我的团队有3名博士，我任总经理。在企业发展壮大的几年里，我们始终把严谨的科学态度、勇于攻关的科学实验精神贯穿到企业的运行中，秉承为客户提供良好的产品、技术支持、健全的售后服务等。我公司主要经营生产青蒿素衍生物、长春西汀类原料药、复方蒿甲醚片和长春西汀片，销售的都是自主研发的产品；同时开展生物医药技术研发、技术服务及技术转让，公司的主要盈利来源是生物医药原料药、医药关键中间体、生物制品的批发和进出口。

青蒿素衍生物是我公司的主要产品，占销售额的80%以上，因此我的博士论文《青蒿素衍生物对猪附红细胞体体内外抑制作用研究》是以青蒿素衍生物为材料，研究青蒿素类药物治疗附红细胞体病在生产上合适的剂量和制剂工艺。研究通过体外培养猪附红细胞体，优化了培养基配方和培养条件，通过抗生素敏感性和活性观测，确定体外培养附红细胞体可保持活力，能较真实反映其在体内的活性情况。体外药效筛选以市场上常见猪附红细胞体药物土霉素为对照，在体外培养条件下对4种青蒿素衍生物：双氢青蒿素、青蒿琥脂、蒿甲醚、蒿乙醚进行试验。结果表明：蒿乙醚显著降低猪红细胞感染率；但口服药物固体制剂被动物摄入后，入胃崩解，释放药物活性成分，即溶解和溶出后才能被吸收。蒿乙醚是极性极小，水溶性极低的难溶性药物，生物利用度低。为了改善蒿乙醚生物利用度，本研究进行了蒿乙醚固体分散体研究，提高其溶解度和溶出速度。

企业的发展伴随我的兽医专业博士学习，经历过无数困难，如技术创新、资金周转、市场开拓等，但经过我和伙伴们的齐心协力，终于逐渐壮大，2013年建成了占地60亩的舞阳原料药、化工原料生产基地；2015年建成了占地100亩的湖南斯依康青蒿素提取工厂；2017年在江苏张家港保税区建成了占地53亩的符合国际GMP标准的原料药和制剂生产的新工厂。攻读兽医专业博士学位对企业发展帮助巨大，我从下面三个方面分享我的心得体会。

一、科研创新和应用创新

博士学位的获得培养了我科研创新的能力，掌握了科研创新的方法，在企业的发展中我也要求要创新，公司的口号就是"把中国制造变为中国创造"。

我鼓励科研骨干在公司的科研创新上选择医药学科前沿领域课题或对国家经济建设、科技进步和社会发展具有重要意义的项目，我对科研骨干们常说我们企业要有责任也有能力承担一些医药原料和制剂的科研攻关任务，因为我们公司的主要业务是国际市场，只有我们有了科技支撑，我们的产品才能在国际上有竞争力。在项目的选择上注重规范科研指导管理，突出创新性。同时鼓励大家参加国内外学术研讨会，结识国内外专家学者，参与联合攻关、会议组织等学术服务工作，从而与学术社群建立联系，逐渐融入原料药学术圈，与国内顶尖的科研机构，美国、印度等一些企业和科研机构建立了长期的合作关系。如2017年我公司与中国中医科学院合作，参加了国家科技重大专项"青蒿素及其衍生物创新药物研究"；2016年与中科院近现代物理所合作青蒿育种项目，并取得了3个新品种证书；2018年与青蒿素国家重大科技项目承担者王满元教授合作开发青蒿新药；2019年与中科院亚热带农业生态研究所合作进行青蒿作为动物饲料的研究。

从兽医专业博士的学习中获得药品研发的思路，我的博士研究方向是青蒿素衍生物——蒿乙醚的固体分散剂的制备，启发我将对药品制剂工艺优化与生物体内药物有效成分的生物利用度密切相关的认识，应用到我公司目前主营业务蒿甲醚的制剂技术中去，积极与印度的合作伙伴共同开展蒿甲醚片剂的工艺研究和一致性评价的研究，为国内为数不多的按照世界卫生组织（WHO）标准组织药品研究的单位，大大提高了药品的药效和质量标准。

得益于兽医专业理论知识的学习，我创新地将低温连续逆流式提取技术运用到青蒿素的产业化生产中，使青蒿素的提取回收率比传统工艺提高10%以上，不仅降低了生产成本，而且青蒿素的纯度进一步提高，产品质量行业优先。提取后的青蒿药渣较大程度保留了青蒿作为中药的其他有效成分，为进一步在功能饲料上推广提高了质量保障。

由于近些年国内外越来越重视食品安全，在对动物的饲养中提出了限抗、减抗的要求，提倡中兽药和中草药功能性饲料的推广。经过博士阶段的学习，我创新性地将青蒿提取物制备成中兽药青蒿散，用于治疗鸡球虫病，目前已经完成临床试验。本次的跨产业推广，将是抗寄生虫类绿色中兽药的重要填补，也将为公司创造巨大的利润空间。

我公司在药物开发上取得了很多成绩，建立了天然药物研究中心，承担了江苏省抗老年痴呆症药物——长春胺的关键制备技术攻关项目，承担了青蒿新药在免疫调节方面的研究任务等，这些都与我的兽医兽药专业学习密不可分。

二、自我科研素养的提高，获得同行认可

通过博士学位的攻读认识了自己的缺点和不足，在工作中尽可能完善自己。发现了许多理论知识在企业科研创新中的体现；感受到了理论的重要性，同时我还发现了自己在理论知识的这方面需要不断强化，因此毕业后我也坚持学习，增强自己的理论知识，多观察、多实践，努力提高自己的知识层次。

作为一名女博士，企业要在行业和国际竞争中占有一席之地，我深知提高科学素养是非常重要的，作为受过科研训练的博士在企业中创新做到以下几点是必要也是必须的。我努力工作，把企业的各项事务都安排得井井有条，对企业和员工富有责任心，一些关键的研究开发项目，与科研骨干一起探讨，抓好工作中的各个细节，把问题和困难一个一个攻关。这么多年的学习使我有了系统、扎实的本学科理论知识和实践功底，有较深的学术造诣，有较强的组织和主持研究工作的能力，在产品开发、生产工艺研究方面有创新和突破，尤其是将青蒿素及其衍生物在兽药和青蒿在饲料方面研究推广，得到同行专家及有关部门的认可。

兽药和人药的共同之处都是要做动物试验，而兽药在理论和实践方面非常基础，因为我这方面的知识和实践比较丰富，在于同行的交流中获得大家的认可和信任，因此也和许多医药企业的技术总监成为朋友，大家有了问题相互探讨，拥有了大量人脉资源，也为企业发展获得了很多机会。如2016年我联系北京中联华康科技有限公司等20余家动保产品生产销售企业，在我公司召开了关于新型中兽药及抗腹泻动保产品的研讨会，为公司将青蒿素类等更多的产品在兽药动保领域的推广提供了很好的依据和市场规划。2017年在我的倡议下生产青蒿素的企业成立的青蒿素联盟，国内生产青蒿素的

10多个企业均参加了联盟，联盟解决了从青蒿种植到青蒿素生产销售的全产业链规范操作、标准统一问题。同时我还在兼任世界中医药学联合会芳香健康产业分会第一届理事会副会长，推动了天然芳香精油在替代抗生素方面的应用，在动物饲养场所消毒剂方面的应用。

三、借鉴学校的资源和培训模式培养了科技创新人才

我公司的许多科研骨干都是通过甘肃农业大学平台或相关资源获得，我在科研骨干的培养上全都按甘肃农业大学博士生培训的要求，强化问题导向的学术训练，围绕医药国际学术前沿、国家重大需求和基础研究，着力提高科研骨干的原始创新能力。科研骨干培养与市场需求和科学研究紧密结合，强化问题导向的学术训练。我鼓励科研骨干申请国家和江苏省的各类科研项目，并给予足够的激励，激发大家科研创新的积极性。

从2015年开始我公司每年申请各类科研项目20多项，每年成功获得科研经费资助的项目近10项，年到位科研经费300多万元，有了经费支持和科研骨干的科研创新精神，我公司原料药生产的各个环节在工艺上均处于国际先进水平。

最后感谢甘肃农业大学对我的培养，可以说没有博士学位的获得，就没有企业的成就。尤其是导师余四九和张继瑜、梁剑平、贾宁等研究小组老师们严谨的治学态度、敏锐的洞察力、孜孜不倦的敬业精神无时无刻不在鼓舞和鞭策着我，让我在企业发展中遇到的许多困难和问题都一一解决。同时也感谢甘肃农业大学动物医学院，兰州畜牧与兽药研究所在我完成博士论文和企业发展过程中持续不断的帮助，老师们严谨的治学、勤奋工作的精神及一丝不苟的生活作风，使我明白了许多做人的道理，这些都对我的企业未来发展和人生之路产生深远的影响。

兽医专业学位硕士研究生培养的实践探索

徐丽娜

（河北工程大学）

随着科学技术的发展和社会经济模式的转变，各行业领域迫切需要高层次的应用型人才。专业学位研究生教育强调以专业实践和职业发展为导向，通过实践训练和应用科学研究，着力培育研究生的实践创新能力和解决实际问题的能力。《教育部　人力资源社会保障部　关于深入推进专业学位研究生培养模式改革的意见》也指出，要"以职业需求为导向，以实践能力培养为重点，以产学结合为途径，建立与经济社会发展相适应、具有中国特色的专业学位研究生培养模式"。兽医专业学位着力培养具有适应我国现代畜牧生产、人民生活和公共卫生需要，具有突出的兽医临床能力，注重动物群发病、流行病的预防与检疫、动物产品卫生监督能力的培养；培养具有特定职业兽医背景，且与现代农业标准化生产、国家卫生防疫、国家进出口安全、野生动物资源保护等领域任职资格相联系的专业特殊人才。高层次应用型专门人才培养是一个长期探索和实践过程，河北工程大学在兽医专业学位硕士研究生培养过程中不断汲取兄弟院校的招生办学经验，并结合河北省区域特色和办学模式，利用学科优势，加强与企业合作，逐步提升培养能力，增强研究生招生工作，积极探索兽医专业学位硕士研究生的培养体系。

一、加强招生宣传，吸引优质生源

刚开始招收兽医专业学位硕士研究生时，由于社会对专业学位研究生教育存在误解，认为专业学位研究生含金量低，考生缺乏报考的意愿和动力，存在第一志愿报考率低以及报名后多数学生弃考现象。随着专业学位研究生的招生规模不断扩大，选择报考、就读专业学位研究生的人数在增加，第一志愿报考率有所提高，弃学的学生减少，说明有越来越多的学生认同了专业学位。但兽医专业学位的生源仍然不足，仍有部分学生是从报考学术型研究生调剂的。这就需要学校在吸引优秀生源方面多做一些工作，首先要加强招生宣传，要向广大考生宣传专业学位研究生教育的指导思想、培养目标，专业学位培养的是社会迫切需要的高层次、应用型人才。各位老师利用QQ、微信等网络平台大力宣传本学院的研究生招生信息，使外校学生对本学科和学院有了更多的了解；同时对本学院动物医学系学生进行宣讲，分析动物医学专业的考研趋势，并对本学院兽医专硕的招生情况进行详细介绍等，扩大宣传，提高招生规模。学校还设置优质生源奖励基金，对免试推荐攻读专业学位和报考专业学位成绩优秀的学生给予奖励，以增强研究生的招生吸引优质生源。

二、优化课程体系，进行模块化课程设置，着力强化应用与实践

课程体系是构建兽医硕士专业学位研究生知识结构和能力的基本框架。优化课程体系的原则是着力培养新形势下学生的综合性、实践性、应用性和职业性：①课程设置与"现代兽医精英人才"培养定位相结合，有针对性地突出专业学位研究生教育的职业性特点；②课程教学内容注重基础理论与兽医实践能力培养相结合，充分反映兽医职业领域对专门人才的知识和能力要求；③课程教学方式注重综合能力培养与职业资格认证要求相结合。

177

1.课程设置模块化，调整理论和实践课程比重　坚持较宽口径培养和专业针对性并举的原则，将兽医硕士专业学位研究生课程按3个模块设置：基础理论类、专业职业技能类和专业实践类。重点突出专业职业技能、专业实践2个模块。专业职业技能模块的课程设置，强化兽医临床诊疗、疫病诊断与预防、动物保护、兽医法规等的课程学习；专业实践模块的课程设置，强化小动物临床诊疗、重大动物疫病防控技术、动物保护药物的开发等。

2.课程教学内容前沿性和实践性并举，着重应用培养　课程教学内容既要反映学科前沿知识，更要反映兽医职业领域对专门人才的知识和能力要求。因此，基础理论模块的课程教学内容主要反映学科的最新进展；专业职业技能模块的课程教学内容主要反映新技术，强化案例教学；专业实践模块的课程教学内容主要反映实用性，能解决实际工作中的具体问题。

3.强化实践教学，操作比重增加　兽医硕士的培养主要设计了3个培养方向：动物疾病诊疗、动物疫病防控与检疫和动物源食品安全。该培养方向的实践教学更加注重综合能力培养与职业资格认证要求相结合。

三、完善双导师制，实施双师型导师培养计划

教师队伍水平高是人才培养质量的保证。要培养应用型、复合型兽医人才，必须拥有一批具有较高学术水平、同时又有丰富的实践经验的指导教师。校内导师需精通理论知识，同时还要掌握一定的实践技能；校外导师必须是来自兽医相关行业，有丰富的实践经验，具有副高级以上职称，年龄在55周岁以下，且必须有主持市厅级相关科研、推广课题的经历或有同级别在研项目。学生在学校选择一位校内导师，在校外实践基地如小动物医院、大型养殖集团等选择一位临床导师，使学生在培养过程中可接触并处理大量临床病例，不断提高自身的动物疫病防控、小动物诊疗等实践技能；在校外导师培养环节上，需要其每年安排10个课时左右的课程或实践技能专场报告，主要讲授动物重大疫病防控专题、兽医法规、执业兽医，以及针对畜牧生产中主要畜禽的临床病例解析等方面的内容，有效提升学生的理论水平和实践认知。结合专业实践相关内容，校内导师和企业导师共同指导专业学位硕士研究生的学位论文选题和撰写工作，两者充分发挥在理论水平和实践能力方面的不同优势，共同指导研究生完成学业，使专业学位硕士研究生既具有扎实的理论基础，又能适应行业实际工作的需要。

学校还通过建立多元化的评价体系，针对学术学位和专业学位研究生教育的不同要求对教师进行分类考核。考核结果与岗位聘任、绩效薪酬等挂钩。同时出台相关文件，鼓励青年教师积极参加兽医临床实践。对于积极投身临床实践的青年教师，生命学院通过采取工作量补贴、优先考虑评优及职称晋升等办法，使教师在校外实践基地安心工作，不断提高自身的实践技能。

四、加强校内外实践基地建设，健全基地管理制度

兽医专业学位研究生教育的职业化特点，要求实践教学必须占有相当的比重。教学实践基地的建设，是保证兽医专业学位研究生教育质量的物质基础。为此，生命学院充分利用各种资源，建立了一批校内外实践基地，并加强对基地的有效管理。

校内实践基地：河北省禽病工程技术研究中心、河北省动物源食品安全检测技术工程实验室、河北省太行鸡产业技术创新战略联盟、邯郸市动物医学重点实验室。

校外实践基地：结合学院办学特色，建设了一批合作稳定、条件优良的实习基地。涉及猪、牛、羊、禽及生物制剂等，如华裕公司、君乐宝乳业公司、河北省药品检验研究院、河北金凯牧业中国动物疫病预防控制中心、晨光生物集团、天津瑞普集团、河北省动物疫病预防控制中心等大型养殖龙头企业及疾病防控单位20余家。

建立学校与实践单位互动管理制度，包括学校研究生院、学院研究生办公室、企业；校内外导师互动管理制度。

五、把控论文选题，重视科研能力培养

兽医专业学位硕士研究生的学位论文工作要以结合行业实践工作需要、立足实践、提升研究生实践创造能力为出发点，让学生学会综合运用所学专业或相关专业的知识、理论和方法，实现实践探索的创新。学位论文的形式则可以多种多样，鼓励采用调研报告、病例分析、技术创新、产品研发以及管理决策和政策分析等形式。但无论是哪种形式，都要求学生综合运用理论、方法和技术解决实际问题，有明确的实践意义或应用价值。①调研报告要求数据真实，由学生自己采集，分析透彻，讨论深入，能够提出自己的意见和建议；②病例分析要求有一定的病例数量，对病例的共性进行总结提炼，对疾病的治疗、防控措施采用得当，有借鉴意义；③技术创新要求建立新的技术方法或对现有的技术作出重要改进，对技术的各项指标有完整的试验验证，与已有的方法相比，在某一方面或多方面具有优越性，并应用于实际工作；④产品研发要求完成产品的整个研发过程，技术指标符合国家相关要求；⑤管理决策和政策分析要求提出的问题准确，原因分析透彻，理论观点符合实际，意见建议具有可操作性。

我学院兽医专业硕士研究生参与横向课题研究逐年增加，大部分研究生都是完成导师的横向课题。研究生带着课题到企业去研究、解决企业生产中遇到的实际问题，既能得到实践锻炼，同时完成学位论文，研究的成果还能直接应用于生产，一举多得。如果研究生不带课题进企业，而是在实践过程中发现问题，将所发现问题作为学位论文选题在导师的指导下开展研究并最终解决；或通过在企业实践训练，完成一份对企业的调研报告作为学位论文，这样更有利于培养研究生的实践能力。

六、兽医专业学位研究生培养中存在的问题及相关对策与建议

提高专业学位研究生培养质量的关键在高校。学校应通过综合改革，完善机制，补齐短板，切实提高专业学位培养质量。

1．应重视专业学位教育，建立健全保障机制 目前我校出现的学校导师不支持、实践环节不落实等问题，关键原因在于对专业学位重视不够，深层次反映的仍是重科研轻教学的倾向问题，急需有力的政策导向进行改变。

2．改革培养方式，尊重学生成才差异和个性化需求 各个学校选派学生到企业实践多为指令性，双向或多向沟通不够，造成一些学生在企业的学习（实践）较为盲目。为此，学校应创造条件让学生在报考、选导师、选企业等方面有更多选择权。

3．同时兽医硕士本身的培养目标、类型还需进一步细化，以适应多样化的人才需求 目前绝大部分学生选择了动物疫病防控方向，执业兽医方向的学生偏少，这一动向值得注意。在发达国家，60%的兽医专业学生是选择执业兽医方向的。随着我国人民生活水平的不断提高，小动物诊疗市场会快速发展，需要大量高水平的执业兽医，这方面的宣传和引导工作需加强。

4．改革评价方式 切实落实"强化学位论文应用导向"要求，分类制定学位论文标准，规范论文要求，探索建立专业学位与职业资格考试的衔接机制。

兽医专业学位教育"双导师制"现状与对策

高光平

（河北科技师范学院）

兽医专业学位教育是我国学位与研究生教育的重要组成部分，自从1999年5月国务院学位委员会第十七次会议审议通过了"全国兽医专业学位（硕士、博士）设置方案"，2000年1月国务院学位委员会和教育部成立了全国兽医专业学位研究生教育指导委员会以来，至今已有20年，我国兽医专业学位研究生教育从无到有，正在逐步走向成熟，为社会培养了大批兽医专门人才，并在各自的岗位上用自己辛勤的汗水，为我国兽医事业的发展做出了杰出贡献，已得到兽医及相关行业的认可，社会评价较高。

与学术学位教育的区别在于，专业学位教育采用的是"双导师制"，即将传授基础理论知识的培养单位的导师与具有丰富实践经验和指导能力的企事业专家（校外导师）相结合，各位导师各司其职，取长补短，特别注重学位研究生专业实践能力和创新能力的培养。

由于各地、各培养单位和实践基地等条件不一等因素，全国兽医专业学位研究生教育指导委员会、各省市、培养单位以及研究生培养基地，都尚未出台完善关于双导师制度系统性建设的政策指导措施。教育部相应文件虽指出，完善的双导师制度应建立在以培养单位导师指导为主，外单位导师参与学生全部教学实践过程的基础之上，其中包括对学生项目研究、课程学习和毕业设计（论文）等多个环节进行指导，各培养单位应尽可能地吸收不同领域的专家、学者以及经验丰富的实践领域专业技术人才，共同承担起对专业学位研究生的系统培养工作，但政策仅从宏观上给出建议式规定，缺少相应的配套措施。

经过20年的发展，我国的兽医专业学位研究生培养取得了长足的进步，"双导师制"也在逐步走向成熟，但仍需进一步探索符合专业学位研究生教育规律的具有个性化特色的模式，促进专业学位研究生教育更好地适应经济社会发展。

一、"双导师制"推行过程中存在的主要问题

作为研究生培养的第一责任人，导师的指导能力和水平直接影响着研究生教育水平，是培养高层次应用型专门人才的重要保证。由于多数培养单位不能完全满足兽医专业学位研究生所需要的专业实践条件，且高校和科研院所的研究生导师大多是学术型研究人员，缺乏丰富的实践经历和专业实践教学能力，因此导师队伍建设的变革与创新是决定硕士研究生培养质量的核心要素之一。"双导师制"成为兽医专业学位研究生教育综合改革与提高研究生培养质量的内在要求，既顺应专业学位研究生的高质量培养的要求，又推动了高校、科研院所与企事业单位之间的科研合作，真正实现产学研一体化，是深化专业学位研究生培养模式改革和导师队伍建设的主流趋势，是提高培养单位和导师育人能力的内生动力，相关企、事业单位导师已成为培养高层次应用型专门人才的重要主体。

（一）制度体系建设尚不完善

完善的双导师制度应建立在以本单位导师指导为主，外单位导师参与学生全部教学实践过程，其

中包括对研究生的课程学习、项目研究、实践锻炼和毕业论文等多个环节进行全方面、系统的指导。

目前，多数专业学位研究生培养单位仅有少数研究生在整个学习阶段接受外单位导师系统性的指导，绝大多数研究生仅在实践环节接受指导，且多数外单位导师仅处于带教教师的状态，几乎不参与专业学位研究生招生工作；在研究生培养方面，校外导师在指导专业学位研究生校外实践环节发挥重要作用，但是在制定研究生培养方案方面，校外导师参与很少；很多没有重视发挥外单位导师在奖学金评定、研究生成果奖励等方面的作用；在管理建议权方面，不足一半的培养单位会在学科建设和研究生培养相关工作中邀请外单位导师共同参与相关文件的制定，听取外单位导师的意见和建议，即使部分培养单位在文件中规定了外单位导师享有招生参与权、培养自主权、育人推荐权和管理建议权等，但如何落实保证这些权利落到实处，尚缺乏有待进一步明确。

此外，现阶段的双导师制度中，多数只对本单位导师建立完善的评价和制约机制，而对外单位导师队伍方面尚未形成系统的评价与构建准则，在缺乏政府政策与培养单位指导性文件的双重监督下，各研究生培养部门对双导师制度的建设工作尚处于探索起步阶段，难以保证专业学位硕士研究生的实践教学质量。

（二）"双导师制"实施过程中衔接不够紧密

目前我国兽医专业学位研究生"双导师制"的实施过程中主要存在以下四个方面的问题。

第一，多数培养单位对"双导师制"将其简单理解为"1+1"的导师配给制，导师之间缺乏足够的交流和沟通，又因高校和科研院所与企业对人才培养目标的定位不同，可能会导致双方就所指导学生的培养目标不能完全达成共识，且每位导师承担一个阶段的指导工作，各自制定的指导标准不一，导致研究生无法更好地将所学的学科基础理论和具体的专业实践问题相结合，在实践中产生更多疑问。

第二，许多培养单位对外单位导师评聘制度过于僵化，机械性地参照学术学位研究生导师的标准，主要以学历、职称、论文和科研课题等为评聘的硬性指标，而这些指标却是临床兽医领域具有丰富实践知识和技能的企事业单位导师的弱项，使得具备资格的导师数量有限，而具有丰富临床经验的人士又不符合导师的基本条件，导致临床兽医领域的专业学位研究生不能得到充分的临床指导和实践锻炼。

第三，由于大多数兽医专业学位研究生往往到实践环节才能和外单位导师有更多接触，可能会在无意之中把自己放在一个"外来人"的位置，加之以修业年限所限，为了获得导师的认可和高度评价，需要在维护师生关系上付出更多的努力，很容易唯命是从，沦为传统的"师徒制"。

第四，很多培养单位为了维护良好的合作关系，对外单位导师的工作内容规范不够严格，没有制定考核标准或标准前后不一致，对外单位导师疏于管理，未能及时对不合格的导师进行筛选与淘汰，导致外单位导师工作的随意性较大，甚至存在"挂名"现象；而在专业实践过程中，培养单位的导师不能及时掌握研究生的学习、生活和心理等情况，导致培养配合过程衔接不够紧密。

二、加强兽医专业学位研究生"双导师"建设的对策

今后阶段我国的兽医专业学位研究生教育"双导师制"的发展应进一步围绕"以职业需求为导向，以实践能力培养为重点，以产学结合为途径，建立与经济社会发展相适应、具有中国特色的专业学位研究生培养模式"的改革目标，结合专业学位教育特点和培养单位的实际制订改革方案，组建专业化的导师团队。

第一，打破传统的、僵化的"双导师制"遴选模式，摒弃千校一面的现状，按照各培养单位的专业学位要求和学校发展的实际条件，分类制定导师评聘条件，分步推进，在实施过程中不断调整，逐步形成具有个性化特色的"双导师制"。

第二，提倡导师组制，根据不同专业学位类别特点，探索组建由相关学科领域专家和行（企）业专家组成的导师团队，打破兽医学二级学科的界线，突出培养单位导师的主导地位，充分发挥外单位导师的作用，以培养应用型研究生具体目标为方向，重新整合学科指导力量和教学资源，保证专业学位研究生培养整体质量水平。

第三，加强导师管理和指导过程的管理，强调立德树人，突出导师的育人责任，根据兽医专业学位研究生教育特点完善导师考核评价标准，将优秀教学案例、兽医行业服务等纳入专业学位教师考核评价体系。建立合理的选聘及评价机制，包括评估研究生质量标准和导师培养能力的考核。做好评价监督工作，采激励措施，客观上保证专业学位研究生教学质量。

第四，明确导师之间的责、权、利，加强对导师的考评，提高导师的责任心，在明确第一导师责任的基础上，加强第二导师的选聘和考核，明确第二导师的职责，加强第一导师与第二导师相互之间的沟通和交流，在修订培养计划、实践锻炼、论文选题等环节，充分体现第二导师和第一导师的协同作用，对考核合格的第二导师，落实其应该享受的待遇。

研究生科研能力的培养

史秋梅

（河北科技师范学院）

研究生科研能力主要包括：科研创新能力、问题发现和问题解决能力、资料搜集和处理能力、逻辑思维能力、口头和书面表达能力、动手操作能力等。培养研究生的科研能力是研究生教育本质的体现，是提高研究生教育质量的关键，是建设国家创新体系的需要。本文从研究生教育的需要充分利用课程教学、科研实践、论文撰写三个主要培养途径阐明，需要管理者、导师、研究生本人三方的共同努力。

（一）研究生课程教学

研究生培养单位从课程体系设置、课程内容设计和教学方法与教学手段等多方面入手，优化教学内容，注重前沿引领和方法传授，促进师生间的良性互动，建立起全面、高效的研究生科研能力培养的课程体系。

作为学习的主体，研究生应该发挥自己学习的主观能动性，充分认识到课程学习在自身能力建设尤其是科研能力培养方面的重要意义。一方面，研究生应该通过课程学习掌握本课程和教材中的基础知识点，另一方面也要拓宽渠道，多方面多角度了解最新的科技发展动态，紧追科技发展前言理论和技术，并通过与教师、同学的沟通，充分分析科研问题的解决方法，做好分析、比较、归纳和总结工作，从而逐步培养起自己的科研能力，加强自身的科研素质。

研究生的课程教学不同于本科教学，除了教授现有的知识和理论外，更应该强化理论创新和方法创新，并将其贯穿于教学内容的始终。因此，研究生教学应该增加案例式教学的比例，并借助于经典案例讲述经典理论的构建过程、关键问题的突破过程，分析案例中涉及的方法论，培养研究生自己获取知识的能力和独立分析问题、解决问题的能力。

（二）研究生科研实践

科研实践是培养研究生科研能力的一个重要途径。研究生不仅应当参与课题的研究，更重要的是独立承担课题，这对于培养研究生的创新精神和实践能力有着重要的意义。因此，有必要设立研究生专项研究课题，由学校、各院系面向全体研究生提出研究课题或由研究生自己提出课题，然后由研究生向学校、各院系申报，经学校、各院系批准并提供适当数量的经费，由研究生自己设计研究方法，收集、整理、分析资料，撰写研究报告，培养他们综合运用所学知识解决实际问题的能力。

加强与企业的合作，在产学研三结合的过程中锻炼研究生。学校应该加强与相关企业的联系，通过各种形式的合作来联合培养研究生。要鼓励研究生到企事业单位进行调研，参与实际课题的研究，增强社会实践能力与市场适应能力。实践证明，高校与企业成立实践和研究基地，对提高研究生发现并解决实际问题的能力效果明显。

吸引研究生参加导师的课题研究工作。研究生应该成为导师的科研助手，在导师的课题中做研究工作。这样围绕科研课题，研究生作为整个科研力量使用的有机部分被组织了起来。研究生在课题研究中学会学习、学会研究和学会创新，使用本身成了培养的最主要的手段，并且研究生独立的工作能力和研究能力被置于突出的地位，其科研能力得到了很好的锻炼。

（三）研究生论文撰写

通过学位论文提高研究生科研能力，充分发挥导师的作用和职责。从论文选题的科学、创新性和方向性，到审查和调整论文研究的进展及其深度和广度都需要导师的精心指导。对于研究生选定的论文选题，导师和专家组应在其开拓性、先进性、可行性、必要性上认真进行讨论，并写出专家意见。对研究课题明确、研究内容具有创新之处的报告定为合格，可以继续下一步的研究。

加强论文中期阶段的指导。论文中期阶段指开题报告写好之后到写出论文初稿的期间。为了便于导师和其他专家了解有关情况，应要求研究生在论文中期阶段作一次学术报告或阶段总结，汇报论文进展情况、后期工作计划及存在问题，然后导师及指导小组教师提出下一步研究的建议等，使研究生加深看问题的深度，避免可能的失误，并鼓励研究生把学位论文的阶段性成果整理成论文发表，以此提高和训练研究生科学研究的能力。

严把论文评审与答辩关。研究生论文实行初审和终审，在初审阶段，研究生只提交论文，由校内专家评审；在终审阶段，研究生除了提交修改后的论文外，还应该附上初审专家意见；实行盲审制度，如果全部实行盲审有困难，可按定比例抽查学位论文，所抽查的论文实行盲审。严格答辩，答辩不能走过场，应就论文的主要内容、问题等提问，使研究生得到学习的机会；加强对学位论文的抽检，检评议中学位论文不合格的研究生导师，经校学位评定委员会审议后将暂停其招生或取消其研究生导师资格，以增强导师的责任心。要想通过学位论文来锻炼研究生的科研能力，必须坚持全程关注，走出重后期结果、轻中前期准备的误区。

总之，培养研究生的科研能力，是一项系统工程，需要贯穿研究生教育的始终，需要学校方方面面的配合，尤其应该强调全方位、全过程的理念，需要充分利用课程教学、科研实践、论文撰写三个主要培养途径，需要管理者、导师、研究生本人三方的共同努力，才能达到培养出具有科研能力的研究生的目的，才能实现提高研究生教育质量的目标。

"案例教学"在兽医专业学位研究生《现代兽医病理学》课程教学中的应用

范春玲

（黑龙江八一农垦大学）

自黑龙江八一农垦大学2010年获批全日制兽医硕士专业学位授予点，并于2011年开始招生以来，本人一直主讲兽医专硕的"现代兽医病理学"课程，采用"案例教学"使学生更好的理解疾病发生机理。

本校"现代兽医病理学"前身是"动物病理诊断技术"。为了适应社会发展，专业硕士培养新方向，改为"现代兽医病理学"。"现代兽医病理学"是将"兽医病理学"前沿理论知识和兽医病理学实验技术相结合，探讨疾病发生机理，研究患病动物机体生命活动的规律。

本校培养兽医硕士专业学位研究生，坚持"立足生产实践、突出研究特色、注重建设成效、促进全面发展"的原则。所以，从生产实践中，凝练出的典型案例，进行"案例教学"是"现代兽医病理学"教学的重要手段。

"案例教学"是一种开放式、互动式的新型教学方式。要经过事先周密的策划和准备，使用特定的案例并指导学生提前阅读，组织学生开展讨论，形成反复的互动与交流。同时，案例教学一般要结合一定理论，通过各种信息、知识、经验、观点的碰撞来达到启示理论和启迪思维的目的。通过课堂讨论和分析之后会使学生有所收获，从而提高学生分析问题和解决问题的能力。

本校"现代兽医病理学""案例教学"是指在教师辅导下，由学生自己操作，制作石蜡切片，不断丰富本课程的案例。经过多年的努力，目前已经建立了案例库。学生每年制作的案例标本，同时学习往年案例，最后分析病例，探究发病机理。

下面举例说明"案例教学"在兽医专业学位研究生中的应用及取得的教学效果。

案例一　犬口腔乳头状瘤

在我校2011年动物医院接诊的病例中，有一犬口腔内上腭处发现一白色隆起肿物（图1）。隆起

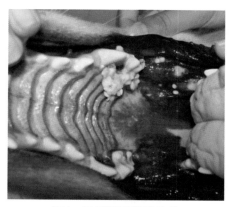

图1　肿瘤外观呈乳头状

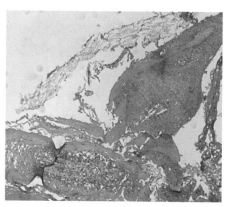

图2　鳞状上皮呈乳头状

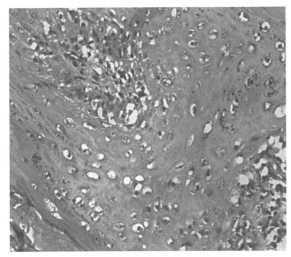

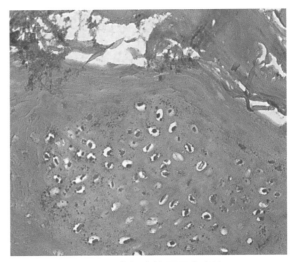

图3　乳头中心有大量炎症细胞　　　　　　　　　　图4　上皮细胞核周围有空泡

肿物呈树枝状，其表面粗糙，大小不等，几天后逐渐蔓延到颊、腭、咽部黏膜。病犬被毛松乱，精神沉郁，食欲减退，嗅觉下降，口中有恶臭气味，流涎，咀嚼困难，体温偏高。学生们取病料，制作组织切片。鳞状上皮呈乳头状（图2），乳头中心有大量炎症细胞（图3），上皮细胞核周围有空泡（图4）。

以上是案例一的病理变化。根据这个病例，教师提出如下问题，让学生查资料，最后教师总结，探讨疾病发生的本质和机理。

问题：

（1）肿瘤为鳞状上皮乳头状，是内生性还是外生性？

（2）肿瘤的异型性如何？如何判断是良性肿瘤还是恶性肿瘤？

（3）乳头中心有大量的炎症细胞，说明什么问题？

（4）病犬被毛松乱，精神沉郁，食欲减退，嗅觉下降，口中有恶臭气味，流涎，咀嚼困难，体温偏高。这些临床症状与口腔肿瘤有哪些相关性？

（5）鳞状上皮乳头状瘤的发生机理是什么？

案例二　猪腐败梭菌病

腐败梭菌是一种对畜禽养殖业造成极大危害的厌氧致病微生物，分布于各种动物消化道内及土壤中，可通过呼吸道及伤口感染动物。在某猪场发现病猪精神沉郁，食欲不振，尸体迅速腐败发臭。对病猪进行剖检及病原学诊断。经过病理学研究表明本病例为腐败梭菌病。可见，各个脏器变性坏死，有中性粒细胞浸润。

2015年3月7日，我校动物医院收到一份猪的腐败梭菌病病例，对该病例的病料进行微生物学检查，并取其脏器等组织进行病理组织制片观察。病猪肺脏呈现暗红色实性病变（图5）；肾脏肿大，颜色呈暗红色（图6），其他器官也有相应病变。

病理组织学检查可见：肺上皮细胞大面积变性坏死，间质有水肿液，有大量中性粒细胞浸润，肺支气管黏膜变性坏死脱落（图7）；肾脏肾小管变性坏死，间质有中性粒细胞浸润，肾小球内皮细胞、系膜细胞和上皮细胞均肿胀，肾小管上皮细胞大面积变性坏死（图8）。

问题：

（1）腐败梭菌的生物学特性是什么？

（2）腐败梭菌是如何使宿主细胞发生变性坏死的？

（3）各个器官组织细胞发生坏死后，器官功能会发生什么变化？动物死亡的机制是什么？

图5　病猪肺脏呈现暗红色实性病变

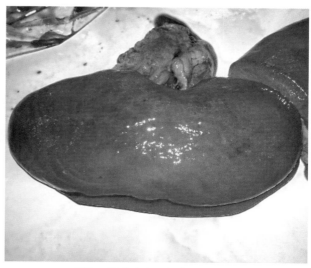

图6　肾脏肿大，颜色呈暗红色

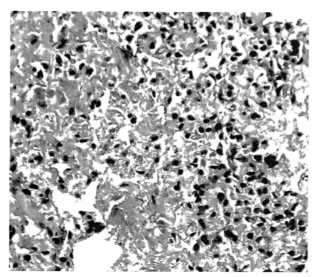

图7　肺上皮细胞大面积坏死，间质有水肿液，有大量中性粒细胞浸润（10×40，HE）

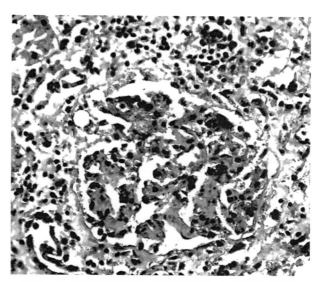

图8　肾小球内皮细胞、系膜细胞和上皮细胞均肿胀，肾小管变性坏死，间质有中性粒细胞浸润（10×40，HE）

　　以上列举2个案例表明"案例教学"在本校兽医专业学位硕士研究生"现代兽医病理学"课程的教学中，发挥了巨大作用。学生自己动手，掌握了组织切片制作技术，又通过阅读往年案例库中的案例，学习了观察病理变化，分析致病机理，理论联系实际。由点到面，综合提升专业硕士研究生的科研素质。

　　由此可见，案例教学在兽医硕士阶段教育中充当着非常重要角色，因为疾病的诊断、预防及治疗等基础资料源于案例，案例能够使得整个教学过程更加形象、直观，案例体现着动物医院的临床思维全过程和最后结局。通过案例教学，提高了兽医硕士专业学位研究生的实践能力，为将来从事兽医临床工作和执业兽医奠定了基础。

困知勉行，积厚成器

——浅谈我与兽医专业学位教育

关海峰

（大连三仪集团）

兽医专业学位的发展至今已有20年时间。1999年，国务院学位委员会第十七次会议审议通过了《兽医专业学位设置方案》。2000年6月，经国务院学位委员会办公室取批准，全国兽医专业学位首批授权试点2个博士单位和9个硕士单位设立，同年这批单位组织了首批兽医专业学位博士研究生和硕士研究生的招生工作。2009年2月，教育部颁布了《关于做好应届本科毕业生全日制攻读硕士专业学位研究生培养工作的若干规定》，决定自2009年起，招收应届本科毕业生攻读全日制硕士专业学位，这是我国学位与研究生教育的又一项重大改革举措。

一、兽医专业硕士学位教育背景

专业学位的设置，是我国学位制度改革的一项重要内容，它改变了我国学位类型、规格单一的状况，推动了复合型、应用型高层次专门人才的培养工作，丰富和发展了我国的学位制度。兽医硕士专业学位研究生的学习年限一般为2年，面向各级畜牧兽医工作站、动物防疫与检疫、现代畜牧生产企业、兽医卫生监督、动物药品生产与管理、出入境检验检疫等部门的专业人员以及应、往届兽医专业大学毕业生，培养从事兽医技术监督、市场管理与开发、兽医临床工作和现代化兽医业务与管理的应用型、复合型高层次人才。自2009年起，全日制兽医硕士专业学位研究生面向应届本科毕业生进行招收，这是我国学位与研究生教育的一项重要改革。目前，全日制兽医硕士专业学位研究生的培养体系已经形成，具有明确培养目标，在课程设置上体现了整体性、专业性和实践性。

二、我与兽医专业硕士学位

2001年7月，我从黑龙江八一农垦大学毕业，加入了我人生中第一家公司，也是我至今唯一为之拼搏的企业——大连三仪动物药品有限公司。当时三仪公司还是一个刚起步不久的小公司，企业规模、人员配置、资金实力以及配套设施还都比不上那些大企业完善，但是从公司原始创业团队、从董事长江国托博士的身上，我看到了那种对待困难永不服输、敢于拼搏的精神，而正是这种精神理念极大的引起了我的共鸣，让我不禁为之奋斗。作为一个初出茅庐的毕业生，工作后一切都是新的，我从生产基层做起，一步一步慢慢积累，先后当过车间工人、技术员、车间主任。在这期间，通过不断的学习和总结，我了解了产品生产的所有工序以及产品质量关键控制点，深深地懂得了产品质量就是生命，安全生产重于泰山。为了更好地利用自己所学知识和考虑自身职业规划的需要，2002年9月我申请加入了销售团队，从一名普通的业务员做起，开始在市场上的销售公司的产品，并利用在学校时候学到的专业知识、临床技能为养殖户解决每一例病例，解除后顾之忧。在市场上经过几年的摸爬滚打，与养殖一线的锤炼，我也逐渐成长，成为了公司的市场管理人员。在这个时候，我逐渐感觉到自己大学时代学到的专业知识和技能，已经不足以应对畜牧养殖行业快速的发展，我的思维方式、管理能力、专业技能等方面的知识储备迫切需要进一步的加强。这时，我想到了母校，想到了我的恩师杨焕民教授，我跟他提起了我想要继续深造、再学习的想法，杨老师非常的赞同。也就是这样，通过几个月的努力复习和积极的准备，最终我顺利考入黑龙江八一农垦大学，成为了兽医专业硕士的一员。

三、我对兽医专业学位的理解和兽医专业学位对我的影响

经过几十年的改革与发展，畜牧业已经成为农业农村经济的支柱产业。随着经济发展，兽医工作显得越来越重要，这对畜牧兽医从业者提出了更高要求。我在和养殖客户交谈时，感受尤为深刻是养殖热情非常高，许多养殖客户自发扩大养殖量，想尽一切办法发展养殖。但由于诸多因素，他们的养殖技术缺乏，深受疾病的困扰，使养殖水平还处在较低水准，很难提升。基层防疫工作做得还不够扎实，养殖户对我们兽医工作的了解也仅停在看病治病上面，不知道我们的重点工作是疾病预防、饲料营养和环境控制。

通过学习，我对兽医专业有了更深的认识，作为一名畜牧人，我应该承担更多的责任。在这个科技日新月异的新时代，动物疫病不断增加，病毒变异速度增快，畜牧行业每天都在进行着变革，自己要掌握的知识还有很多。一名兽医专业的人员要掌握多方面的知识，包括动物繁殖与育种、动物疫病预防与控制、动物营养与饲料、养殖环境控制与改良等，并积极地将理论与实践相结合，这样才能更好地服务好行业和社会。

研究生毕业后，我回到了我负责的华北市场，继续和我的团队一起攻坚克难，我也将我的学习经历和想法与我的团队成员经常交流分享。在华北地区工作期间，建立起包括正大集团、大成集团、三融集团等国内外多家企业的战略合作关系。后来根据公司战略需要，先后担任集团华中公司总经理、富强公司总经理、南方公司总经理。在职期间，建立了三仪集团与温氏集团、新五丰集团、圣农集团、扬翔集团等多家企业的战略合作关系。2013年12月调任江苏三仪生物产业集团执行总裁职务。作为江苏三仪生物产业集团的管理者，全面建立、建设园区生产管理体系，科技研发、质量控制体系，市场销售体系等全方位管理系统。组织建立的营销体系在4年内产值已达数亿元，为企业带来经济效益的同时为行业提供先进的技术和优质的产品。这些成绩的取得，都与我兽医专业硕士的学习是分不开的。

四、我对兽医专业学位教育的一些想法

饮水思源，回想起来，几年的研究生生涯对于我的专业知识的储备，思维模式的转变，管理能力的提升有着很大的帮助。同时，毕业后我在实际工作中也对专业学位研究生教育有了几点感悟。

（1）专业课程应以必修课和选修课相结合的方式。专业课程以前沿性专业基础课程结合目前兽医相关的职业方向需求来设置，同时对应综合性试验或临床实践，这样更有助于学生理解和技能提升。

（2）教学方式以实践教学为主。专业课程以专题形式开课，上课地点由教室转为实习基地（动物医院、养殖场、生物制品厂、大型农牧企业等），这样可以增强学生的应用理解。

（3）毕业论文选题应该来源于临床实践，以解决实际问题为主，论文的考核以实用性和社会效益为主。论文的形式可以多样化，鼓励采用调研报告、病例分析、技术创新、产品应用以及管理决策和政策分析等形式。要求学生综合运用理论、方法和技术解决实际问题，有明确的实践意义或应用价值。同时，聘请校外辅导教师或畜牧行业企业高管作为答辩组专家，对论文的应用性进行把关，增进产学研的结合。

多年来，作为公司的管理者，我也始终倡导和支持校企合作工作，多方举措促进产学研合作，公司一直保持着与国内高等院所的合作关系，与中国科学院、中国农业科学院哈尔滨兽医研究所、扬州大学、华南农业大学、黑龙江八一农垦大学、山东农业大学等国内十余所高校院所建立了良好的技术合作关系。

兽医专业硕士的学习是我人生难得的一次机遇，作为黑龙江八一农垦大学的毕业生，我始终不忘母校的培养和教育，牢记八一农大精神，立足岗位，学以致用，为推动行业的发展做出积极的贡献，回馈母校、回馈社会。

走进重组动物细胞因子

——我的企业科研创新之路

李凤华

（大连三仪动物药品有限公司）

我于2013年毕业于黑龙江八一农垦大学，获兽医专业硕士学位。毕业后继续在大连三仪集团工作，开始从事动物重组细胞因子新兽药的研发与注册，并任研究所所长。2019年6月任山东迅达康生物科技集团研发总监，高级兽医师。毕业论文获第五届全国兽医专业学位优秀硕士学位论文。优秀论文和毕业后所取得的成绩，离不开我的导师和老师们对我的谆谆教导。硕士期间，跟着学识渊博的老师、教授们学习专业知识，也激发我对这个世界有了更加透彻的理解，认定自己要成长为一个有担当、有学识的人，可以说研究生求学经历是丰富我人生阅历、开启科研创新之路的重要阶段。

一、兽医专业硕士学习培养了我的科研习惯、创新思维，铺垫成就了我的科研创新之路

经过研究生阶段的学习，让我更加懂得学习的重要性。在研究生阶段除了专业知识的学习，还开阔了眼界，增长了见识外，有了更多的科学研究实践的机会，也是自己创造能力形成的起始阶段。为工作后的科研工作打下了基础。我的硕士学位论文研究工作依托校企共建的研究生培养基地和企业科研平台完成的。重组动物细胞因子的科研选题来自于企业市场一线的需求，并在导师指导下进行了科学的试验设计，在经历了多次技术改进和系统研究后，在企业生产线上进行中试生产，并在临床养殖一线进行了效果评估和应用，真正实现了从基础研究到产业化的快速转化，让我体会到了科研成果实现产业化、应用于养殖一线解决现场问题所带来的成就感和使命感。在研究过程中组建了企业的科研创新团队，在双导师的指导下，多次申报了细胞因子相关课题，实现了科研项目纽带和定向性人才培养有机结合，利用校企共建的人才培养基地和企业研发平台的示范作用，加快了成果转化，保障了研究生的科研创新环节与生产实践的有效衔接。

二、创新能力和系统思维支撑了研发创新团队建设和企业研发能力提升

研究生期间建立和培养起来的创新能力和系统思维奠定了我后续研究工作的基础。毕业后，我从事动物疫病生物制剂产业化研究及新兽药的注册申报工作，建立了动物细胞因子研发创新团队和科研平台，克隆表达了一系列动物细胞因子，并形成产业化，企业研发能力快速提升。在创新兽药研究与产业化、成果转化等方面取得了一些成果，引领推进了国内外兽用细胞因子创新药产业化进程。独立完成7个重组动物细胞因子转基因生物安全评价并获证书。研制了具有自主知识产权的生物制剂十余个，其中主持获批国家一类新兽药1个（重组鸡白细胞介素-2注射液，获批国家一类新兽药，填补了国内外动物细胞因子产业化空白），三类新兽药1个，制定国家标准4个。

2018年元月11日，是一个难忘的日子。农业部发布新年首个国家一类新药公告，我主持申报的具有独立自主知识产权的重组鸡白细胞介素-2注射液，被批准为国家一类新兽药，获得农业部颁发的国家一类新兽药证书，成为我国1949年以来国内唯一一个获此级别注册证书的重组细胞因子类新

药。大连三仪集团重新改写了《中国兽药典》收录的新药家族谱系，留下了历史性浓墨重彩的一笔。2018年3月18日，在美丽的扬州召开了集国家发明专利、国家一类新兽药、国内首条重组细胞因子生产线、国家"十三五"重大专项支持的重组鸡白细胞介素-2新产品发布会。发布会由中国工程院印遇龙院士亲自为我们团队颁发了集团特殊贡献奖。

图1　国家一类新兽药证书

图2　重组鸡白细胞介素-2新产品发布会

图3　三仪集团特殊贡献奖

三、导师的科研引领使我不断突破自我、实现人生价值的明灯

学校导师和各位老师以及企业导师在我硕士期间给我的引导、指导和帮助，让我对科研产生了无比的兴趣，也对我工作后的科研工作起到了积极的影响，最后让我实现了学以致用，在工作中更注重创新团队的建设和科研协作，开发了有价值的产品，实现了"科研+产业"双轮驱动引领企业的价值产品服务于行业的目标，不懈努力为行业奉献自己的微薄力量。

参加工作以来，在校企两位导师的指导下，我也不断地在企业研发平台上承担各种重点、重大研发项目。先后参加了国家科技部科技"十三五"重大专项1项并主持子课题，参加科技部成果重点推广计划项目一项，国家重点新产品计划项目扶持基金1项，省科技厅省院校合作计划项目1项，大连市2008年产业技术创新基金项目一项，大连市科技局科技计划项目5项。获得辽宁省畜牧兽医科技进步二等奖2项，大连市科技进步二等奖1项，大连市技术发明和科技进步三等奖5项。主持的科技创新型课题有8个通过了大连市的成果鉴定，获得发明专利4项。出版专著4部，在核心期刊发表论文20余篇，SCI收录1篇。获全国优秀硕士学位论文1篇，省优秀论文多篇。

多年来在畜牧兽医行业做出的成绩也获得了行业及政府的认可。近年来，先后获得辽宁省畜牧兽医科技贡献奖，大连市甘井子区"十大技术创新带头人"，辽宁省千层次人才，济南市高层次人才，大连甘井子区十大杰出青年、三八红旗手，"李凤华职工创新工作室"领军人等荣誉称号。

图4　十大杰出青年颁奖

图5　大连市职工创新工作室荣誉证书　　　　图6　辽宁省百千万人才工程千层人才

四、结语

　　研究生的经历虽然很短暂，但它撬起了我的创新之梦。在梦想的道路上，只有脚踏实地地做事，虚心请教，勤思考，勤学习，才会不断发展、进步和创新。年轻无极限，科研无止境，让我们共同向着更高层次的目标不懈追求，为我国兽医行业的不断创新与发展做出自己的贡献。

我与兽医专业学位教育的那两年

连帅

（黑龙江八一农垦大学）

初识兽医专业学位

我叫连帅，安徽宿州人，2009年考入黑龙江八一农垦大学，带着对未来的憧憬，开始了4年动物医学专业课程的学习。现在回忆起来，才发现本科并没有值得炫耀和回忆的荣誉和奖章，最真切的记忆还是那些在养殖场和课本里的猪马牛羊。带着这些记忆在2013年有幸保送至本校动物科技学院，开始了我兽医硕士的学习生活。

我是黑龙江八一农垦大学第二届兽医专业学位的研究生，入学之后对兽医专业学位有了更深一步的了解，它是为了更好地适应经济和社会发展对高层次专门人才的迫切需要，进一步促进我国兽医事业的发展，完善具有中国特色的学位制度，决定设置的专业学位。也了解到，本学位点面向动物诊疗机构、动物养殖生产企业、兽药生产与营销企业以及动物疫病预防控制、兽医卫生监督执法、兽医行政管理、进出境检疫等部门，培养从事动物诊疗、动物疫病检疫、技术监督、行政管理以及市场开发与管理等工作的高水平应用型人才。同时，本学点坚持"立足生产实践、突出研究特色、注重建设成效、促进全面发展"的原则，经过多年发展和凝练形成了动物疾病诊疗、动物疫病防控、中兽药与化药创制和动物应激与疾病4个稳定的培养方向。

走进兽医硕士学习科研生活

冷，是我从安徽老家到东北的第一印象，而动物应激与疾病培养方向是从东北寒区冷应激与疾病、运输应激与疾病角度出发，根据本学位点优势特色研究基础，针对牛和猪应激与疾病关系开展深入研究。这也是我最感兴趣的，所以我选择了"动物应激与疾病"作为我兽医硕士学位的研究方向，师从杨焕民教授。在本科毕业以后，研究生入学之前，导师为了培养我们的实践能力，将即将入学的、准研一专业硕士学位研究生，送到八一农大实践基地——北方种鹅场，进行为期2个月的实践锻炼。在这期间学会了不少技术，比如孵化和玉米地养鹅等。9月份入学以后就开始了正式的研究生课程。我们兽医硕士学位点设置公共学位课4门，公共必修课1门、专业学位课6门、专业及跨学科选修课27门。其中，"兽医学seminar""兽医实践与病例分析""基础兽医学专题""高级动物生化与分子生物学及实验技术"、"兽医实践与病例分析"5门课程由2名以上教师联合授课，这些课程的设置开拓了我们的科研视野。在研究生课程学习期间，经过导师和合作导师的指导，结合现场实践凝练出了自己的研究课题，设计了实验方案，并撰写了开题报告。理论课程结束以后，就拿着课题设计去牛场进行正式试验，并按预期顺利开展。在此期间，在学院支持和导师带领下，以海报和分会场报告的形式参与了多次国内学术交流活动，这些学术训练助力了我学术能力的提高。

为进一步了解怎么运用现代科学技术和理论知识解决实际问题，硕士二年级课题研究结束以后，经学校同意，以客座研究生的身份于2014年4月到中国农业科学院北京畜牧兽医研究所进行开放课题合作研究，从事"miRNA调控乳脂和乳蛋白功能"相关科研工作，研究成果整理成英文稿件《Bta-miR-181a regulates the biosynthesis of bovine milk fat by targeting ACSL1》发表在了《Journal of Dairy science》杂志上。专硕的两年过得很快、很充实，但是当时不满足两年短暂的科研和学习，还想进一步深造。所以，2015年在达到硕士毕业的所有要求以后，我参加了兽医学博士入学考试，很荣幸以专业总评第一的成绩拿到了黑龙江八一农垦大学的博士通知书，同时也顺利通过了专业硕士学位的论文答辩，就这样结束了两年兽医硕士的难忘生活。

兽医专业学位助我前行

得益于硕士期间积累的实验技术和思路，博士入学以后就开始课题设计并顺利开展，在读期间发表多篇优秀研究论文，连续两年获得了博士研究生国家奖学金，且在2017年基于博士课题的研究成果报告获得了"中国畜牧兽医学会奖"。三年后圆满完成了博士论文相关研究工作，通过了博士论文答辩，同时也获得了校级优秀博士论文。

从2009年本科入学到2018年博士毕业，我在八一农大生活学习了9年。毕业以后我选择继续留在这个培养了我9年的地方，从事教书育人和科研服务国家需求的工作。但是在入职以后，认识到了自己的不足，缺乏临床实践经验。虽然在硕士阶段有过实践经历，但是专业硕士学位的两年时间还远远不够。所以，自工作以来，利用课堂教学以外的时间，我跟随学院临床经验丰富的老师去现场学习，争取尽快达到运用现有的兽医科学知识，解决动物诊疗、人畜共患病和动物疫病检疫与防控，促进动物健康和动物福利，提高动物源食品质量和安全，促进环境友好，提高人类生活水平的目的。

最后，还要感谢全国兽医专业学位研究生教育指导委员会，感谢母校黑龙江八一农垦大学，感谢培养我们的老师，让我与兽医硕士结下了不解之缘。

职业兽医背景下的产学研联合兽医专业硕士
人才培养模式研究与实践
——以黑龙江八一农垦大学为例

朱战波，李冬野，刘宇，王春仁

（黑龙江八一农垦大学）

为了适应国民经济社会发展对高级应用型人才的迫切需求，2000年6月，经国务院学位办批准，中国农业大学等9所院校开始招收兽医专业学位研究生。目前，共有11所兽医博士培养单位，48所兽医硕士培养单位，已初步确立布局较为合理、发展规模适度、管理规章制度基本健全、培养模式初步建立、具有我国特色的兽医专业学位教育体系。

我国兽医专业学位研究生培养处于初始阶段，有许多问题需要研究和探索。一方面，专业学位研究生教育其招生形式、课程设置、培养方式、导师遴选、论文要求等，受传统学术型学位研究生培养模式的影响，两种培养模式存在"趋同"现象。另一方面，对专业学位研究生教育理解还不深刻，培养环节专业特点不明确，实践能力培养薄弱、科研创新与生产需求脱节，存在着降低质量的倾向。此外，还存在教学安排不当、论文评价标准缺失等管理缺失问题。因此，构建适应我国国情的专业学位研究生培养模式，对于促进我国农科专业学位研究生教育健康发展具有重要的现实意义。

本研究以促进兽医专业硕士研究生教育与社会经济紧密结合为出发点，通过"基地"的联合共建，实现高校、科研单位和企业优势互补与资源共享，形成产学研密切合作的研究生培养和科技开发创新培养模式与机制，联合培养高层次应用型、复合型人才。

一、兽医专业硕士培养环境的辨识和研究路径确定

通过环境辨识和调查分析，明确了兽医专业硕士研究生人才培养模式应该紧密结合实践需求，以课程体系改革为重点，突出实践和创新能力培养的研究路径。

二、产学研结合的兽医专业硕士研究生培养模式构建

积极探讨和实践教学内容、教学形式和应用能力培养等方面的创新，紧紧围绕研究生的创新意识和应用能力培养，通过制度创新、机制创新，达到保障研究生教育质量的目的，为研究生创新教育营造了一个激发式的环境和立体的支撑。

1. 确定培养目标　个案调查、分析和学生问卷调查，全面分析了兽医硕士专业学位研究生培养存在的问题，发现现有的全日制兽医硕士专业学位研究生培养体系存在与当前临床实际需求紧密结合不足、培养环节缺少专业学位特点、与职业任职资格衔接不紧密等问题。确定了应用型兽医专业硕士的培养目标。

2. 组建双师型导师团队　遴选组建了一支双师型导师，校内导师47人，校外导师84人。吸纳兽医和生物类专业、相关研究背景的导师和企业执业资格技术人才组建导师团队，提出了研究生导师团队建设的培养模式，探讨了在导师团队背景下的实验室管理模式和研究生创新思维的培养。邀请校外

第二导师定期来校交流、指导研究生，选派学生去第二导师单位参与实践和科研活动，提升了研究生切合实际的开发创新思维。

3. 建设校企共建的研究生培养实践基地和科研平台　与省内外兽药、生物制品等不同领域的知名企业、研究所共建了研究生实践和培养基地，同时依托黑龙江省牛病防控工程技术研究中心的平台作用，建立产学研合作沟通和协调的互动机制，建设了基地导师团队，完善了基地管理制度。开放的基地和中心实验室为学生提供了多层次、多形式实践训练机会和创新平台。将"科研项目纽带"和"定向性人才培养"有机结合，利用基地、平台的示范作用，也加快了成果转化，保障了研究生科研创新环节与生产实践的有效衔接。

4. 实施衔接职业资格和实践能力培养的课程体系改革和科研创新　课程体系改革突出兽医执业背景下的实践创新能力培养理念，修订了研究生培养方案7套（2013—2019年），用产学研结合的原则统筹教学计划，实行新的教学模式。设计了案例教学课："兽医实践与病例分析"，编写了2011—2019年《执业兽医资格考试单元强化自测与详解　预防兽医》等系列教材。每年设立"研本1+1"项目、研究生创新项目、创新创业项目、案例教学和重点课程改革等研究生培养专项课题；实施推广了研究生指导本科生模式，培养了一批"一专多能"型兽医专业特长生，提高了本科生考研率。探索了教学与科研互动的学生培养机制，加强学生了申报课题、专利、撰写论文的培养。结合兽医专业硕士的自身特点和培养原则，在全日制兽医专业硕士培养过程中应用了基于网络教学资源的慕课模式。实施了"导师制"培养模式下的开放式实验室管理。重视实践能力培养的课程体系改革和科研创新，实现了与职业任职资格的有效衔接，显著提升了研究生的专业知识水平和科研能力。

5. 建立兽医专业硕士培养的质量控制保障体系　设立了全日制兽医硕士专业学位研究生指导委员会，对学生培养进行全程评价。制定了《专业学位研究生课程案例库建设项目管理办法（试行）》《学位与研究生教育教学改革研究项目实施管理办法（试行）》《研究生优秀学位论文评选及奖励办法》《研究生核心课程建设与管理办法（试行）》《黑龙江八一农垦大学研究生指导教师管理暂行办法》《研究生奖助体系改革实施方案（试行）》等相关政策措施，形成了政策引导、导师管理、课程建设、创新项目、实践基地和教学督导等为一体的质量控制保障体系。

三、兽医专业研究生人才培养管理机制探讨

在黑龙江省牛病防控工程技术研究中心组建了牛疫病防治团队党支部，牢记强农兴农初心，充分发挥智力资源优势，提高学科建设水平和科研创新能力。通过高校与区域内的企业、政府、科研机构等开展互生互动，共建创新实践基地平台，利用社会资源联合培养研究生。同时探讨了与企业开展课题攻关、为企业定制培养研究生、向企业转化研究成果，建立了成果共享机制，提高地方高校研究生教育服务区域创新的能力与成效，推动研究教育事业与区域创新的共同发展。形成了产学研合作沟通和协调，政策引导、科研成果共享、人才培养和科研互动的管理机制。

四、推广应用效果

通过5年的教学实践，在研究生人才培养、师资水平、合作共建等方面取得重大突破，效果显著。

1. 兽医专业硕士研究生人才培养取得显著效果　本成果已在校内兽医专业硕士、农业推广硕士等研究生培养中不断完善，取得了良好培养效果。自2011年以来，已经顺利毕业了非全日制专业兽医硕士6期69人，全日制兽医专业硕士7期78人，优秀论文达到12%，兽医专业硕士执业兽医师、执业助理兽医师资格通过率达到25%，博士生考取率达到13%以上。学生就业单位满意度达到了100%，全部成为所在单位的技术或教学科研的骨干。2人获得全国兽医专业学位优秀学位论文。2018年6月30日，我校兽医学一级学科硕士学位授权点与兽医硕士专业学位授权点通过国家专家组评估。

2. 师资水平显著提高　培养了一批双师型导师队伍。导师中"长江学者"青年学者1人、国家"万人计划"科技创新领军人才入选者1人、科技部中青年科技创新领军人才1人、"龙江学者"特聘教授2人、"龙江学者"讲座教授1人、黑龙江省杰出青年科学基金获得者1人、黑龙江省教学名师3人，多人次获得农垦总局、学校教学名师、模范教师、优秀教师等荣誉称号，2人获得全国兽医专业学位优秀学位论文指导教师荣誉。

3. 成果推广得到师生好评　成果在省内外高校、研究所和企业推广应用，受到相关部门和师生的好评。近年来，有30余个高校和企业来校参观考察兽医专业建设工作。学院和企业合作进入了一个新阶段，成果转化与人才培养的经验和做法，赢得高度认可和广泛关注。

五、结语

基于产学研联合的兽医专业硕士人才培养模式研究，秉持了兽医执业背景下的实践创新能力培养理念，明确了应用型兽医专业硕士的培养目标，以科研项目为纽带，以校企共建基地平台为依托，双师型导师团队联合指导，多方合作，实施衔接职业资格和实践能力培养的课程体系改革和科研创新，建立了政策引导、导师管理、课程建设、创新项目、实践基地和教学督导为一体的质量控制保障体系，创新构建了"交互式"的兽医专业硕士产学研联合培养模式，形成了产学研合作沟通和协调，政策引导，科研成果共享，人才培养和科研互动的管理机制。实现了产学研联合的兽医专业硕士人才培养模式的理论创新和实践创新，增强了兽医专业硕士研究生的专业素养、职业能力和创新意识，显著提高了毕业生从事本行业的学生比率和就业质量。

谈谈个人兽医专业知识学习与工作发展的感想

董彦鹏

（江苏南农高科技股份有限公司）

不知不觉，回想当初进入兽医专业读研至今，已有10年的光景。2010年，有幸师从姜平教授，成为南京农业大学第一批全日制兽医专业硕士。2012年毕业后，进入江苏南农高科技股份有限公司，从事兽用生物制品开发，工作至今。这10年，我也从一个青涩的毕业生，走上了工作岗位；从一个技术员一步步走上研发中心主任的岗位。对于我而言，学校不仅给予我丰富的专业知识，教会我"诚朴勤仁"的南农精神，更是在工作中给予我坚实的支撑力量。工作期间，公司与母校南京农业大学深入合作，在恩师姜平教授团队的共同努力下，成功申报获得1个国家二类新兽药证书，2个国家三类新兽药证书，并有多个产品正在申报注册中。获得发明专利5项，其中"一种大规模高密度生产猪圆环病毒2型抗原的方法"获得无锡市发明专利金奖。"猪圆环病毒病免疫防控关键技术的创建与应用"获得2018年度江苏省科学技术一等奖。

作为一个兽医专业学位教育的受益者，感谢我的恩师、我的母校和国家，正是因为有学校和老师们的数十年如一日的付出，才有了是我国兽医专业学位教育的今天。在未来，更希望我国兽医专业学位教育更进一步，为我国兽医行业不断提供高素质人才，加快我国兽医行业的发展。回顾过往，有几点关于求学和工作中的思考和大家分享。

如何做好一名研究生？

研究生，顾名思义，主要任务在于"研究"和"学习"。作为学校首届全日制兽医专业硕士，入学时，一切都比较陌生，但当时心中十分清楚，兽医硕士为2年制，课题方向侧重应用研究。因此入学后，与导师进行交流，并根据当时的行业热点问题，确立了研究方向——PEDV分子流行病学调查。现在回想起来，在大方向确定后，做好一名研究生，需要做好的总结起来无非是"学""思""合作""归纳"几点。

第一，加强专业学习，夯实研究基础，提升试验技能，积累试验经验。全日制专业兽医硕士，学制为两年，时间相对比较紧凑，充分学习是必须做好的功课。入学后，第一学年主要是进行理论课程学习，夯实专业相关理论基础，更为重要的是尽快融入实验室，学习试验技能，大量阅读文献，开展课题相关研究。以我自己为例，我的课题是PEDV分子流行病学调查，这个课题需要我掌握引物设计、PCR检测、病料处理、病毒分离、基因进化树分析等一系列技能。在与导师确认课题方向后，导师也给我们安排实验室的师兄师姐传授我试验技能和经验。同时，每周参加实验室的学术交流和试验进展汇报，在听取文献讲解和各项研究的进展汇报过程中，导师将遇到的问题进行剖析，同时也进行提问，让大家举一反三，融会贯通。好的经验进行学习借鉴，发现的问题，及时避免。因此，在学习理论知识的同时，学术交流，试验技能的提升和经验的积累尤为重要。

第二，建立研究思路，培养学习和解决问题的能力。在确立课题后，导师开始并不会很详细的规划课题应如何开展，在前期进行试验技能磨炼的同时，我开始查阅文献，学习类似研究课题的开展思路，并在导师的指导下，设计完善自己的课题研究思路，将课题逐步分解成一个个阶段性目标，并按照试验计划去完成。这个过程中，逐渐形成了课题的研究思路，导师经常与我们共同探讨，将前沿的研究动态与我们分享，引导我们解决课题开展中遇到的问题，不断监督和修正我们的研究思路。在这样交流和探讨的氛围中，我们学会了发现问题，分析问题，查阅资料，设计方案并解决问题的方法。而在这个过程中，给我留下最深印象的就是，导师对我们试验原始记录的严格要求，不记好试验记录，就不能开展试验。只有做好最细节的点，才能保障后续开展工作的基础牢靠，才能在遇到问题时，及时溯源，快速发现问题并解决问题。

第三，培养团队合作意识，形成共赢思维。众人拾柴火焰高，在一个实验室开展研究工作，大家的课题往往是相互关联的，只是侧重点有所不同，因此，团队合作是实验室日常工作和生活中重要的一环。尤其是在碰到复杂的试验或者遇到比较难解决的问题时，团队合作就很凸显出重要作用。比如，我在进行试验初期，对病料中PEDV病毒的PCR检出率较低，明显低于同期文献报道的阳性率，导师很快发现并指出这一问题。我与同期与我共同开展PEDV相关课题的研究生，交流讨论，并对PCR方法进行反复优化和验证，经过几个人的努力，终于发现是由于引物序列设计存在欠缺，对引物进行重新设计和验证后，对已收集的病料库进行了重新检测，在大家的共同努力下，快速完成了病料的复检，PEDV的检出率明显提升，与当时全国爆发情况一致。

第四，培养分析归纳能力，总结形成汇报材料和论文。在研究开展过程中，每周实验室都组织进行课题进展汇报，汇报形式为PPT。导师在对我们的研究工作进行指导的同时，也很注重大家PPT制作能力的提升，将大量的研究数据进行统计分析制成图表，将大段的文字描述总结归纳为数个要点，这个过程中，我们对试验数据的分析总结能力得到快速提升，文字总结归纳能力也得到充分锻炼，这为后续顺利完成论文撰写和毕业答辩打下了坚实的基础。

工作与读研有什么联系和区别？

顺利毕业后，我很快进入到江苏南农高科技股份有限公司开展研发工作。现在很多同学都在毕业后面临如何适应工作的问题，在我看来，工作阶段与研究生阶段，有相似也有不同。比如，读研与工作对专业的基本素养要求相似。因为从事兽用生物制品研发，且主要为动物疫苗，因此对动物免疫学、动物病理学、动物生理学等专业知识要求较高，需要具备专业基础知识和基本试验技能。

二是对学习和解决问题的能力要求相似。工作后，需要面对的内容不再局限于某一个课题，并且遇到问题后，往往需要自己寻求解决办法，因此对个人的学习能力和解决问题的能力要求较高。而在研究生阶段的培养就显得尤为重要。

三是对分析归纳总结能力的要求相似。工作中，及时完成工作任务很重要，做得好的同时，更需要有较强的归纳总结能力，将做的内容转化为公司的知识产权，形成文章和专利。作为高新技术企业，对研发工作人员的专利撰写能力要求更为突出。

要说不同，主要有以下几点：

一是对研究思路要求更全面，更侧重产品转化思维。在研究生阶段，研究思路和课题方向虽已偏重应用研究，但高校和科研院所大多不具备生产企业的规模化生产线，因此对于规模化生产工艺的开发研究思路相对薄弱。而进入工作岗位后，以研发兽用疫苗为例，在前期的流行病学调研和菌毒种筛选后，后续还需要进行规模化生产工艺研究，而因为客观原因，研究生在这方面的经验十分欠缺。因此进入工作岗位后，研究思路中需要增加对研发产品的规模化放大工艺研究，以及生产工艺的易操作性和生产成本控制等方面的关注。

二是对团队合作和协调能力要求更高。进入工作岗位后，随着工作岗位的提升，对于团队合作和协调能力的要求更高，因为不同与研究生阶段，工作任务往往需要进行公司内合作，需要跨部门沟通和协调，项目越大越复杂，沟通协作的要求就越高。实验室的团队往往更像一个家庭的模式，沟通和协作成本较低。而工作中，部门间沟通相对正式，沟通模式也因不同公司文化氛围而不同，因此进入工作岗位前后，都需要注重团队合作和协调能力的培养。

三是对行业动态和法律法规掌握程度要求更高。研究生阶段的主要关注点，一般是局限于课题。而进入工作岗位后，所在行业的发展往往日新月异，新技术、新工艺层出不穷。多数情况下，作为研究生不能对行业的发展进行充分的了解，信息渠道相对闭塞。另外，进入工作岗位后，企业对行业涉及的法律法规也更为重视，也是需要快速熟悉和了解，只有充分了解行业动态和国家、地方相关政策，才能更好地适应公司和行业发展。

作为一个兽医专业学位教育的受益者，也作为一个兽用生物制品员工，我对这个这个行业有信心，更有期盼。结合自己在工作中的经验，对兽医专业学位发展提供些许建议，希望对未来的兽医专业学位教育发展有益：从人才培养角度，一是加强行业动态学习内容，及时让研究生对行业新技术、新工艺形成概念；二是加强行业法律法规内容的学习，随着国家法制建设和行业规范管理的加强，行业相关政策规范对未来工作影响颇深，研究生应形成概念，为将来适应工作做准备。三是增加管理学和人际交往方面的学习，使研究生可以更好地适应未来工作。从教育教学角度，一是教学合作模式拓展，应积极建立学校和企业联合培养的模式，研究生和企业双向选择，为企业培养定制化人才，也让研究生的职业生涯更早开始，更早积累工作经验，明晰研究生阶段的学习目标，也可进一步加强校企合作深度；二是增加产品开发模拟课程，培养研究生设计、开发和转化产品的思路，提升思考的高度和系统性。

记读兽医专业学位走过的这段路

赖晓云
（东西志览会展无锡有限公司）

人生有许多的经历，凡事种种，有的刻骨铭心，是一辈子的记忆，影响着自己的一生；有的只是某个阶段，某件事的过程。说起我与兽医专业学位教育，那是属第一种事情。

20世纪80年代，我和许多南农大校友们一样，殷殷钟山学子，风华正茂。毕业后在老师的帮助下获得了一份工作，虽然工作来之不易，但是干了几年后又不安于现状，1993年就干起了个体户，带着对兽医专业的初心，开了一家宠物门诊，做了一名宠物医生，在社会的大潮中"淘"了若干年。

年轻就爱做梦，也许和大家一样，做梦最多的还是在南农校园时的情景：那带着五角星的主楼，那操场、篮球场、食堂……一切都历历在目。幸运的是，1997年遇上了我们动物医学院第一届兽医研究生课程班招生。通过认真复习考试，很光荣地成为了在职研究生课程进修班的学员。记得当时遇上了许多老同学和老朋友：丁铲、王贵平、陈鹏峰、龙潭、张向杰等，大家一起快乐地学习了2年。

能与老同学们一起再学习，重温在校时光，别提有多高兴了，也特别的珍惜。人们说一个人能走多远，要看他与谁同行；一个人有多优秀，要看他有谁指点；一个人有多成功，要看他和谁相伴。很感激再次受到老师们的谆谆教诲，也很荣幸有这个机会与智者们同行，让我的职业生涯迈入了一个新高度。这不光是专业技术的提高，受到了同行的认可，自己开的宠物医院规模也一年又一年地壮大起来。社会地位也得到了同行的认可，同时被选为江苏省宠物诊疗行业协会会长。靠着这两年兽医研究生课程班的学习，在实践中又享用了10年。

直到2009年的某一天，我的导师张海彬老师点拨了我："你以为就原来学的那些东西就够了？你要想再上一个台阶，你还得来学校再学习！"

于是我咬牙认真地通过了全国在职研究生入学考试，通过复试，再次成了南农大的学生——专业学位兽医硕士研究生。

这些年专业学位的学习，让我刻骨铭心，受益匪浅！

"你们专业学位的学习，不光是来学习专业技术的，更是要学习提高技术水平的方法。"在第一堂专题课上，姜平老师的教导我们还记忆犹新。是啊！多少年以来我们这些临床兽医，只顾埋头钻研技术，不关注方法的把握，结果往往事倍功半，在前进的路上原地打转。诊断思路狭窄，理不清头绪，导致我们的技术水平难以提高，企业的发展也遇上了瓶颈！专业学位的学习，让我们事半功倍！

平时繁忙的临床工作让我们停不下来脚步，只顾低头走路，很少能抬头看看方向。这次又回到南农大主楼的阶梯教室，那颗浮躁的心，顿时平静了下来。在那殷殷的导师教诲中，大家开始了沉思。有了深思，许多实践中的疑惑拨云见日，顿时豁然开朗。

记得我在做硕士毕业论文选题时，张海彬老师引导我深入思考，要以务实的态度去确定方向。这让我后来学位与业务双丰收！初期我选了一个临床病例去做课题，张老师就问我："你目前工作中遇到的最大的问题是什么？"我说是宠物医院的管理。"那你就做这个方向的课题吧，学以致用才是你们专业学位研究生应该遵循的法则。"《当前国内宠物医院现状的调研——宠物医院存在的问题及其对策》的选题就这样确定了。

通过半年时间的潜心学习，认真梳理研究，我终于完成了这个课题。这样的课题研究，让我获益良多。不仅仅是因为这篇论文获得了优秀论文奖，而是其本身让我在这个领域从实践到理论，又从理论付诸实践，实质受益。我的个体宠物医院慢慢发展成了国内小有知名度的小连锁医院。其中的收获在论文中也可见一斑，也希望分享给兽医行业里的同仁们。

首先是在当前宠物医院管理上梳理了存在的问题及解决方法。

通过对国内宠物医院的调查研究发现，目前宠物医院的管理工作已经成为宠物医院，尤其是大中型宠物医院的发展制约因素之一。针对宠物医院普遍存在的管理问题，我们需要提出一些解决方案。

其一是缺乏专业的管理人员。首先管理者要充分认识人才在医院经营与发展中的作用与地位，从医院能够快速平稳发展的战略高度出发，制定出前瞻性的政策，吸引管理型人才，做好人才储备工作，为宠物医院的发展打好牢固的人才基础。由于宠物医院的特殊性，我们更加需要把管理人才的培养纳入宠物医院人才培养的规划之中，选择有相关专业基础，又同时具备管理素质的人员，进行有计划的目标培养。

其二是员工流动频繁。我们应该科学合理的选人、用人，保障员工合法权益，加强人力资源投资，制定合理的薪酬福利制度。除此之外，宠物医院还可以建立一系列的福利方案。对有技术、在医院工作时间长的员工，可以适当偏重其福利待遇，一方面会增加老员工忠诚度和归属感，另一方面也可以激励新员工，真正达到留人的作用。

其三是市场定位不清晰。作为整体战略，宠物医院要确定自己的主要优势，即价值和价格两个方面。一个地区的领先型医院一般技术较好，服务意识好，往往以价值为号召，有明确的专科定位；而刚起步的医院往往从价格上打开缺口，尤其是医疗，包括手术费、检查费等，以吸引客户，同时以服务特色为抓手，稳定客源。但不管选择哪种市场，都要发挥医院自身的特点，这样医院才能在激烈的市场竞争中立于不败之地。

其四是物化严重的现象。我们要以企业的文化底蕴为依托，在日常管理过程中，激发员工的自觉性、团队协作性和积极性，做到以人为本。宠物医院要高度重视文化的功能，切实增加医院管理中文化的含量，努力提高医院经营管理的文化品位，从而实现医院管理新飞跃，并最终促进宠物医院整体氛围的提升。

最后是医疗纠纷解决机制匮乏。首先我们需要注意的是自身服务标准及工作流程标准，其次要提供准确的诊治服务。更需要成立纠纷处理小组，以灵活机动务实的办法，以应对突发的医疗纠纷事件。同时我们也要严格、认真、负责、如实的书写病历并保存完好。因为一旦出现纠纷，病历将是整个诊疗过程的原始记录，是重要证据。

其次是对现代宠物医院管理模式的创新。

创新是一切企业在市场上的生存发展之本，也同样是宠物医院管理系统的内在动力。科学技术的发展促使宠物医院更新陈旧的管理观念和管理方法，当创新型管理观念培养起来之后，就会用新的管理方法来组织系统，反过来极大的促进医院的发展，两者之间相互支持，层层递进。而宠物医院管理系统其中一项重要目标就是促进它们之间的良性循环。所以就需要我们在制度、管理经营和医院管理方式三个方面进行创新。

其一是加强对国际先进的宠物医院管理探研与借鉴。

管理是人类社会实践的组织方式，是一种社会现象和文化现象。

我们对比一些国际案例可以得出：科学管理是主要内容。我们采取对宠物主人服务过程的合理设计、实施，使服务中的各种资源最大限度被合理利用，以降低各项成本。科学的管理可以得到宠物医院各项资源利用情况的准确反馈，从而使医院的各项资源实现最佳配置，为宠物医院的持续发展提供科学依据。

　　其次全体员工是主要行为主体，他们是医疗技术、服务及产品的提供者，保证着宠物医院能正常运行的执行者。而各级管理人才则在医院管理上起到枢纽及承上启下的重要作用。

　　再者不断创新是实现途径。为了引领宠物医院适应不断变化的新形势，稳定的发展，需要不断创新管理，积极推进管理体制、制度等各方面的创新，完善管理机制和手段，进一步提高科学管理能力和水平，积极建设创新型医院。

　　最后系统协调是保证。宠物医院是一个复杂的系统，具有系统的一般特征、结构和功能。其经营活动是一个不断投入—产出的过程。在此期间不断地与外界环境发生相互关系，其内外影响因素变化迅速、相互制约，对医院的发展产生影响。宠物医院要良好的发展，必须保证内外因素协调发展，这样才能使管理系统良性循环，在有限的投入下最大限度满足宠物主人的需求。

　　列举学位论文中的这些内容，是想说明我后续事业的发展得益于此。不管是在自身业务上的快速发展，还是在不同的阶段顺利转型升级，如2014年把自己的宠物医院作价并入全国连锁宠物医院，从小连锁经营进入了投资并购的全国连锁经营，这些都与专业学位的学习有着密不可分的关系。

　　其实，我与许多同学的体会是一样的，专业学位的学习，不会是因为获得了学位证书而终止，而是进入了一个新的学习阶段。毕竟作为一名硕士生，我们要名副其实，时时鞭策自己不断地反省，不断地努力，时刻谨记老师对我们的谆谆教诲。

　　"诚朴勤仁"催促着我们这些专业学位学生的脚步加速前进！

不忘专业初心，为上海畜牧业保驾护航

刘佩红

（上海市农业农村委员会）

今年是我国兽医专业学位教育开展20周年，作为第二届兽医专业博士和兽医教育改革的亲历者、见证者、受益者，20年来有太多值得回味的成长与感悟。

一、怀揣梦想踏上求学之路

1995年我于吉林农业大学兽医微生物学与免疫学专业硕士毕业后，来到了当时的上海市畜牧兽医站（后更名为上海市动物疫病预防控制中心），开启了我的兽医工作生涯。怀着学以致用的喜悦，我积极投身于动物疫病的诊断、监测、防疫工作。然而此时我也深切地感受到兽医是一门应用性学科，面对复杂化、多样化的畜牧生产和动物疫病防控实际，深感知识储备不足，更加热切地期盼能带着问题再回学校进一步深造。

2001年，兽医专业学位教育为我打开了这扇梦想之门，当时全国仅南京农业大学和中国农业大学有兽医专业博士学位点。在学校的选择上也是机缘巧合，1997年因"猪链球菌病防控"课题结缘南京农业大学的陆承平教授，这是我踏入工作岗位参与的第一个科研项目，实施过程中遇到许多难题和波折，最难忘的是一个实验失败了数次依然找不到问题关键，陷入困境一筹莫展之际，陆老师一个看似简简单单却蕴含大智慧的思路却令我们柳暗花明，成为最终取得突破性进展的关键。陆老师求真务实的工作作风，严谨的科研态度，正直谦逊的为人品格，让我深深为之叹服和折服。正因如此，我毫不犹豫地报考了南京农业大学，付出了120%的努力复习、备考，最终如愿进入南京农业大学攻读兽医专业博士学位，师从陆承平教授。

二、瞄准防疫难题选题攻关

回顾博士期间的成果，可以说学位论文是专业博士学位的主要成果产出。我的博士论文题目为"电子标识在奶牛现代化饲养管理及防疫中的应用"，从选题、设计到论文的撰写无不凝聚着陆老师的心血。能够将所学知识应用于社会发展建设，服务社会、服务百姓，更是我们"做研究"的初心。

2002年上海市政府实施了食品安全监管工程，该项政府实事工程的开展，需要建设更多现代化的畜牧养殖场以向广大市民提供放心肉、放心奶。为此我们参照德国霍根海姆大学的成果，提出了建设奶牛电子标识和精确控制饲养系统的思路。奶牛电子标识和自动精密喂养器系统作为一个国际公认的对生产全过程监控体系，当时在我国还是新鲜事物，相关领域鲜有人涉及。精确控制饲养系统是在每头奶牛的身上安置一枚带有全球唯一编码的电子标识，通过对奶牛个体的可追踪管理，进行精密喂养，提高料奶比，同时进行健康预警和牛奶品质监控，提高优质奶产量。2005年5月，在陆老师的悉心指导下顺利通过学位论文答辩。相关研究成果也为后期的疫病可追溯系统建设奠定了技术基础。制定的《动物电子标识通用技术规范》（DB31/T341—2005）是我国首个动物电子标识类技术标准，规范了动物管理过程中的识别、数据采集和处理的要求，为动物电子标识的应用提供了技术依据。

三、得遇名师实属今生至幸

得遇明师闻正法，是我今生最大的财富。学校为我们设立了科学系统的专业学位培养计划和课程，安排了实力雄厚的师资力量，让带着问题重回课堂的我们如鱼得水，孜孜以求。我的导师陆承平教授不仅"传业"，更"授道"，他时长教导我们："克服浮躁，静心学习""自然科学与人文科学在深层次上是相通相融的""勇于创新同时不要忘人文情怀""既要敢于创新、走在科学前沿，同时要恪守科研规范，直击问题核心"……三年的兽医专业学位学习经历，提升了我运用现代科学技术观察问题、分析问题和解决问题的能力，这也成为我以后职业生涯良好的工作习惯，对我日后的成长帮助极大。

这种能力使我可以沉下心来重视实验室能力建设，带领中心实验室团队先后通过了计量认证、国家实验室认可委认证和农业部省级兽医实验室认证，成为行业内第一家通过"三认证"的省级动物疫控机构。

这种能力使我在面对紧急、突发疫情时，能够沉着应对、科学处置。上海是一个国际化大都市，农业只占GDP的1.3%，畜牧业更是微乎其微到可以忽略不计。可是，2004年H5N1禽流感、2005年猪链球菌病、2009年A型口蹄疫、2010年甲型H1N1流感、2013年黄浦江上游死猪漂浮事件以及接踵而来的H7N9流感疫情等等一场又一场事关人民群众生命安全，事关畜牧业发展的疫情阻击战，却让我深深感受到作为一名疫控人的光荣使命和神圣职责。面对每一次重大公共卫生事件，我带领上海市动物疫病预防控制中心技术团队始终沉着应对，开展疫情诊断、疫情动态分析，提出防控策略。为政府及时、科学、有效地应对突发事件提供了坚强有力的技术支撑，有效缓解和稳定了公众的紧张情绪。我们的工作也得到了国务院、农业部、市委、市政府领导，以及国家卫计委与世界卫生组织联合考察组、农业部与世界动物卫生组织联合考察组的充分肯定。

这种能力使我可以科学判断、正确分析上海兽医科研和技术推广领域的难点重点，多次提出重大科技攻关项目并被采纳。在主持或主要参与的50多项科研项目中，曾获国家科技进步二等奖，上海市科技成果发明二等奖，上海市科技进步三等奖，全国农牧渔丰收奖二等奖、三等奖等多个奖项。2009年入选上海市领军人才，2010年荣获全国巾帼建功标兵，2013年被评为全国农业先进个人，2014获得全国五一劳动奖章。

2017年，我离开了上海市动物疫病预防控制中心这个我为之奋斗22年的光荣集体，走上了新的岗位，但是当初养成的独立思考和终身学习能力始终指引着我继续砥砺前行。

四、期待兽医学位教育更好更快发展

现代兽医学的范畴已延伸至动物健康、动物疾病、人兽共患病、公共卫生、环境保护、比较医学、实验动物、动物源食品安全、医药产业、实验室生物安全、生物反恐等领域，并形成了许多新的边缘学科，对农业生产以及生物学和人类医学的发展发挥了重要作用，在促进国民经济和社会发展中的作用也日益凸显。在今后的社会发展过程中兽医学科必定要向更新的、更广泛的领域拓展。经过20年的实践，我国兽医专业学位教育以培养具有丰富的兽医临床工作经验，具有独立思考和终身学习能力的高层次应用型、复合型人才为目标，不断探索产学研结合模式的兽医专业学位研究生培养模式，优化研究生培养课程体系，加强国内外学术交流合作，培养出了一大批具有创新意识和实践创新能力的优秀人才，为新形势下我国动物疫病防疫和公共卫生安全提供了有力的人才和技术保障。

衷心祝愿我国兽医专业学位教育更好更快发展，在"同一个世界，同一个健康"中做出新的更大贡献。

学则必有益，回炉重造也发光

于 漾

（江苏省农科院国家兽用生物制品工程技术研究中心）

不久前，接到南京农业大学动物医学院发来的"我与兽医专业学位"约稿函，才想起今年是中国兽医专业学位教育开展20周年，作为一名南京农业大学兽医专业硕士、兽医专业学位教育的亲历者和受益者，一路走来有坎坷、有闪光、有成长，更有沉淀。

我是"根正苗红"的"南农兽医"，1999年，我从1 400千米以外的东北黑土地来到"十里秦淮"，高考第一志愿南京农业大学动物医学院，以高出分数线3分的成绩被录取，师从南农生理生化学术泰斗陈伟华先生。2007年，我穿过茫茫人海，回到母校报考兽医专业硕士被录取，经过7年的认真学习，于2014年顺利通过毕业答辩。这7年间，取得了一定成绩，算是与这个硕士学位相映相称吧。当时，我的研究方向是禽用灭活疫苗研制，主要是鸡新支流三联和新支减流四联苗，也是专业硕士毕业课题。在这段学习的过程中，也许专业知识与我的成果并非直接相关，但是这种学习氛围给了我积极向上的影响，鼓励我不断地攻克难关，把自己该做的事情做好。

过去有句话叫：助我一臂之力，可成大事。

2010年，王伟峰老师加盟"国药中心"，这位"千手观音"所给予的帮助可以说是重磅的、全方位的。在我院首席兽医专家何家慧老师的带领下和王伟峰老师的推动下，2010年和2011年，我们先后获得新支流三联和新支减流四联苗新兽药注册证书。而后，我们开始策划如何把新药在行业里进行转化和推广，起到更重要的社会价值。在推广过程中，不仅仅需要营销技术，人际交往、沟通谈判技巧尤显重要。虽然资历尚浅，但最终完成成果的转化，给迈出了"学以致用"的重要一步。

而后的2013—2014年期间，我不仅完成主持的农转资金课题的结项，同时完成专业硕士的答辩，更是将两个新兽药证书的推广做到了最大化。这一年的成果转化，行动很大，我把国内生物制品行业翻了个遍。那一年，谈到2014年5月份的时候，基本锁定了4个厂，这个时候我们的转让金额达到了1 000万元，想再接再厉似乎希望渺茫。但我们更希望争取的是锦上添花，机缘巧合，也是最终诚意打动了之前谈判失败的企业，在最后一刻，我超额100万元完成任务，全年成果转化总收入1 100万元。随后的几年，行业中的老师们、兄弟们、朋友们知道了我们的成果，陆续来捧场，河南后羿、武汉科前、杨凌绿方，分别带着三联和四联去征战沙场了。

这一轮转化，无形中建立了一个联盟，合作的企业，日后始终保持往来，信息和技术的沟通越来越多，等到2017年，我们的第三个新兽药注册证书下线转化的时候，我已经不需要像以往那样四处求助了，这个联盟里的青岛蔚蓝、广西丽原和河南后羿三家大厂，直接托住了这个产品。

今天，我们的成果已经推广至全国13个生物制品厂，转化权益费总计2 140万元。这13个厂，是我无比珍贵的资源，是我真正的朋友。记得转化过程中，有人提出，产品应该一年一个价，前面买贵，后面买便宜，我告诉他，转化的不仅仅是产品，还有朋友。这些转化，多多少少算是为行业发展做了点事，也得到了政府的表扬。2013年，我们研究的鸡多联苗获得南京市科技进步二等奖，2014年获得天津市科技进步一等奖，2017年获得天津市科技进步二等奖，2019年获得江苏省科技进步二等奖。

在项目研究和成果转化的过程中，专硕的学习经历给了我很大的帮助。在我们研究传支灭活疫苗的时候，因其免疫原性较差的特性，导致疫苗免疫效力始终不理想，我的导师范红结老师给了我很好的建议，我们开始设计针对传支S蛋白进行一个高效基因工程疫苗的研究。在成果转化过程中，专硕学习中的老师和同学们带来了很多重要的信息，协助我们把成果信息推送到生物制品企业，同时促成了我们与河南后羿的成果转化。

作为一名科研人员，经历了这17年研究、注册、转化的风风雨雨，感受太深，科研不能脱离实际，不能解决实际问题的科研是没有意义的，我们所有的科研成果，应该是服务"三农"，面向农业一线生产的重大需求，应该把前沿的科学技术应用到农业经济的主战场，这是我们农业人的历史使命。

另外，对于一个组织，只有合作才有发展，这是硬真理。那么，在企业和研究单位之间，能够搭建有效桥梁的，往往是高校。专业硕士这个平台能够让企业家和科研人员一起坐在教室里，听老师讲课之余，可以更好地在这个平台上交流行业的需求，取长补短，实现信息的多元化沟通。有一些同学是跨行业学习，他们带来的信息可能对这个行业的发展更有帮助。

在专硕学习的过程中，理论和实际面对面结合，我想，这是带岗学习与脱产学习最大的区别。我们每个人都是带着自己的问题回到学校，与老师，与同学坐而论道，集思广益，考虑如何解决实际生产中遇到的问题。另一方面，我们也在同学之间彼此汲取知识和营养，拓展科研领域，达成更多的农业合作，这对这个行业是最大的贡献，这也是这个学习班能最大化地发挥实际效应。

我已毕业6年，心中最大的理想是有朝一日，再回学校攻读博士。相信在这个过程中，我不仅会收获知识，更会收获朋友。每次交流的过程中，都会有新的收获，这对一个农业科研工作者来说是一个非常好的经历，是拓展思路的有效途径，我希望母校南农的兽医专业学位教育越办越好，可以在这个平台上解决更多问题，促成更多的合作，也将求真求实的科研精神和"诚朴勤仁"的南农精神发扬光大！

路漫漫其修远兮，吾将上下而求索

——"我与兽医专业学位教育"之感悟

陈红伟

（西南大学）

时值庆祝兽医专业学位教育20周年之际，作为一个只有6年硕士生导师经历的我，踌躇满志。同时，不禁让我回想起自己的研究生生活。遥想未来，深感任重道远而更需策马扬鞭。

一、我与我的研究生导师

2003年，我以全专业第3名的成绩有幸进入了梦寐以求的兽医药理学课题组，师从李英伦导师。李老师和蔼可亲而又不失威严，循循善诱，亦师亦友。3年的研究生经历磨砺了我，让我真正的成长，为我今后的工作奠定了良好的基础。记得刚进实验室，接到老师布置的第一个任务，制备板蓝根注射液。我欣喜的同时，略显得意，因为我本科毕业实习时在一个兽药GMP企业从事过技术工作，自觉这个工作应该手到擒来。当我将制备的注射液经2周的稳定性考察后，自信满满地拿着成品去向老师汇报时，老师只是轻轻地把安瓿瓶倒转，底部就可以看到像烟雾状的沉淀物，我羞愧的同时诧异地看着眼前的一切，就像个犯了错误的小孩子一样。老师并没有责备我，只是给我讲做研究做产品一定要认真仔细，要学会分析问题、解决问题，也不给我解释具体原因，让我去查资料然后再跟他讨论。这激起了我强烈的探究欲望，后来通过大量阅读文献和不断调整方案，才解决中药注射剂中常见的鞣质析出的问题。从此以后，我对实验现象尤为重视，并不断地终结分析，后来这一良好的习惯还在研究生实习期间为一家企业挽回了因原料药掺假带来的巨额损失。这个经历对我来说非常重要，也明白了"鱼和渔"的道理，今天我面对自己的研究生时，有时也采用这种办法，点到而不说破，让学生自己思考，提高分析问题解决问题的能力。另外，老师的另一经典告诫也时时在鞭策着我，那就是当我们在开展研究过程中，有时对没有理想的试验结果非常着急，这时老师告诉我们"没有结果也是一种结果"。这句话今天我也经常说给我的研究生听，这是一种严谨的治学态度，也是一种哲学思维。还有值得回味的是，李老师经常利用休息时间下乡给奶农进行诊疗服务，经常会轮流带着我们几个研究生出诊，先让我们诊断处方，然后他再评讲，而且不顾脏累地在牛床上进行奶牛直肠检查的时候，完全让人想不到这是一个堂堂的大学教授。更难能可贵的是凡是看到家庭困难的奶农，都不会收诊疗费用，甚至有时还要送药品。老师常常笑嘻嘻地说我也是农民出身，这一家子都靠着这两头奶牛过活，我们的专业知识能帮到他们就尽量多帮帮，多么朴实而高尚的话语，当看到雅安周边老百姓有时春节前提着老腊肉、鸡蛋等在老师家楼道堵老师，一定要收下一点点心意的时候，我顿时觉得这才是知识分子最高的褒奖，也深深影响着我。

二、我与合作培养的研究生

在获得硕士导师资格之初，非常感谢原动医系两位老教师把两位研究生交给我一起合作培养，帮我完成相关项目。在此过程中，我才真正体会到当导师的不易与快乐。第一个学生是福建省的一个非典型"富二代"，为什么说是非典型呢？看不出来，直到毕业后，一次开会出差，他一定要驱车200

千米来见我们几个老师时才体会到。这个学生在学校非常朴素，专业基础知识虽然不是很扎实，但是做实验有狠劲。我记得我俩在3教5楼实验室熬夜分离纯化蛋白时，他经常说今晚做不出来坚决不睡觉，通过我们共同努力终于分离纯化并鉴定出了一种新的多肽，兴奋之余感觉我俩就像战友一样。毕业之际非常舍不得，他让我真切体会到了导师和学生亦师亦友的感觉。第二个学生，也让我记忆犹新，因为他本科毕业课题在我课题组，因此对他比较了解，人比较聪明，但是比较内向，另外非常爱打网络游戏。有时，我会突然来到办公室，他已经熟练到了能听到我脚步声就立即关掉游戏界面。我不只一次善意提醒过他，但是好像没有什么用处。后来，我想了一个办法，我说我只给你3次谈话的机会，之后你就可以任意在你的游戏里游弋了，并给他讲了我高中一个非常优秀的同桌，当年报考清华大学失利后复读只考上成都电子科大，而后在大学里自暴自弃天天打游戏，最后连工作都找不到的惨痛教训。另外，我针对他不敢上台发言的缺点，利用本科生实验课的机会，先让他反复在我面前试讲，然后再真正上讲台，讲完后我补充并尽量肯定他，然后再单独跟他交流不足之处，通过不断的培养，他渐渐找到了自信，也逐渐摆脱了游戏之瘾。令我非常欣慰的是，在硕士论文答辩时，他超乎寻常的镇静与自信，面对专家们的不断提问，他都能应答自如。最后，在他毕业离开学校的前一晚，他来到我办公室，深深地给我鞠了一躬，略带哽咽地说了句："感谢老师的培养"。我也瞬间被触动了，原来当导师也可以有如此的成就感，而不仅仅是所谓的科研成果，因为我们更多的是在培养人，导师导师，还包括人生的导师。

三、我与我已经毕业的研究生

目前，真正在我的名义下指导毕业的研究生，也就只有两届共两个兽医硕士。由于有了前面合作指导研究生的经历，这两个学生指导起来还算顺利。但是，由于正好赶上我出国访学，说真的觉得有点对不起他们。记得出发去荷兰之前，我邀请了他俩到我家里，我忙活了两天就为了给他们做顿火锅，我爱人都是说从来没有看到我做饭这么认真过。他俩吃得很开心，晚餐后我又陪他们在河边散散步，送他俩回学校，一路上我们交流了很多，也不断给他们重复着科研和实验室注意事项，自己都感觉有点啰唆了，有不舍也有些许不放心。到了国外，我一有研发灵感就想与他们交流，并且及时把收集的专业资料分享给他们，也定期和不定期地利用QQ等工具进行讨论交流。记得有一次，其中一个研究生在使用高效液相色谱仪时遇到了机械故障，也没有考虑时差就给我QQ语音连线，我在睡梦中惊醒，他突然意识到后连声道歉，我没有来得及多想，认真和他分析可能出现的原因，并逐一排查，最后找到了问题出在哪里，也想办法作了调整方案。这段经历对他锻炼也非常大，就像一个留守儿童一样学会了很多同龄人不用去学的东西，最后他对药物动力学非常感兴趣，也对高效液相色谱仪非常熟悉，目前在一家大型兽药GMP企业从事研发工作，主要开展新药在犬体内的药物动力学研究，真正地做到了学以致用，几乎是无缝连接。毕业后，我俩还经常讨论一些关于生物等效性相关话题，让我深感欣慰的是他热爱他的工作，热爱他的岗位，而这一切都是研究生期间打下的坚实基础。但是，非常遗憾的是他毕业时我还在国外，他穿上学位服还没有跟我合过影，前段时间他还开玩笑地跟我说，等我成为博导后再回来读博，再来补这个照相。

四、我与我现在指导的研究生

"师者，传道授业解惑也"，即指导学生做人、做事、思考问题。研究生导师担负着指导科学研究和培养科技人才的双重使命。短短的6年经历，还远谈不上真正的感悟，我与我的研究生的故事还在继续，我期待着他们成长、成才，我愿做那个在他们成长道路上能够指点迷津的人。

路漫漫其修远兮，吾将上下而求索！

依托办学区位优势，提升兽医硕士创新实践能力

宋振辉

（西南大学）

全日制兽医硕士培养是我国兽医教育主动适应兽医体制改革，提高我国兽医技术人才水平，推动我国兽医教育向职业教育转变与发展的重要举措。西南大学2002年获兽医专业学位授权资格，到目前已招生兽医专业硕士18届，累计培养兽医专业人才1 000余人。多年来，学校紧密围绕国家培养兽医专硕育人导向，研究生培养过程不断强化实践环节，依托校内外优势资源，提升兽医硕士创新实践能力。现将西南大学荣昌校区培养兽医硕士教学经验作一简要分享。

一、结合区域资源优势，形成"政产学研"共育兽医硕士人才培养模式

1. 校地合作，共同培养造就高素质兽医人才 西南大学荣昌校区与荣昌共生共荣的文化交流被2007年教育部教学水平评估专家称赞为"城在校中、校在城中"，形成了水乳交融一家亲的局面。多年来，学校充分利用荣昌优势畜牧资源，为兽医硕士实习提供平台；鼓励教师收集实践教学案例；不断提升学校兽医硕士实践动手能力的培养。

2. 校企合作，共建兽医专业研究生实习基地 西南大学荣昌校区位于中国畜牧科技城、国家现代畜牧业示范区核心区、国家生猪大数据中心、全国首个以农牧为特色的国家级高新区——重庆市荣昌区。荣昌区畜牧业发展迅猛，区内拥有高校、科研院所和生物医药企业30余家，这为培养兽医硕士提供了良好的外部环境。目前，学校拥有校外兽医专业研究生培养基地24个，通过共建实习基地，为兽医硕士校外实践搭建了良好平台，同时依托基地加快了科研成果的前端和中间环节，为实现科技成果快速产业化提供了条件支撑。

3. 校内外导师合作，鼓励兽医专业学位论文从实践中选题，成果有助于解决生产一线问题 西南大学兽医学科研究生导师中有教育部动物医学类高等教育教学指导委员会委员，农业部兽药审评专家，中央人才办"万人计划"人选，重庆市学术带头人等，多数研究生导师实践经验丰富，通过校内外导师协同育人，指导研究生毕业论文紧跟生产实践需求，研究成果能够解决临床实际问题。近年来，学校兽医硕士研究生毕业论文水平逐年提高。2018年，刘娟教授指导的研究生论文《金翁止痢颗粒生产工艺及质量标准研究》获得全国兽医专业学位优秀研究生学位论文。

二、共建研究生联合培养基地，培养兽医专业实践能力

2018年，西南大学-重庆市畜牧科学院兽医硕士实习基地，获重庆市研究生联合培养基地建设，该实习基地整合了西南大学和重庆市畜牧科学院的相关优势资源，促进了学科交叉和优势互补，创建以健康养殖和综合疫病防控为特色的兽医硕士人才培养基地，进一步提高了专业硕士服务现代农业的能力。实习基地建设措施简要介绍如下。

1. 建立"教科研一体化"的运行体制 该基地将充分利用学校和科研院所的学科优势和人才优势，鼓励学校研究生导师进入实践基地，通过指导兽医硕士研究生，解决生产实践问题，开展科技攻

关，将学校授课专业知识转化解决生产问题的能力，同时，利用研究院优良的科研条件和充足的项目经费，实现科研成果的快速转化，即实现校院双赢，又达到共同培养专业研究生的培养目的。

2. **联合指导教师队伍建设**　学院坚持"请进来，走出去"的理念，利用学校相关政策，加强联合指导教师队伍建设，积极邀请重庆市畜牧科学院兼职研究生指导教师来学院开展学术报告，研究生课程讲座，联合指导研究生开展课题研究等。鼓励学院教师赴重庆市畜牧科学院开展实践能力提升，指导研究生开展专业学位课题研究，开展学术交流等。不断提升研究生导师团队业务水平，为提高学校兽医硕士研究生培养质量提供保障。

3. **积极筹措建设经费**　基地通过多方筹措资金，加大建设经费投入，通过学院"双一流"学科经费、联合申报项目、自筹经费、申请政府财政补助、争取研究院专项资金等方式，加大研究生联合培养基地建设，确保基地各项建设内容所需资金落实到位。

4. **合作科研项目**　双方围绕国家，重庆市地方经济建设需求，重点以国家现代畜牧业示范区（核心区）所在地（重庆荣昌区）的农牧产业发展为导向，凝练研究方向，联合申报科研项目，以此为课题，指导兽医硕士开展科学研究，争取产出较高水平科研成果，为解决生产一线实际问题提供理论和技术支撑。

5. **建设案例教学资源**　通过建设研究生联合培养基地，在校内外研究生导师指导兽医硕士开展生产实践和科学研究过程中，收集案例素材，加强案例课程建设，改革课程内容和教学方式方法，让专业硕士研究生获取更多实用的专业技能，不断更新专业发展趋势，提高实践能力。

三、培养方案强化落实兽医硕士实习和科研实践能力

兽医硕士在3年学习期间，参加实践教学时间不少于6个月，选派到联合培养基地的研究生，在校外导师的指导下，参与校外基地单位的实践工作，如兽医病例诊疗、流行病学调查、实验室研发、科学研究以及其他与专业相关的工作。

在科研实践与创新能力培养方面，在校内外研究生导师共同指导下，完成研究生毕业论文（研究生开题，中期考核，实践技能考核，毕业论文答辩等）。兽医硕士结合临床实践需求，在校内外研究生导师指导下，积极申报重庆市级研究生科研创新项目，中央高校基本业务基金项目（学生项目）。此外，鼓励研究生通过参加学院组织的青年学者学术报告，研究生跨学科沙龙，研究生论坛，以及校外科研院所和企业等举办的学术交流活动，不断培养研究生科研实践能力和创新能力。

兽医专业情深　感受精彩人生

——写在"兽医专业学位教育开展20周年"之际

刘金彪

（扬州大学）

我最初接触"兽医"这个概念是1988年，那年我通过江苏省农校单独招生考试考入江苏省泰州畜牧兽医学校，至今已经30余年了。当时哥哥刘金鹏正在扬州大学（原江苏农学院）攻读五年制兽医本科，是他的潜移默化让我对"兽医"有了初步的认识，从此便与兽医结下了不解之缘。但真正让我了解并熟悉兽医这个行业，却是在12年前，我通过自己的不懈努力，顺利拿到了2008年全国兽医专业硕士学位。这一路走来，有成功，也有失败，有喜悦，也有泪水，感慨良多！弹指一挥间，我国兽医专业学位教育已经开展20周年，作为一名取得全国兽医专业硕士学位的亲历者、见证者和受益者，总想把自己对兽医行业的一份情缘、对兽医专业学位的一点认识，对未来职业发展的积极影响，以及对人生的些许感悟记录下来，与大家一起分享。

在当时，对于一名畜产品加工专业的中专生来说，想读兽医硕士研究生几乎是异想天开。1991年我从江苏省泰州畜牧兽医学校顺利毕业，被分配到哥哥毕业的扬州大学，并有幸进入了刘秀梵教授科研教学团队，从事鸡马立克氏病双价活疫苗的生产及其生物制品的研发。自进入实验室接触"兽医"的第一天，已故教研室主任张如宽教授就语重心长跟我讲了兽医专业对畜牧业生产的不可或缺，无菌概念对兽医工作者的至关重要，让我初步认识到兽医对于动物健康养殖和人类食品安全的重要性。

在高校这个人才济济的地方，如果你始终停滞不前，就会被逐渐淘汰。本人自知专业水平的有限和不足，在实验室同事的鼓励和帮助下，利用业余时间阅读了大量的专业书籍来不断地充实和完善自己，并相继参加了成人高考，读了大专函授畜牧兽医专业，后通过专升本取得学士学位。2000年，我进入了国家精品课程"动物传染病学"课程组，从事本科实验教学辅助工作及实验室技术推广、样品检测等社会性服务工作，通过坚持学习，刻苦钻研，并结合生产实践，不断总结和积累，使自己具备了一定的理论水平和解决实际问题的能力。

美国前总统尼克松曾经有这样一句名言：命运给予我们的不是失望之酒，而是机会之杯。说来惭愧，全国兽医专业硕士学位考试，别人一考就中，我却连续考了两年。第一年由于GCT（国家面向在职人群的硕士学位研究生入学资格考试）和专业课程要同时考，因考试复习紧张，加之考试题量大，各门课程考试时间未能分配好，最终总分虽然够了，却由于专业限分而惨遭淘汰。第二年我稍稍调整了考试策略，合理分配了各门课程所需时间，2005年我如愿跨进了全国兽医专业硕士学位的门槛，后经过3年的努力学习和刻苦钻研，如期完成了学业。2008年12月21日这一天，我顺利通过了扬州大学兽医学院组织的兽医专业学位论文答辩，获得了兽医专业硕士学位，终于圆了我的研究生梦。抚今思昔，我感慨万千：无论在什么时候，处在怎样的环境中，我们总会遇到无数的挑战，条件不能被掌控，我们要自己去创造，只有当你想着去飞翔，天空才会为你敞亮。

其实人生求学就如一道成长的风景线。我们攻读兽医专业学位的同学虽然来自于不同的单位，不同的环境，但都是为了一个共同的目标：为我国兽医事业之腾飞而加油充电、积蓄能量。在集中授课时，见到的多是熟悉的面孔：有我原来母校的老师、同学，也有我现在的同事，还有已经毕业的动物医学专业的学生，但大家都非常珍惜这样的一次学习机会。我平时不管工作有多么繁忙，总要腾出时间、静下心来认真上好每一节理论课，学好每一项实验技术。从选导师到论文选题，从开题报告到进入实验阶段的每一个环节都是一丝不苟，从不敢懈怠，始终绷紧学习这根弦。充分发扬实验室团结友爱、科研协作的传统，与全日制的研究生打成一片，相互切磋、攻坚克难，详细记录下每一组实验原始数据，有时为了细胞能够融合成功甚至通宵达旦，虽然苦一点、累一点，但这却使我的工作和生活得到了极大充实。

写好学位论文，选题最是关键。2006年夏季，时值全国猪蓝耳病大流行，在导师的建议下我选定了学位论文的研究方向：猪繁殖与呼吸综合征病毒(PRRSV)的单克隆抗体的研制。由于论文选题准确、及时，还得到了国家"十一五"支撑计划、国家自然科学基金和江苏省农业三项工程项目的资助，最终分离鉴定出一株PRRSV变异株JYC株，并研制出相应的单克隆抗体4株。从论文的开题报告到参考文献的阅读，再到PRRSV的分离鉴定以及动物免疫、细胞融合、阳性杂交瘤细胞的筛选和克隆化及其亚类的鉴定、间接免疫荧光试验等等一系列实验方法和技术的掌握，我的业务能力得以迅速提升。更重要的是我的科研论文写作水平在导师彭大新教授的悉心指导下有了极大提高，同时对我国加强食品卫生监督和动物疫病防治工作也有了更深层次的认识和了解。在兽医硕士学位攻读期间，本人在核心期刊发表论文6篇（第一作者3篇），学位论文的研究内容也相继在畜牧兽医类专业核心期刊上发表，以后便一发不可收。

扬州大学兽医专业学位，在2009年之前还没有实现并轨招生，属于非全日制，只有学位证书，没有学历证书。攻读全国兽医专业学位的学生，大多是基层兽医站、相关职业技术学校以及大中型生物制品企业的技术和业务骨干。他们通过兽医专业学位论文的完成，不仅使自己的专业理论和业务水平得到了很快提高，而且学成后回到工作岗位更能驾轻就熟，顺利地完成各项工作任务。在解决生产生活中实际问题的同时，主办学校老师的部分科研课题也有了更加广泛的合作对象，其间的相互交流、科研协作，让学校与企业紧密合作，走向共赢，真正实现了理论与实践的有机统一。同时，对维护养殖业健康发展、食品安全、人兽共患病防控、环境健康等时代赋予兽医的新的研究领域将有不可估量的促进作用。全国兽医专业学位的设立，着力服务于人才

毕业留影：2008年12月21日摄于扬州大学兽医学院大楼前（右一）

培养，服务于地方经济建设，服务于社会、行业发展，改变了我国过去兽医高层次人才培养模式相对单一的局面，成为我国兽医高等教育体制改革成功的一大举措，为我国兽医及相关领域培养了一大批高层次复合型、应用型人才，为乡村振兴战略做出了重要贡献。

被人需要的地方，就是人生价值实现的地方，在选择职业方向时，被人需要的感觉会让你的职业人生更加精彩。本人在职攻读兽医专业学位研究生的学习经历和所掌握的实验技能，以及取得学位后的10多年时间里，在工作岗位中发挥了重要作用，不仅顺利晋升了高级兽医师职称，尤其在担任江苏高校优势学科（兽医学）、江苏高校动物重要疫病与人兽共患病防控协同创新中心秘书的工作中能够得心应手，并取得了不错的成绩：本人被评为2019年度江苏高校协同创新工作先进个人，所在团队——扬州大学动物传染病学教师团队获教育部首批"全国高校黄大年式教师团队"。

当今，新的形势，新的环境，为我们每一个人提供了新的机遇挑战和新的发展空间。我相信，在人生的道路上，只要我们不断地剖析自己，完善自己，并根据自身的发展需要和环境的变化，树立信心，把握时机，就能不断地调整、校正自己的人生坐标，创造出骄人的业绩，使自己的人生更加丰富、更加充实、更加精彩！

遵从专业选择　享受美好未来

朱寅彪

（北京大学医学部）

今年是我国兽医专业学位教育开展20周年，收到"我与兽医专业学位教育"约稿函通知，我不禁感叹时间过得真快。我于2009年9月进入扬州大学兽医学院攻读兽医专业硕士学位，两年的兽医硕士阶段学习，我有幸走进了科研工作的大门，并对我未来的工作和学习产生非常重要的影响。

依稀记得2009年接到兽医硕士录取通知书时，我心里的忐忑不安。因为那一年，是扬州大学兽医学院第一次招收专业型硕士，且学术型硕士和专业型硕士需要同时参加全国硕士研究生入学考试。学硕与专硕主要的区别在于：学术型硕士比较侧重于学术研究，主要以培养科研人才为主；专业型硕士侧重应用研究和实践应用，更加注重培养学生的就业能力和应用能力。而学硕与专硕的年限不同，相对学术型硕士三年培养期，当年的专业硕士培养期限只有两年。在相对较短的时间内，自己能否得到足够的科研训练？专业型硕士培养的课程又是否设置得合理、科学？毕业后的工作就业机会如何？所有这些，都让我心里充满了迷惑。

随着入学，这些疑虑很快便打消了。虽然是专业硕士，但是依然以导师负责制进行培养。我的导师是兽医学院预防兽医学专业的彭大新教授，由此我进入了彭老师实验室进行系统的学习，这意味着我可以在预防兽医学传染病实验室的大家庭里学习和生活，因此我格外珍惜这样的机会。在两年的学习生活中，我可以与学术型研究生一同参加实验室技术培训，参加课题组的汇报会，并接受导师的亲自指导。我积极学习专业理论知识，主动参与师兄、师姐的课题研究，并有很多机会去学院二楼的学术报告厅，聆听来自国内外和生产一线的专家们的专题学术报告，让我受益匪浅。在这一学习过程中，我对科研工作有了进一步的认识和了解，并逐步形成了自己的一些思维习惯和行为方式。

机会总是留给有准备的头脑。根据专业硕士的培养目标和本人的意愿，导师很快确定了我的科研课题和研究方向，让我迅速进入了能够自己主导课题的工作状态中。为了推动课题研究，我积极查阅专业书、期刊及行业信息等文献资料，并很快找到了快速切入课题的最有效方式。短时间看完专业书需要耐心，期刊所发表的文章知识点相对"碎片化"，而行业信息相对有点"浅"，其实最好的方式就是好好琢磨与自身研究课题相关的博、硕士论文。通过博、硕士论文的综述，我能够对所研究课题的背景有了全面、深入的了解，很快明白了自己做这个课题的意义在哪里。之后参照博、硕士论文的研究内容，对自己课题需要做什么实验有了大概的脉络，并参照里面具体的实验方法，推动自己的课题快速进入试验阶段。

集腋成裘，聚沙成塔，实验的数据和经验是通过一步一步积累起来的。在平时的实验中，一得到试验数据我就认真记录，并随时分析、总结。当试验进展不顺利和失败的时候，我会一边思考解决方案，一边继续重复实验，同时我也会主动请教做过类似实验的同学，以期快速解决问题，推动课题的进展，我时刻提醒着自己，两年的时间非常短暂，必须抓紧时间，不能松懈！就这样我开始习惯宿舍和实验室两点一线的实验室生活，每天的工作就是做试验、分析数据、看文献和找思路。每天很早去实验室，很晚回宿舍，日复一日，随着时间的推移，手上的数据也日渐增多，为日后的论文写作打下了坚实的基础。

好的文章是修改出来的，论文尤其如此。我很快进入了硕士学位论文的准备阶段。第一次写学位论文还是很生涩的，尤其是框架的搭建和专业词句的使用。为了让写出的句子更有专业味，我开始花时间大量阅读期刊和博、硕士论文。看见表达简洁、逻辑清晰的专业句子，我就会摘抄下来。当我一边动笔写学位论文，一边参考自己所摘抄的专业句子的时候，总是不由自主的完全照抄所摘录的好的专业句子，但这么做还是不够，因为自己完全陷入了别人的思维中。这种方式必须改变，在我开始参考与自己所研究课题相关的英文文献，在熟读所摘抄中文专业词句的基础上，开始用自己的思维和语言方式去翻译英文文献。一开始由于自己的水平不够，翻译出来的词句，自己都不愿意看。不过随着自己的坚持，翻译出的句子开始慢慢变好，并有了"专业味"。之后便顺利完成了学位论文的初稿，从几易其稿，到初稿完成，再到一遍遍修改，历时数月，其中少不了导师的精心修改和悉心指导。

专业硕士研究生毕业后，我顺利进入了博士阶段学习，仍然师从彭大新教授。我在专业硕士阶段所养成的科研习惯、思考方式，接受的实验技术训练，以及课题研究的延续性，让我很快进入了博士课题的研究，使得自己在推进课题的时候更加从容。在完成博士阶段的学习后，这些良好的习惯一直伴随我到工作，甚至生活中。

其实无论学习、生活还是工作，面对的都是如何处理一件件的事情，有简单的事，也有复杂的事，有自己熟悉的事，也有自己一点不了解的事，但无论什么事，都要想办法去解决。在学习过程中，特别开展课题研究工作，要始终围绕着核心问题：为什么做这个研究（意义）、怎么开展研究（方法）和预期的结果（你对课题完成的把握多大）。其实在工作和生活中也可以用类似的思维去解决，对不了解的事，通过各种信息途径了解相关背景，之后根据所得到的信息，罗列事情解决的各种方案，再根据自己所掌握的信息，结合自身能力判断各种方案的可行性，之后只管执行方案就行。至于结果，因上努力，果上随缘，就行了。

兽医硕士阶段的学习所养成的工作习惯和思维方式，对我现在和未来的工作生活都有着积极的影响。衷心地希望兽医专业学位教育越办越好，为我国培养更多高层次应用型兽医人才！

我与兽医专业学位教育

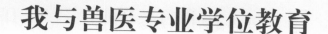

佟 杰

（河北大学）

近年来，随着我国经济和国民生活水平的迅速提升，从传统的畜牧养殖业到伴侣动物的医护保健，兽医方向的人才需求量不断增长，而与之相对应的专业高级兽医人才的培养也越来越受到高校教育系统的重视。作为中国农业科学院哈尔滨兽医研究所兽医专业硕士的毕业生，在农科院学习的3年对我的职业发展影响十分深远，是我人生当中的一段珍贵时光。

课程学习是研究生教育的重要方面。与中国农业科学院（以下简称农科院）大部分专业相似，我们兽医专业硕士的课程学习主要集中在研究生一年级，包含基础课程和专业课程两个方面，分为必修课和选修课两种类型。依托于首都北京优越的教育资源，农科院为我们提供了多种多样的高水平选修课，从经典的基因工程原理到前沿的分子生物学和细胞生物学，从高级动物学到高级动物免疫学，从经典到前沿，从基础理论到具体方向，我们能够选择的选修课程与学术型硕士几乎相同，基本涵盖了兽医学专业各个方向的不同深度。广泛而多层次的理论知识学习也为我们后续进行的专业训练和研究打下了良好的基础。

虽然专业课程的学习是研究生教育最为重要的方面，但相比于其他农学类专业，兽医专业本身具有应用性特征，所谓实践出真知，若没有经过实战训练，兽医学科书本上的知识往往难以有效解决实际问题。因此，对于兽医专业的研究生教育，实践训练十分重要。我的专业方向是预防兽医学，不同于临床兽医学和基础兽医学，我们需要的实践是关于动物传染病的预防、控制相关的事业单位和企业生产一线以及传染病病原学的实验室基础研究。幸运的是，依托于包括哈尔滨兽医研究所、上海兽医研究所、兰州兽医研究所等专业的畜牧兽医科研单位和国家动物生物制品工程中心等兽医研发事业单位，我们不仅能够在专业的兽医生物技术实验室进行科研实验训练和学习，还能够接触到包括疫苗和动物保健品在内的动物生物制品的生产一线。其中，我就读的哈尔滨兽医研究所不仅是兽医生物技术国家重点实验室所在，还是新中国成立以来动物疫苗研发的重要根据地，为我国控制和消灭牛瘟牛肺疫、马传贫做出了决定性贡献，并在禽流感、非洲猪瘟的防控中做出了杰出贡献，具有良好的科研传统和丰富的生产实践经验。这样优秀的学习平台让我们能够迅速在实践中掌握预防兽医专业的前沿知识，并得到充分的专业技能训练，为以后工作或进一步的深造打下良好的基础。这种学习和研究相结合的培养方式，深受同学们的广泛欢迎和赞赏。

3年的时光弹指一挥间，从农科院毕业后，我得到了国家留学基金委"建设高水平大学公派研究生"博士项目的资助，前往德国进行了兽医专业博士学位的学习。如今，博士毕业回到祖国，每当想起在农科院学习的时光，想起硕士导师和实验室老师、师兄师姐的指导和帮助，我依然觉得心中充满了感激和怀念。良好的平台，充分的学习和训练为我们未来的职业发展提供了机会和可能，这对于莘莘学子来说是幸运，也是时代赋予的责任，相信这种感激和温情会成为我们奋勇前进的动力，争取为祖国兽医行业的发展做出贡献。

我与"卓越临床兽医"专项

陈丝雨

（中国农业大学）

经过大学本科4年的动物医学专业学习，我坚定了要成为一名小动物临床医师的信念。但我深刻地意识到本科的学习深度远远不够，毕业后的职业素养无法适应和满足高速发展的宠物诊疗行业，所以我决定攻读专业型临床兽医硕士学位。

我非常幸运，作为推免生成为中国农业大学动物医学院首届"卓越临床兽医"研究生专项的成员之一。该专项是为满足快速发展的动物诊疗行业对高水平兽医人才的迫切需求，在兽医临床专业硕士招生、培养与考核等方面进行的创新性改革。项目贴近"临床"，力求"卓越"，借鉴美国驻院医师和人医科室轮转制度的培养经验，以培养技术性、实用型、小专家级临床兽医为目标。"卓越临床兽医"专项见证了我的成长，而我也见证了它的强大。我将主要从以下三个方面谈谈我在"卓越临床兽医"专项3年的培养体会。

一、入学条件

专项严格控制学生生源质量，只接受来自一流高校的推免生。在专项体系中的国内外教授密切合作下，形成并不断完善了一个严格的入学考核环节，包括笔试与面试。笔试即基础知识、英语阅读能力以及语言的书面表达能力；面试包括临床技能、英语口语水平和抗压能力测试，通过层层筛选，最终只接受10名优秀的推免生。

回想起当年参加面试的种种情景，我感触颇多。这与我想象中的情况截然不同，为什么兽医专业学位的面试如此的复杂与严苛，那时大家普遍认为没考上农学硕士时才会考虑调剂到专业型临床兽医硕士。当初的我不明白，只能一直说服自己，这是中国农业大学！当我有幸进入专项学习半年后，我才体会到为什么会存在那样严格的筛选机制，甚至感叹当初的入学条件应该更严苛一些，那样我就不会入选，进而不会遭受令我又爱又恨的"非人"待遇。专项的学习一如简介那样，非常艰辛。我们要在不到3年的时间里达到美国DVM的平均水平，如果不具备考核环节中的任何一项指标，我们将不能完成那样艰巨的学习任务。入学条件的调整，让我意识到一场兽医专业学位创新性改革正在向我们走来。

二、培养方案

虽然教育部对学术型和专业型兽医硕士做出了明确的定义，但大多数高校实际上并未按照相关要求进行针对性培养。专业型硕士跟学术型硕士一样，每天都在实验里摸爬滚打，接触临床的机会甚少。作为专项的首届学员，我得益于它的严格实施，不管是从培养模式、课程设置、师资队伍，还是临床能力培养、医德医风建设、国际视野培养与论文写作等方面，始终坚持以紧密结合临床实践为主线的教育方针。

1.培养模式　专项采取X+1+2学制，即在本科最后一学年在中国农业大学教学动物医院进行为期一年的研究生课程学习与动物医院观摩实习，正式入学后进行为期两年的兽医临床专业训练与临床科研工作。

2. 课程设置 专项在临床兽医学系列研究生课程基础上，创新开设针对专项的"小课单"课程，侧重小动物临床方向，但不局限于临床专业知识，兼顾基础全面与专业精尖的学习模式。其中夏兆飞教授的"动物医院管理"课程，令我印象深刻。该课程的结课作业是以小组为单位提交一份动物医院的创办计划书，因为前期老师所授内容都是围绕行业的发展动态、创办动物医院所需的软硬件设施、管理原则和相关法规等，所以策划书写起来并不像想象中那么困难。通过该课程的学习，我对整个宠物诊疗行业有了比较深刻的认识，这不仅促进了我的职业生涯规划，也让我不断地思考如何在临床实习中调整学习重点以及提高学习效率。

3. 师资队伍 专项不仅从中国农大动物医学院遴选出数名教学丰富，临床专业领域处于学科带头人地位的研究生导师，更聘请多名国际临床兽医专家作为外聘导师进行联合教学，组成跨专科导师队伍。我在临床见习中深刻体会到，在疾病诊断中如果没有扎实且前沿的理论基础，就很难根据症状和相应检查做出明确诊断，也很难对疾病的治疗和预后提供妥当建议。

4. 临床能力培养 临床能力的培养是重中之重，专项依托中国农大教学动物医院作为主要实践场所，并通过严格执行科室轮转考核体系，重点培养学生病例接诊技巧、临床诊疗思维和相应的临床必备技能。项目成员通过打卡制度，分组有序在内外科以及中兽医门诊、检验中心、影像中心、外科中心和住院诊疗中心下辖的科室内轮转培养14个月，每一个科室都有明确的轮转实习要求。记得在门诊跟诊时，老师不仅让我们进行提前问诊，还会在当天病例结束后，跟我们一同讨论有趣的病例和释疑，所有科室的指导老师都鼓励并要求我们亲自动手，不能只在一旁看看病例了事。对我而言，临床诊疗思维的快速提升得益于规范化的临床病例分析训练，这也是培养过程中的一大特色，几乎每个科室的出科要求都有病例汇报环节，通过收集跟诊病例信息，查阅大量相关文献资料，全面分析疾病，并以PPT的形式展现出来，不仅有效训练了临床诊疗的逻辑思维、收集信息的能力，更提高了我们的语言表达能力。

作为临床初学者，常常会因为经验不足、粗心和缺乏应变能力而犯错误，有时甚至害怕上手训练，但专项给我们提供了一个坚强的后盾——强大的临床导师团队，允许我们犯错误，但又不会影响到患病动物的救治。记得那是我在麻醉训练的第二期，由于我的操作失误，把正常用于疼痛管理的利多卡因剂量在短时间内过量输注给麻醉患犬，血压一度下降至30mmHg，期间通过液体扩容没有任何好转。当利多卡因输液泵报警时麻醉主管立即意识到是利多卡因中毒导致，当时我整个人都是懵的，不知所措，而麻醉主管立即果断采取相应的解毒措施，患犬体征在5分钟后恢复正常，术后恢复良好。通过这次麻醉意外，我深刻体会到"手术医生管病、麻醉医师管命"的含义。麻醉是一门实践操作性极强的临床学科，必须通过不断反复训练才能掌握要点，有行业数一数二的导师亲自指导，我们也敢放手去实际操作，但是一定要在失误中吸取教训、铭记对生命操作的每一步，都需要细心谨慎！

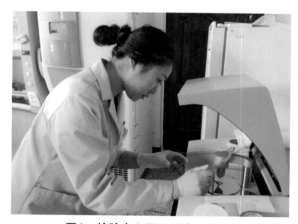

图1 检验中心见习（结石分析）

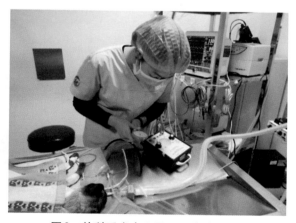

图2 外科手术中心见习（麻醉监护）

5.医德医风培养 "卓越临床兽医"专项的特殊之处在于不仅注重学生的实践技能和过硬的专业知识，并且也注重医德、医患沟通能力等方面的培养。想到这一点，我的记忆瞬间被带回到刚进入门诊训练的时期。在中兽医门诊跟诊时，跟范老师一起接诊了一例开放性子宫蓄脓的患犬。患犬来院时濒临休克，因为体况太差，不适合立即手术，治疗策略是先进行内科治疗稳定体况，再考虑手术治疗。患犬在门诊治疗时，范老师让我每天都去注射室关注患犬的状况，包括精神状态、舌色和脉搏等。老师会根据我每天的反馈及时为患犬调整中药方剂及剂量，这样持续了1周，最终患犬得到了快速恢复。1个月后，患犬主人送来一面锦旗，令我意外的是，锦旗上面竟然有我的名字。对于一个刚涉足临床的学生来说，这面锦旗对我意义深重。我很感激在我刚踏入临床实践时，老师以身作则地正确引导，让我明白对每一位接诊的患病动物都应该持有责任感、以动物为本的初心。

6.国际化培养 为了让专项学生与世界先进国家或地区高水平兽医培养体系接轨，专项依托校际合作资源，与多个国际一流院校合作，如英国爱丁堡大学、日本东京大学、美国田纳西州立大学和韩国首尔大学等，并且支持学生参加国际会议及课程。就读期间，我一共参加了10余次国内外大型会议及培训，包括世界马医大会、全国性的小动物医师大会等。此外，在专项的支持下，我还有幸参加了中兽医学国际化培养提升项目，前往美国佛罗里达大学和佛罗里达中兽医学院（Chi Institute）进行为期3个月的交流访问，并在访问期间成功取得国际兽医针灸师资质。丰富的国际资源，让我们更能满足社会发展需求、成为具备跨文化诊疗能力的国际竞争力的兽医学生。

7.论文写作 专项要求研究生确定导师后，根据导师的临床专长制订开题计划，期间需围绕临床病例进行深入比较分析，撰写相应的临床型学位论文，并发表临床疾病类论文。在撰写开题报告时，我深刻地体会到前期的临床见习对论文选题有着不可或缺的作用。作为专业型兽医硕士，科研的目的是为更好地服务临床实践，脱离临床应用则会失去本身的价值。随着科学的发展，当今的临床研究也不是以总结临床经验为主，我们需要把临床发现的问题转化到基础研究上去。在科室轮转训练中，我发现老年猫慢性肾病的发病率非常高，不能有效治愈。我就想探究可以通过哪些方面去延缓整个疾病的进程，从而提高患猫的生存期及生活质量。因为有前期的病例积累，很快对本院大量的临床病例进行流行病学统计，总结规律，根据最新研究文献提出假设，最后设计试验进行验证。临床与科研紧密结合，就必须从临床实践入手，通过积累丰富的临床经验和扎实的基础知识，并且结合国际前沿的科研动态，对实习中出现的问题进行深入思考，这样才能提出创新性的科研选题。

第15届世界马医大会

美国Chi Institute交流访问

三、职业规划

"卓越临床兽医"专项的严格培养，不仅全面高效地提升了我的临床诊疗水平，明确未来的职业生涯规划，也极大地增强了我对行业的信心。我最终选择攻读兽医博士，进行相关临床课题的深入研究，做到临床工作与科研的有效结合，解决临床医疗实践中存在的问题，促进医疗质量的提高。我同时计划在毕业后回到高校，专注于小动物临床诊疗相关的研究及教学。

在我看来，"卓越临床兽医"专项的诞生是兽医专业学位教育改革的一个转折点，我很幸运能见证它的萌芽与成长，并感恩在此过程中收获的累累硕果。作为新时代的兽医博士，应该肩负起将自身所学应用到科研的重任，拓宽自己视野，完善各方面素质，为推动临床兽医学的发展做出绵薄贡献！

图书在版编目（CIP）数据

中国兽医专业学位教育20年 / 全国兽医专业学位研究生教育指导委员会编 . —北京：中国农业出版社，2020.10
ISBN 978-7-109-27488-4

Ⅰ . ①中… Ⅱ . ①全… Ⅲ . ①畜牧学－研究生教育－教育工作－中国 Ⅳ . ①S81

中国版本图书馆CIP数据核字(2020)第194606号

中国农业出版社出版

地址：北京市朝阳区麦子店街18号楼
邮编：100125
责任编辑：武旭峰
版式设计：王 怡 责任校对：吴丽婷 责任印制：王 宏
印刷：中农印务有限公司
版次：2020年10月第1版
印次：2020年10月北京第1次印刷
发行：新华书店北京发行所
开本：889mm×1194mm 1/16
印张：14.5
字数：380千字
定价：128.00元